计算机应用基础教程

Foundamentals of Computer Application

MS OFFICE 2010版

主　编　刘海涛

副主编　邱宏其　徐勤岸

南京大学出版社

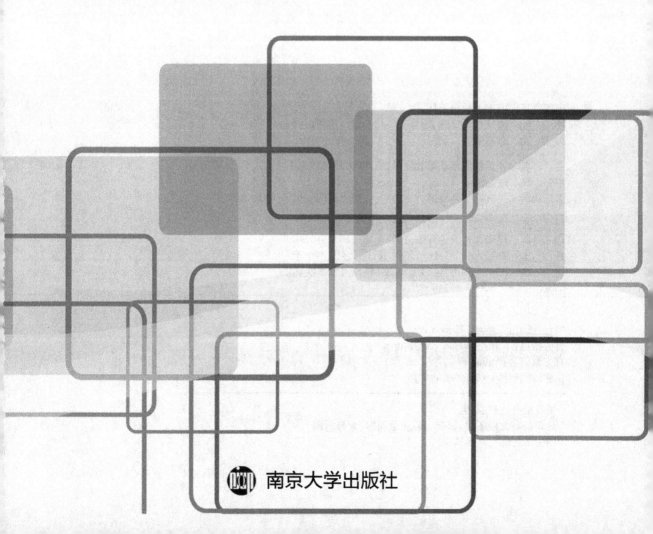

图书在版编目(CIP)数据

计算机应用基础教程：MS OFFICE：2010版 / 刘海涛主编. 一南京：南京大学出版社，2015.9(2020.9重印)

ISBN 978-7-305-15340-2

Ⅰ.①计… Ⅱ.①刘… Ⅲ.①Windows操作系统②办公自动化一应用软件 Ⅳ.①TP3

中国版本图书馆CIP数据核字(2015)第129504号

出版发行 南京大学出版社
社 址 南京市汉口路22号 邮 编 210093
出 版 人 金鑫荣

书 名 计算机应用基础教程(MS OFFICE 2010版)
主 编 刘海涛
责任编辑 吴宜锴 裴维维 编辑热线 025-83592123

照 排 南京南琳图文制作有限公司
印 刷 虎彩印艺股份有限公司
开 本 787×1092 1/16 印张16.5 字数420千
版 次 2015年9月第1版 2020年9月第6次印刷
ISBN 978-7-305-15340-2
定 价 39.00元

网址：http://www.njupco.com
官方微博：http://weibo.com/njupco
官方微信号：njupress
销售咨询热线：(025) 83594756

前　言

当今社会，计算机不再作为高档办公用品出现，它正逐渐融入人们的日常生活、学习、工作中，使我们的工作效率大幅提高。人们越来越离不开计算机，计算机已经以“伙伴”的角色出现。同时，伴随着计算机技术的飞速发展，各项信息化建设的要求也日益提高。因此，掌握计算机、网络、办公自动化的基本知识及操作应用，已经成为现代社会中人们工作和生活必备技能；使用计算机、应用计算机解决问题，已经成为现代人才的基本素质要求。

随着各类受教育人数的不断增多，教育类型也逐渐变得丰富多彩。由于传统的学习方式极大地受限于空间及时间等要素，另一种教育与学习方式——基于自主学习的各种远程在线教育应运而生，这些都会极大地推动终身教育体系、全民学习体系建设。但不管什么类型的教育和学习，都离不开计算机，都离不开办公自动化技术。

高职教育近几年发展迅猛，高职教材作为知识的主要传播媒介在高职教学中的作用不容忽视。本教材正是结合当前教学需求，以全国计算机等级考试(MS Office)为载体，充分考虑该门课程的实用性的特点，将计算机基础课程的主要知识与考试技能的培养及办公技能的掌握相融合。

本书主编从事计算机基础课程的教学及成人计算机培训工作二十余年，有着丰富的教学经验，合作编者在“知识推送”、全国计算机等级考试方面有较深的研究。本书从社会对计算机基础技能要求的实际出发，精选内容。既从实际应用出发，淡化理论，强化应用，又注重实际动手能力的培养。能使学生轻松学习，快速掌握，培养学生的适应性学习和主动性学习能力。

本书以学生的应用能力培养与提高为主线，依照学习计算机、应用计算机的基本过程和规律，以“抓重点、讲难点”的方式，结合知识要点循序渐进地进行讲解，帮助学生提高应用能力与操作技巧。全书按照《全国计算机等级考试大纲》，并结合主要知识点，引导学生在“学中做”、“做中学”，把基础知识的学习和基本技能的掌握有机地结合在一起，从具体的操作实践中培养自己的应用能力。

本书内容整合了《无忧考试》的相关训练软件内容，经过教学测试及学生在实践中亲身体验，也体现了师生间“合伙人”的教学理念。

本书不仅可以作为职业学院相关专业的职业技能学习教材，也可作为企事业单位在职人员的办公指导用书，还可以作为企业办公自动化、企业信息化培训的教材，以及计算机基础知识的自学参考书。

在本书的编写过程中，我们参阅借鉴了大量书籍与资料，在此一并致谢。由于编写时间仓促，书中难免有疏漏和不足，恳请同行和广大读者予以批评指正。

编　者

前言

目　录

第 1 章　计算机基础知识

电子数字计算机是二十世纪重大科技发明之一，在人类科学发展的历史上，还没有哪门学科像计算机科学这样发展得如此迅速，并对人类的生活、学习和工作产生如此巨大的影响。电子计算机已成为人类生产和生活中不可缺少的工具。

1.1　计算机的发展

在人类文明发展的历史长河中，计算工具经历了从简单到复杂、从低级到高级的发展过程。如绳结、算盘、计算尺、手摇机械计算机、电动机械计算机、电子计算机等，它们在不同的历史时期发挥了各自的作用，并且也孕育了电子计算机的设计思想和雏形。

1.1.1　计算机简介

1. 计算机的产生

世界上第一台电子数字计算机于 1946 年 2 月 15 日在美国宾夕法尼亚大学研制成功，它的名字叫 ENIAC(埃尼阿克)(如图 1 - 1 所示)，是电子数字积分计算机(The Electronic Numberical Intergrator and Computer)的缩写。它使用 17468 个真空电子管，耗电 174 千瓦，占地 170 平方米，重达 30 吨，每秒钟可进行 5000 次加法运算。虽然它还比不上现在最普通的一台微型计算机，但在当时它已是运算速度的绝对冠军，并且其运算的精确度和准确度也是史无前例的。

图 1 - 1　第一台电子数字计算机 ENIAC

ENIAC 奠定了电子计算机的发展基础，在计算机发展史上具有跨时代的意义，它的问世标志着电子计算机时代的到来。ENIAC 诞生后，数学家冯・诺依曼提出了重大的改进理论，主要有两点：其一是电子计算机应该以二进制为运算基础，其二是电子计算机应采用“存储程序”方式工作，并且进一步明确指出了整个计算机的结构应由五个部分组成：运算器、控制器、存储器、输入装置和输出装置。冯・诺依曼的这些理论的提出，解决了计算机的运算自动化的问题和速度配合问题，从而对后来计算机的发展起到了决定性的作用。直至今天，绝大部分的计算机还是采用冯・诺依曼方式工作，因此冯・诺依曼被人们誉为“现代电子计算机之父”。

2. 计算机的发展

第一台电子计算机诞生到现在已近 70 年，计算机技术以前所未有的速度迅猛发展。一般根据计算机所采用的物理器件，将计算机的发展分为几个阶段，如表 1 - 1 所示。

表 1-1　计算机发展的四个阶段

年代 部件	第一阶段 (1946—1958 年)	第二阶段 (1958—1964 年)	第三阶段 (1964—1970 年)	第四阶段 (1971 年至今)
主机电子器件	电子管	晶体管	中小规模集成电路	大规模、超大规模集成电路
内存	汞延迟线	磁芯存储器	半导体存储器	半导体存储器
外存储器	穿孔卡片、纸带	磁带	磁带、磁盘	磁盘、光盘等大容量存储器
处理速度 (每秒指令数)	5 千条至几千条	几万至几十万条	几十至几百万条	上千万至万亿条

第一代计算机是电子管计算机。它们体积较大、运算速度较低、存储容量小、价格昂贵。这一代计算机主要用于科学计算,只在重要部门或科学研究部门使用。

第二代计算机全部采用晶体管作为电子器件,其运算速度比第一代计算机的速度提高了近百倍,体积为原来的几十分之一。在软件方面开始使用计算机算法语言。这一代计算机不仅用于科学计算,还用于数据处理、事务处理和工业控制。

第三代计算机,这一时期的主要特征是以中、小规模集成电路为电子器件,并且出现操作系统,使计算机的功能越来越强,应用范围越来越广。它们不仅用于科学计算,还用于文字处理、企业管理、自动控制等领域。这一时期还出现了计算机技术与通信技术相结合的信息管理系统,可用于生产管理、交通管理、情报检索等领域。

第四代计算机是指从 1971 年以后采用大规模集成电路和超大规模集成电路为主要电子器件制成的计算机。例如 80386 微处理器,在面积约为 10 mm * 10 mm 的单个芯片上,可以集成大约 32 万个晶体管。

第四代计算机的另一个重要分支是以大规模、超大规模集成电路为基础发展起来的微处理器和微型计算机。

随着集成度更高的特大规模集成电路技术的出现,计算机朝着微型化和巨型化两个方向发展。微型机的发展和普及极大地拓宽了计算机的应用领域,既减轻了人们的脑体力劳动,提高了工作生活效率,又满足了人类对社会信息的高质量要求,使人类生活进入到全新的信息时代。

1958 年,我国第一台小型电子管通用计算机 103 机(八一型)在中科院计算所研制成功,标志着我国第一台电子计算机的诞生。我国计算机的研制工作虽然起步较晚,但发展较快,已具备自行研制国际先进水平超级计算机系统的能力,并形成了神威、银河、曙光、联想、浪潮和天河等几个自己的产品系列和研究队伍。2013 年,国防科大研制出"天河二号"超级计算机(如图 1-2 所示),以峰值计算速度每秒 5.49 亿亿次、持续计算速度每秒 3.39 亿亿次双精度浮点运算的优异性能位居榜首,成为全球最快超级计算机。天河二号运算 1 小时,

图 1-2　国防科技大学研制的天河二号超级计算机系统

相当于 13 亿人同时用计算器计算一千年，如用天河二号来进行电影《阿凡达》的动漫渲染制作只需一个月时间，而原来的制作则耗时一年多；用传统手段研发新车，一般要经过上百次碰撞实验，而利用天河二号进行模拟，只需 3 到 5 次就可以完成。

1.1.2 计算机的特点、应用和分类

计算机能够按照程序确定的步骤，对输入的数据进行加工处理、存储或传送，以获得期望的输出信息，从而利用这些信息来提高工作效率和社会生产率，并改善人们的生活质量。计算机之所以具有如此强大的功能，能够应用于各个领域，这是由它的特点所决定的。

1. 计算机的特点

(1) 运算速度快

这是计算机最显著的特点之一。计算机的运算速度已从最初的每秒几千次发展到现在的每秒上百亿次。因此，计算机可以完成许多以前人工无法完成的定量分析工作。

(2) 计算精确度高

由于计算机采用二进制数字运算，因而计算精确度随着数字设备的增加和算法的改进而提高。一般的计算机均能达到 15 位有效数字，但在理论上计算机的精度不受任何限制，只要通过一定的技术手段便可以实现任何精确度要求。

(3) 存储能力强

能够存储数据和程序，并能将处理或计算结果保存起来，这是计算机最本质的特点之一。在计算机中有一个部件叫存储器，用于承担记忆职能，存储器的容量越大，计算机能“记住”的信息量就越大。

(4) 具有逻辑判断能力

计算机不仅具有计算能力，还具有逻辑判断能力。有了这种能力，才能使计算机更巧妙地完成各种计算任务，进行各种过程控制和各类数据处理任务，以及完成决策支持功能。

(5) 高度自动化能力

计算机具有自动执行程序的能力。将设计好的程序输入计算机，一旦向计算机发出命令，程序就能自动按规定的步骤完成指定任务。

(6) 网络与通信功能

计算机技术发展到今天，不仅可将一个个城市的计算机连成一个网络，而且能将一个个国家的计算机连在一个计算机网上。目前最大、应用范围最广的“国际互联网”(Internet)连接了全世界 200 多个国家和地区数亿台的各种计算机。在网上的所有计算机用户可共享网上资料、交流信息、互相学习，将世界变成了地球村，极大地改变了人类交流的方式和信息获取的途径。

2. 计算机的应用

随着计算机技术的发展，计算机的应用已迅速渗透到人类社会的各个方面。从科学研究、工农业生产、军事技术、文化教育到家庭生活，计算机都成了人们生活中必不可少的现代化工具。下面将其应用领域归纳为几大类：

(1) 科学计算

科学计算是指计算机用于完成科学研究和工程技术中所提出的数学问题的计算，又称作数值计算。科学研究和工程设计中经常遇到各种各样的数学问题，并且计算量很大。这些计算

正是计算机的长处,利用计算机进行计算,速度快,精度高,可以大大缩短计算周期,节省人力和物力。另外,计算机的逻辑判断能力和强大的运行能力又给许多学科提供了新的研究方法。

(2) 信息处理

现代社会是信息化社会,信息、物质和能量已被列为人类社会的三大支柱。现在,计算机大部分都用于信息处理。信息处理包括对信息的收集、分类、整理、加工、存储、传递等工作,其结果是为管理和决策提供有用的信息。目前,信息处理已广泛地应用于办公自动化。

(3) 实时控制

实时控制系统是指能够及时收集、检测数据,进行快速处理并自动控制被处理对象操作的计算机系统。这个系统的核心是计算机控制整个处理过程,包括从数据输入到输出控制的整个过程。计算机实时控制不但是一个控制手段的改变,更重要的是它的适应性大大提高。它可以通过参数设定、改变处理流程来实现不同过程的控制,这样有助于提高生产质量和生产效率。

(4) 计算机辅助

计算机辅助是计算机应用的一个非常广泛的领域。几乎所有曾经由人进行的具有设计性质的过程都可以让计算机帮助实现部分或全部工作。计算机辅助主要有:计算机辅助设计(CAD),计算机辅助制造(CAM),计算机辅助教育(CAI),计算机辅助技术(CAT),计算机仿真模拟(Simulation)等。计算机模拟和仿真是计算机辅助的重要方面。

(5) 网络与通信

将一个建筑内的计算机和世界各地的计算机通过电话交换网等方式连接起来,就可以形成一个巨大的计算机网络系统,从而做到资源共享。计算机网络应用所涉及的主要技术是网络互联技术、路由技术、数据通信技术以及信息浏览技术和网络安全技术等。计算机通信几乎就是现代通信的代名词,其发展势头已经超过传统通信。

(6) 人工智能

计算机可以模拟人类的某些智力活动。利用计算机可以进行图像和物体的识别,模拟人的学习过程和探索过程。如机器翻译、智能机器人等,都是利用计算机模拟人类的智力活动。人工智能是计算机科学发展以来一直处于前沿的研究领域,其主要研究内容包括自然语言理解、专家系统、机器人以及定理自动证明等。

(7) 多媒体应用

多媒体技术是指人和计算机交互地进行多种媒介信息的捕捉、传输、转换、编辑、存储、管理,并由计算机综合处理为表格、文字、图形、动画、音频、视频等视听信息有机结合的表现形式。多媒体技术拓宽了计算机的应用领域,使计算机广泛应用于商业、服务业、教育、广告宣传、文化娱乐、家庭等方面。同时,多媒体技术与人工智能技术的有机结合还促进了虚拟现实(VR)、虚拟制造(VM)技术的发展。

(8) 嵌入式系统

并不是所有计算机都是通用的。有许多特殊的计算机用于不同的设备中,包括大量的消费电子产品和工业制造系统,都是把处理器芯片嵌入其中,完成特定的处理任务。这些系统称为嵌入式系统。如数码相机、数码摄像机以及高档电动玩具等都使用了不同功能的处理器。

3. 计算机的分类

计算机技术的应用和发展,使计算机的家族变大,种类增多。按其不同的标志进行分类。

(1) 按处理数据的形态分类可分为数字计算机、模拟计算机、混合计算机。

数字计算机所处理的电信号在时间上是离散的(称为数字量),采用的是数字技术。计算机将信息数字化之后具有易保存、易表示、易计算、方便硬件实现等优点，所以数字计算机已成为信息处理的主流。

模拟计算机所处理的电信号在时间上是连续的(称为模拟量)，采用的是模拟技术。

混合计算机是将数字技术和模拟技术相结合的计算机。

(2) 按使用范围分类可分为通用计算机和专用计算机。

通用计算机具有功能强、兼容性强、应用面广、操作方便等优点，通常使用的计算机都是通用计算机。

专用计算机一般功能单一，操作复杂，用于完成特定的工作任务。

(3) 按其性能、规模和处理能力分类可分为巨型机、大型机、微型计算机、工作站、服务器等。

① 巨型机

研究巨型机是现代科学技术，尤其是国防尖端技术发展的需要。巨型机的特点是运算速度快、存储容量大。目前世界上只有少数几个国家能生产巨型机。我国自主研发的银河系列就是巨型机，主要用于核武器、空间技术、大范围天气预报、石油勘探等领域。

② 大型机

大型机的特点表现在通用性强、具有很强的综合处理能力、性能覆盖面广等方面，主要应用在公司、银行、政府部门、社会管理机构和制造厂家等，通常人们称大型机为企业计算机。大型机在未来将被赋予更多的使命，如大型事务处理、企业内部的信息管理与安全保护、科学计算等。

③ 微型计算机

微型机又称个人计算机(Personal Computer，PC)，它由 IBM 公司发明，是日常生活中使用最多、最普遍的计算机，具有价格低廉、性能强、体积小、功耗低等特点。现在微型计算机已进入到了千家万户，成为人们工作、生活的重要工具。

④ 工作站

工作站是一种高档的微机系统。它具有较高的运算速度，具有大/小型机的多任务、多用户功能，且兼具微型机的操作便利和良好的人机界面。它可以连接到多种输入/输出设备。它具有易于联网、处理功能强等特点。其应用领域也已从最初的计算机辅助设计扩展到商业、金融、办公领域，并充当网络服务器的角色。

⑤ 服务器

“服务器”一词很恰当地描述了计算机在应用中的角色，而不是刻画机器的档次。服务器作为网络的结点，存储、处理网络上 80%的数据、信息，因此也被称为网络的灵魂。

近年来，随着 Internet 的普及，各种档次的计算机在网络中发挥着各自不同的作用，而服务器在网络中扮演着最主要的角色。服务器可以是大型机、小型机、工作站或高档微机。服务器可以提供信息浏览、电子邮件、文件传送、数据库等多种业务服务。

1.1.3　计算科学研究与应用

最初的计算机，只是为了满足军事上大数据量计算的需要，而如今的计算机已远远超出了“计算的机器”这样狭义的概念。

1. 计算机新技术

(1) 人工智能

人工智能主要是研究如何让计算机来完成过去只有人才能做的智能的工作,核心目标是赋予计算机像人脑一样的智能。

人工智能让计算机有更接近人类的思维和智能,从而实现人机交互,并让计算机能够听懂人们说话,看懂人们的表情,能够模拟人脑思维。

(2)网格计算

网格计算是专门针对复杂科学计算的新型计算模式。这种计算模式是利用互联网把分散在不同地理位置的电脑组织成一个"虚拟的超级计算机",其中每一台参与计算的计算机就是一个"结点",而整个计算是由成千上万个"结点"组成的"一张网格",所以这种计算方式称为网格计算。这样组织起来的"虚拟的超级计算机"有两个优势:一是数据处理能力超强;二是能充分利用网上的闲置处理能力。网格计算技术是一场计算革命,它将全世界的计算机联合起来协同工作,它被人们视为二十一世纪的新型网络基础架构。

(3) 中间件技术

中间件是介于应用软件和操作系统之间的系统软件。在中间件诞生之前,企业多采用传统的客户机/服务器(C/S)的模式,通常是一台计算机作为客户机,运行应用程序,另外一台计算机作为服务器,运行服务器软件,以提供各种不同的服务。这种模式的缺点是系统拓展性差。到了二十世纪九十年代初,出现了一种新的思想:在客户机和服务器之间增加一组服务,这种服务(应用服务器)就是中间件,如图 1-3 所示。这些组件是通用的,基于某一标准,其他应用程序可以使用它们提供的应用程序接口调用组件,从而完成所需的操作。

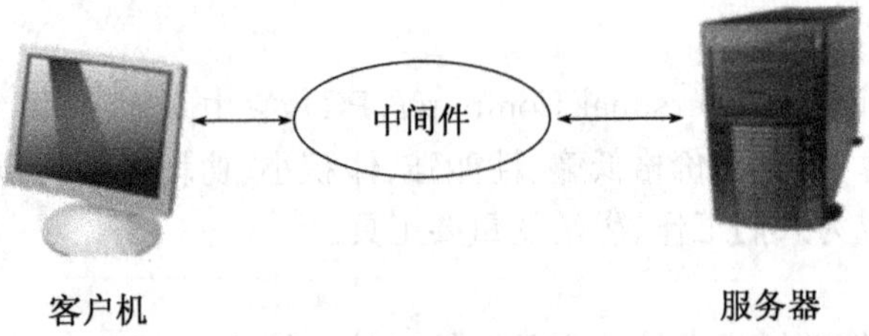

图 1-3 中间件技术

随着 Internet 的发展,一种基于 Web 数据库的中间件技术开始得到广泛应用,如图 1-4 所示。在这种模式中,浏览器若要访问数据库,则将请求发给 Web 服务器,再被转移给中间件,最后送到数据库系统,得到结果后通过中间件、Web 服务器返回给浏览器。中间件可以采用 CGI、ASP 或 JSP 等技术。

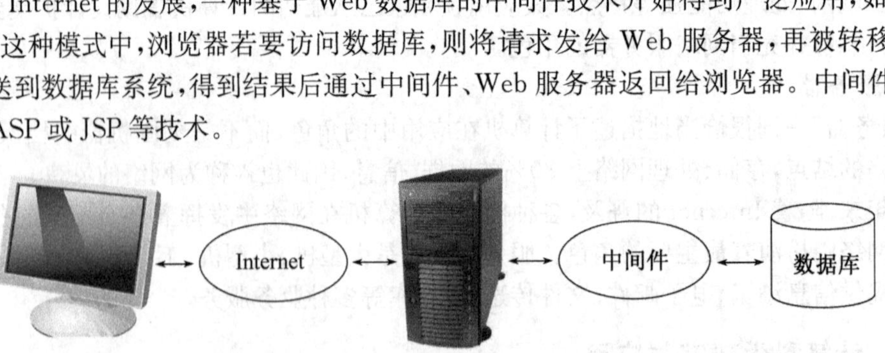

图 1-4 基于 Web 数据库的中间件

目前,中间件技术已经发展成为企业应用的主流技术,并形成各种不同类别,如交易中间件、消息中间件、专有系统中间件、面向对象中间件、数据存取中间件、远程调用中间件等。

(4)云计算

云计算(Cloud Computing)是分布式计算、网格计算、并行计算、网络存储及虚拟化计算机和网络技术发展融合的产物。美国国家技术与标准局给出的定义是:云计算是对基于网络的、可配置的共享计算资源池能够方便地、按需访问的一种模式。这些共享计算资源池包括网络、服务器、存储、应用和服务等资源,这些资源以最小化的管理和交互可以快速提供和释放。

进行云计算时,数据存储在云端,因而数据不怕丢失,并不必备份,另外还可以进行任意点的恢复;软件存储在云端,不必下载就可以自动升级;在任何时间、任意地点、任何设备登录云服务器后就可以进行计算服务。

2. 未来新一代的计算机

计算机最重要的核心部件是芯片,芯片制造技术的不断进步是推动计算机技术发展的动力。然而,以硅为基础的芯片制造技术的发展不是无限的,随着晶体管的尺寸接近纳米级,不仅芯片发热等副作用逐渐显现,而且电子的运行也难以控制。下一代计算机无论是从体系结构、工作原理,还是器件及制造技术,都应该进行变革。目前有可能的技术至少有四种:纳米技术、光技术、生物技术和量子技术。利用这些技术研究新一代计算机就成为世界各国研究的焦点。

(1) 模糊计算机

模糊计算机是建立在模糊数学基础上的计算机。模糊计算机除具有一般计算机的功能外,还具有学习、思考、判断和对话的能力,可以立即辨识外界物体的形状和特征,甚至可帮助人从事复杂的脑力劳动。模糊计算机能用于地震灾情判断、疾病医疗诊断、发酵工程控制、海空导航巡视等多个方面。

(2) 生物计算机

生物计算机最大的特点是采用了生物芯片,它由生物工程技术产生的蛋白质分子构成。在这种芯片中,信息以波的形式传播,运算速度比当今最新一代计算机快10万倍,能量消耗仅相当于普通计算机的十分之一,并且拥有巨大的存储能力。由于蛋白质分子能够自己组合,再生新的微型电路,使得生物计算机具有生物体的一些特点,如能发挥生物本身的调节机能自动修复芯片发生的故障,还能模仿人脑的思考机制。

(3) 光子计算机

光子计算机是一种用光信号进行数字运算、信息存储和处理的新型计算机。与电子相比,光子具有许多独特的优点:它的速度永远等于光速、具有电子所不具备的频率及偏振特征,从而大大提高了传输信息的能力。此外,光信号传输根本不需要导线,即使在光线交汇时也不会互相干扰、互相影响。

(4) 超导计算机

1911年,昂尼斯发现纯汞在4.2K低温下电阻变为零的超导现象,超导线圈中的电流可以无损耗地流动。计算机诞生之后,超导技术的发展使科学家们想到用超导材料来替代半导体制造计算机。

(5) 量子计算机

量子计算机的目的是解决计算机中的能耗问题,其概念源于对可逆计算机的研究。量子计算机遵循着独一无二的量子动力学规律,是一种信息处理的新模式。在量子计算机中,用"量子位"来代替传统电子计算机的二进制位。二进制位只能用"0"和"1"两个状态表示信息,而量子位则用粒子的量子力学状态来表示信息,两个状态可以在一个"量子位"中并存。量子位既可以用于表示二进制位的"0"和"1",也可以用这两个状态的组合来表示信息。正因为如此,量子计算机被认为可以进行传统电子计算机无法完成的复杂计算,其运算速度将是传统电子计算机无法比拟的。

1.1.4 计算机的发展趋势

计算机发展迅猛,对人类产生了巨大的影响,新一代计算机将向巨型化、微型化、网络化、智能化等方向发展。

(1) 巨型化

巨型化是指计算机的运算速度更高、存储容量更大、功能更强。目前正在研制的巨型计算机其运算速度可达每秒百亿次。

(2)微型化

微型计算机已进入仪器、仪表、家用电器等小型仪器设备中,同时也作为工业控制过程的心脏,使仪器设备实现"智能化"。随着微电子技术的进一步发展,笔记本型、掌上型等微型计算机必将以更优的性能和价格受到人们的欢迎。

(3) 网络化

随着计算机应用的深入,特别是家用计算机越来越普及,一方面希望众多用户能共享信息资源,另一方面也希望各计算机之间能互相传递信息进行通信。计算机网络是现代通信技术与计算机技术相结合的产物。计算机网络已在现代企业的管理中发挥着越来越重要的作用,如银行系统、商业系统、交通运输系统等。

(4)智能化

计算机人工智能的研究是建立在现代科学基础之上。智能化是计算机发展的一个重要方向,新一代计算机,将可以模拟人的感觉行为和思维过程,进行"看"、"听"、"说"、"想"、"做",具有逻辑推理、学习与证明的能力。

1.1.5 现代信息技术的发展趋势

现代信息技术主要包括信息基础技术、信息系统技术和信息应用技术。在生产力发展、人类实践活动的推动下,信息技术将得到更深、更广、更快的发展。

(1) 数字化

当信息被数字化并经由数字网络传输时,一个拥有无数可能性的全新世界便由此揭开序幕。大量信息可以被压缩,并以光速进行传输,数字传输的品质又比模拟传输的品质要好得多。许多种信息形态能够被结合、被创造,例如多媒体文件。无论在世界的任何地方,都可以立即存储和获取信息。新的数字产品也将被制造出来,有些小巧得可以放进你的口袋里,有些则足以对商业和个人生活的各层面都产生重大影响。

(2) 多媒体化

随着未来信息技术的发展,多媒体技术将文字、声音、图形、图像、视频等信息媒体与计算机集成在一起,使计算机的应用由单纯的文字处理进入文、图、声、影集成处理。随着数字化技术的发展和成熟,以上每一种媒体都将被数字化并容纳进多媒体系统的集合里,系统将信息整合在人们的日常生活中,以接近于人类的工作方式和思考方式来设计与操作。

(3) 高速度、网络化、宽频带

目前,几乎所有的国家都在进行最新一代的信息基础设施建设,即建设宽频信息高速公路。尽管今日的 Internet 已经能够传输多媒体信息,但仍然被认为是一条频带宽度低的网络路径，被形象地称为“一条花园小径”。下一代的 Internet 技术（lnternet 2）的传输速率将可以达到 2.4 GB/s。实现宽频的多媒体网络是未来信息技术的发展趋势之一。

(4)智能化

随着未来信息技术向着智能化的方向发展，在超媒体的世界里，“软件代理”可以代替人们在网络上漫游。“软件代理”不再需要浏览器，它本身就是信息的寻找器，它能够收集任何可能想要在网络上获取的信息。

1.1.6　课后习题

1. 世界上公认的第一台电子计算机诞生的年代是（　　）。
   (A) 1943 年　　(B) 1946 年
   (C) 1950 年　　(D) 1951 年
2. 电子数字计算机最早的应用领域是（　　）。
   (A) 辅助制造工程　　(B) 过程控制
   (C) 信息处理　　(D) 数值计算
3. 在冯·诺依曼型体系结构的计算机中提出了两个重要概念，它们是（　　）。
   (A) 机器语言和十六进制　　(B) 采用二进制和存储程序的概念
   (C) 引入 CPU 和内存储器的概念　　(D) ASCII 编码和指令系统
4. 英文缩写 CAD 的中文意思是（　　）。
   (A) 计算机辅助设计　　(B) 计算机辅助制造
   (C) 计算机辅助教学　　(D) 计算机辅助管理
5. 电子计算机发展的各个阶段的区分标志是（　　）。
   (A) 软件的发展水平　　(B) 计算机的运算速度
   (C) 元器件的发展水平　　(D) 操作系统的更新换代

1.2　信息的表示与存储

计算机科学的研究主要包括信息的采集、存储、处理和传输，而这些都与信息的量化和表示密切相关。本节从信息的定义出发，对数据的表示、转换、处理、存储方法进行论述，从而得出计算机对信息的处理方法。

1.2.1　数据与信息

数值、文字、语言、图形、图像等都是不同形式的数据。数据是信息的载体。

一般来说，信息既是对各种事物的变化和特征的反映，也是事物之间相互作用和联系的表征。人通过接受信息来认识事物，从这个意义上来说，信息是一种知识，是接受者原来不了解的知识。

信息同物质、能源一样重要，是人类生存和社会发展的三大基本资源之一，可以说信息不仅维系着社会的生存和发展，而且在不断地推动着社会和经济的发展。

数据与信息的区别是：数据处理之后产生的结果为信息，信息具有针对性、时效性。尽管人们在许多场合把这两个词互换使用。信息有意义，而数据没有。例如“38℃”，这是一个数据，没有实际意义，但当表示气温或体温时，就变成了有意义的信息。

1.2.2　计算机中的数据

ENIAC 是一台十进制的计算机，它采用十个真空管来表示一位十进制数。冯·诺依曼在研制 IAS 时，感觉这种十进制的表示和实现方式十分麻烦，故提出了二进制的表示方法，从此改变了整个计算机的发展历史。

二进制只有“0”和“1”。相对十进制而言，采用二进制表示不但运算简单、易于物理实现、通用性强，更重要的优点是所占用的空间和所消耗的能量小得多，并且机器可靠性高。

计算机内部均采用二进制来表示各种信息，但计算机与外部交往仍采用人们熟悉和便于阅读的形式，如十进制数据、文字显示以及图形描述等。其间的转换，则由计算机系统的硬件和软件来实现，转换过程如图 1-5 所示。

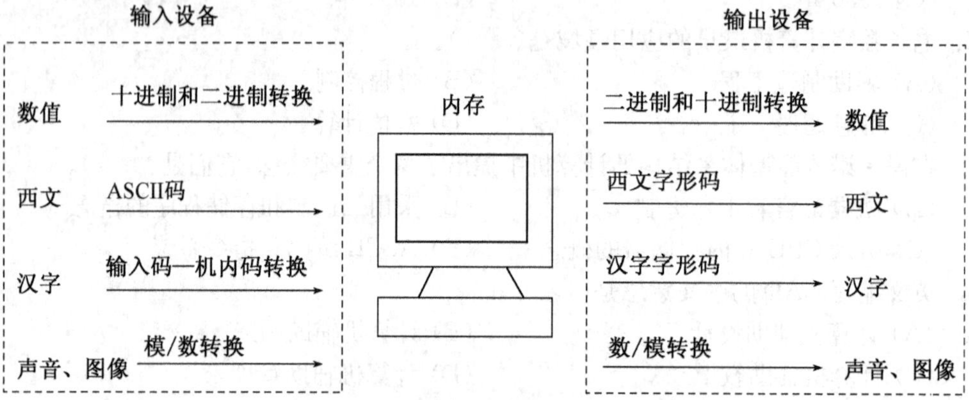

图 1-5　各类数据在计算机中的转换过程

1.2.3　信息的基本单位

计算机中信息的最小单位是位，存储容量的基本单位是字节。8 个二进制位称为 1 个字节，此外还有 KB、MB、GB、TB 等。

1. 位(bit)和字节(Byte)

位是度量数据的最小单位。在数字电路和计算机技术中采用二进制表示数据，代码只有 0 和 1。一个字节由 8 位二进制数字组成，字节是信息组织和存储的基本单位，也是计算机体系结构的基本单位。

为了便于衡量存储器的大小，统一以字节(Byte,B)为单位。具体参数及转换公式如下：

(1) 千字节　　1 KB＝1024 B＝2^{10} B

(2) 兆字节　　1 MB＝1024 KB＝2^{20} B

(3) 吉字节　　1 GB＝1024 MB＝2^{30} B

(4) 太字节　　1 TB＝1024 GB＝2^{40} B

2. 字长

在计算机诞生初期，受各种因素限制，计算机一次只能够同时(并行)处理 8 个二进制位。人们将计算机一次能够并行处理的二进制位称为该机器的字长，也称为计算机的一个“字”。随着电子技术的发展，计算机的并行能力越来越强，计算机的字长通常是字节的整倍数，如 8

位、16位、32位，发展到今天微型机的64位，大型机已达128位。

字长是计算机的一个重要指标，直接反映一台计算机的计算能力和计算精度。字长越长，计算机的数据处理速度越快。

1.2.4　进位计数制及其转换

日常生活中，人们使用的数据一般是十进制表示的，而计算机中所有的数据都是使用二进制表示的。但为了书写方便，也采用八进制或十六进制形式表示。下面介绍数制的基本概念及不同数制之间的转换方法。

1. 进位计数制(数的表示)

多位数码中每一位的构成方法以及从低位到高位的进位规则称为进位计数制(简称数制)。

如果采用R个基本符号(例如0,1,2,…,R−1)表示数值，则称R数制。R称为该数制的基数(Radix)，而数制中固定的基本符号称为“数码”。处于不同位置的数码代表的值不同，与它所在位置的“权”值有关。任意一个R进制数D均可展开为：

$$(D)_R = \sum_{i=-m}^{n-1} k_i \times R^i$$

其中R为计数的基数；k_i为第i位的系数，可以为“0,1,2,…,$R-1$”中的任何一个；R称为第i位的权。表1-2给出了计算机中常用的几种进位计数制。

表1-2　计算机中常用的几种进位计数制的表示

进位制	基数	基本符号	权	形式表示
二进制	2	0,1	2^1	B
八进制	8	0,1,2,3,4,5,6,7	8^1	O
十进制	10	0,1,2,3,4,5,6,7,8,9	10^1	D
十六进制	16	0,1,2,3,4,5,6,7,8,9,A,B,C,D,E,F	16^1	H

表1-2中，十六进制的数字符号除了十进制中的10个数字符号以外，还使用了6个英文字符：A,B,C,D,E,F；它们分别等于十进制的10,11,12,13,14,15。

在数字电路和计算机中，可以用括号加数制基数下标的方式表示不同数制的数，如$(25)_{10}$、$(1101.101)_2$、$(37F.5B9)_{16}$，或者表示为$(25)_D$、$(1101.101)_B$、$(37F.5B9)_H$。

表1-3是十进制0～15与等值二进制、八进制、十六进制数的对照表。

表1-3　不同进制数的对照表

十进制	二进制	八进制	十六进制	十进制	二进制	八进制	十六进制
0	0000	00	0	8	1000	10	8
1	0001	01	1	9	1001	11	9
2	0002	02	2	10	1010	12	A
3	0003	03	3	11	1011	13	B
4	0004	04	4	12	1100	14	C
5	0005	05	5	13	1101	15	D
6	0006	06	6	14	1110	16	E
7	0007	07	7	15	1111	17	F

可以看出,采用不同的数制表示同一个数时,基数越大,则使用的位数越少。比如十进制数 15,需要 4 位二进制数来表示,而八进制数只需要 2 位来表示,而十六进制数只需要 1 位来表示——这也是为什么在程序的书写中一般采用八进制或十六进制表示数据的原因。在数制中有一个规则,就是 N 进制一定遵循"逢 N 进一"的进位规则,如十进制就是"逢十进一",二进制就是"逢二进一"。

2. 进制转换(R 进制→十进制)

在我们熟悉的十进制系统中,8547 还可以表示成如下的多项式形式:

$$(8547)_D = 8\times10^3 + 5\times10^2 + 7\times10^1 + 7\times10^0$$

上式中的 $10^3,10^2,10^1,10^0$ 是各位数码的权。可以看出,个位、十位、百位和千位上的数字只有乘上它们的权值,才能真正表示它的实际数值。

基数为 R 的数字,只要将各位数字与它的权相乘,其积相加,所得到的和数就是十进制数。R 进制转换为十进制的方法可简称为"按权展开"。

例如:

$$(11111111.11)_B = 1\times2^7 + 1\times2^6 + 1\times2^5 + 1\times2^4 + 1\times2^3 + 1\times2^2 + 1\times2^1 + 1\times2^0 + 1\times2^{-1} + 1\times2^{-2} = (255.75)_D$$

$$(3506.2)_O = 3\times8^3 + 5\times8^2 + 0\times8^1 + 6\times8^0 + 2\times8^{-1} = (1862.25)_D$$

$$(0.2A)_H = 2\times16^{-1} + 10\times16^{-2} = (0.1640625)_D$$

3. 进制转换(十进制→R 进制)

十进制数转换为 R 进制数时,可将此数分成整数与小数两部分分别进行转换,然后再拼接起来即可。

下面分析十进制整数转换成 R 进制的整数:

十进制整数转换成 R 进制的整数,可用十进制数连续地除以 R,其余数即为相应 R 进制数的各位系数。此方法称之除 R 取余法。

我们知道,任何一个十进制整数 N,都可以用一个 R 进制数来表示:

$$\begin{aligned} N &= X_0 + X_1R^1 + X_2R^2 + \cdots + X_{n-1}R^{n-1} \\ &= X_0 + (X_1 + X_2R^1 + \cdots + X_{n-1}R^{n-2})R \\ &= X_0 + Q_1R \end{aligned}$$

由此可知,若用 N 除以 R,则商为 Q_1,余数是 X_0。同理:

$$Q_1 = X_1 + Q_2R$$

Q_1 再除以 R,则商为 Q_2,余数是 X_1。依此类推:

$$\begin{aligned} Q_i &= X_i + (X_{i+1} + X_{i+2}R^1 + \cdots + X_{n-1}R^{n-2-i})R \\ &= X_i + Q_{i+1}R \end{aligned}$$

Q_i 除以 R,则商为 Q_{i+1},余数是 X_i。

这样除下去,直到商为 0 时为止,每次除 R 的余数 $X_0, X_1, X_2 \cdots X_{n-1}$ 即构成 R 进制数。

因此,将一个十进制整数转换成 R 进制数可以采用"除 R 取余"法,即将十进制整数连续地除以 R 取余数,直到商为 0。余数从右到左排列,首次取得的余数排在最右边。

小数部分转换成 R 进制数采用"乘 R 取整"法,即将十进制小数不断乘以 R 取整数,直到小数部分为 0 或达到要求的精度为止(当小数部分永远不会达到 0 时);所得的整数从小数点之后自左往右排列,取有效精度,首次取得的整数排在最左边。

［**例 1.1**］　将十进制数 68.8125 转化为二进制数。

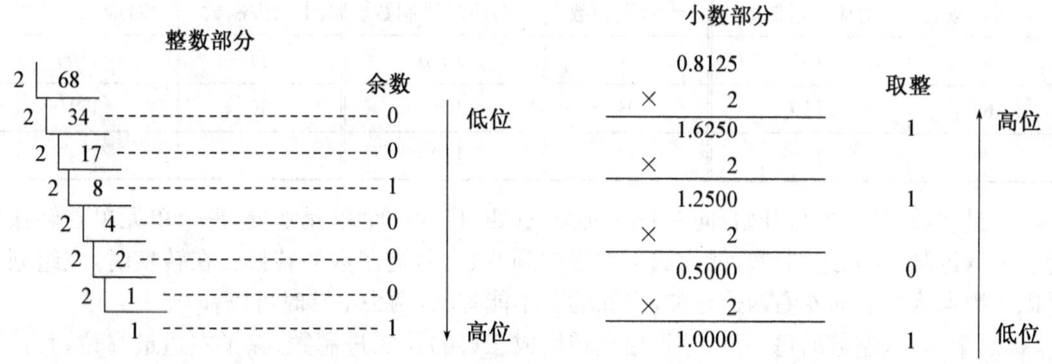

转换结果为：$(68.8125)_D=(1000100.1101)_B$

［**例 1.2**］　将十进制数 168.15 转化为八进制数，要求结果精确到小数点后 5 位。

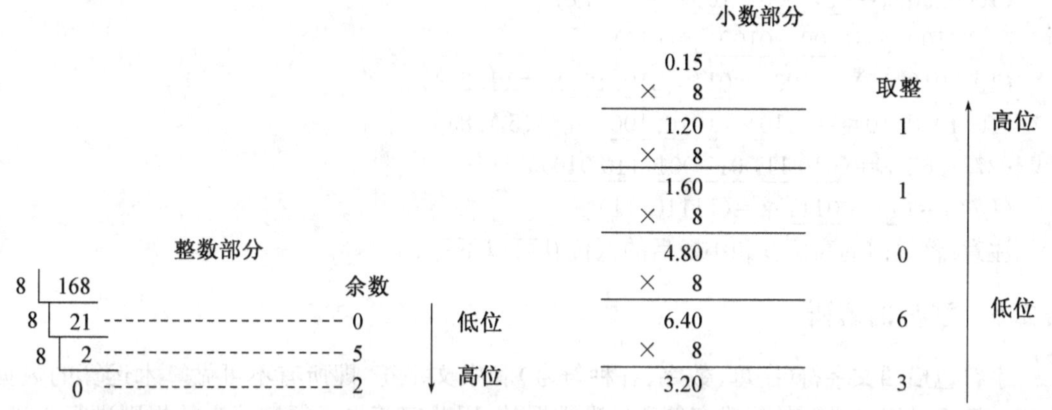

转换结果为：$(168.15)_D=(250.11063)_O$

3. 进制转换(二进制↔八、十六进制)

二进制数非常适合计算机内部数据的表示和运算，但书写起来位数比较长，如表示一个十进制数“1024”，写成等值的二进制数就需 11 位，很不方便，也不直观。而八进制和十六进制数比等值的二进制数的长度短得多，而且它们之间转换也非常方便。因此在书写程序和数据用到二进制数的地方，往往采用八进制数或十六进制数的形式。

由于二进制、八进制和十六进制之间存在特殊关系：$8^1=2^3$、$16^1=2^4$，即 1 位八进制数相当于 3 位二进制数，1 位十六进制数相当于 4 位二进制数，因此转换方法就比较容易。八进制数与二进制数、十六进制数之间的关系见表 1－5 所示。

表 1－5　八进制数与二进制数、十六进制数之间的关系

八进制数	对应二进制数	十六进制数	对应二进制数	十六进制数	对应二进制数
0	000	0	0000	5	0101
1	001	1	0001	6	0110
2	010	2	0010	7	0111
3	011	3	0011	8	1000
4	100	4	0100	9	1001

(续表)

八进制数	对应二进制数	十六进制数	对应二进制数	十六进制数	对应二进制数
5	101	A	1010	D	1101
6	110	B	1011	E	1110
7	111	C	1100	F	1111

二进制数,从小数点开始,向左右分别按三(四)位为一个单元划分,每个单元单独转换成为一个八进制(十六进制)数,就完成了二进制到八、十六进制数的转换。在转换时,位组划分是以小数点为中心向左右两边延伸,中间的 0 不能省略,两头不够时可以补 0。

八(十六)进制数的每一位,分别独立转换成三(四)位二进制数,除了左边最高位,其他位如果不足三(四)位的要用 0 来补足,按照由高位到低位的顺序写在一起,就是相应的二进制数。例如:

$(1000100)_B=(\underline{1}\quad\underline{000}\quad\underline{100})_B=(104)_O$

$(1000100)_B=(\underline{100}\quad\underline{0100})_B=(44)_H$

$(1011010.10)_B=(\underline{001}\quad\underline{011}\quad\underline{010}.\underline{100})_B=(132.4)_O$

$(1011010.10)_B=(\underline{0101}\quad\underline{1010}.\underline{100}\,\underline{0})_B=(5A.8)_H$

$(2731.62)_O=(\underline{010}\ \underline{111}\ \underline{011}\ \underline{001}.\underline{110}\ \underline{010})_B$

$(F7)_H=(\underline{1111}\ \underline{0111})_B=(11110111)_B$

注意:整数前的高位 0 和小数后的低位 0 可以不写。

1.2.5 字符的编码

字符包括西文字符(字母、数字、各种符号)和中文字符,即所有不可做算术运算的数据。由于计算机是以二进制的形式存储和处理数据的,因此字符也必须按特定的规则进行二进制编码才能进入计算机。字符编码的方法很简单,首先确定需要编码的字符总数,然后将每一个字符按顺序确定序号,序号的大小无意义,仅作为识别与使用这些字符的依据。字符形式的多少涉及编码的位数。对于西文与中文字符,由于形式的不同,使用不同的编码。

1. 西文字符的编码

计算机中的数据都是用二进制编码表示的,用以表示字符的二进制编码称为字符编码。计算机中最常用的字符编码是 ASCII(American Standard Code for Information Interchange,美国信息交换标准码),被国际标准化组织指定为国际标准。ASCII 码有 7 位码和 8 位码两种版本。国际通用的是 7 位 ASCII 码,用 7 位二进制数表示一个字符的编码,共有 $2^7=128$ 个不同的编码值,相应可以表示 128 个不同字符的编码,见表 1-6 所示。

表 1-6 中对大小写英文字母、阿拉伯数字、标点符号及控制符等特殊符号规定了编码。表中每个字符都对应一个数值,称为该字符的 ASCII 码值。其排列次序为 $b_6b_5b_4b_3b_2b_1b_0$,其中 b_6 为最高位,b_0 为最低位。

表 1-6　7 位 ASCII 码表

符号 $b_6b_5b_4$ / $b_3b_2b_1b_0$	000	001	010	011	100	101	110	111
0000	NUL	DEL	SP	0	@	P	.	P
0001	SOH	DC1	!	1	A	Q	a	q
0010	STX	DC2	“	2	B	R	b	r
0011	EXT	DC3	♯	3	C	S	c	s
0100	EOT	DC4	S	4	D	T	d	t
0101	ENQ	NAK	%	5	E	U	e	u
0110	ACK	SYN	&	6	F	V	f	v
0111	BEL	ETB	‘	7	G	W	g	w
1000	BS	CAN	(	8	H	X	h	x
1001	HT	EM	)	9	I	Y	i	y
1010	LF	SUB	*	：	J	Z	j	z
1011	VI	ESC	+	；	K	[	k	{
1100	FF	FS	，		L	\	l	|
1101	CR	GS	—		M	]	m	}
1110	SO	RS	.		N	↑	n	～
1111	SI	US	/		O	↓	o	DEL

从 ASCII 码表中看出：有 34 个非图形字符（又称为控制字符）。例如：

SP(Space)编码是 0100000　　空格

CR(Carriage Return)编码是 0001101　　回车

DEL(Delete)编码是 1111111　　删除

BS(Back Space)编码是 0001000　　退格

其余 94 个可打印字符，也称为图形字符。在这些字符中，从 0～9、A～Z、a～z 都是顺序排列的，且小写比大写字母的码值大 32，即位值 b_5 为 0 或 1，这有利于大、小写字母之间的编码转换。有些特殊的字符编码是容易记忆的，如：

“a”字符的编码为 1100001，对应的十进制数是 97；则“b”的编码值是 98。

“A”字符的编码为 1000001，对应的十进制数是 65；则“B”的编码值是 66。

“0”数字字符的编码为 0110000，对应的十进制数是 48；则“1”的编码值是 49。

计算机的内部用一个字节(8 个二进制位)存放一个 7 位 ASCII 码，最高位置为 0。

2. 汉字的编码

ASCII 码只对英文字母、数字和标点符号进行了编码。为了使计算机能够处理、显示、打印、交换汉字字符，同样也需要对汉字进行编码。我国于 1980 年发布了国家汉字编码标准 GB2312—80，全称是《信息交换用汉字编码字符集—基本集》(简称 GB 码或国标码)。根据统计，把最常用的 6763 个汉字分成两级：一级汉字有 3755 个，按汉语拼音字母的次序排列；二级汉字有 3008 个,按偏旁部首排列。由于一个字节只能表示 256 种编码,是不足以表示 6763 个汉字的,所以一个国标码用两个字节来表示一个汉字,每个字节的最高位为 0。

为避开 ASCII 码表中的控制码,将 GB2312-80 中的 6763 个汉字分为 94 行、94 列,代码表分 94 个区(行)和 94 个位(列)。由区号(行号)和位号(列号)构成了区位码。区位码最多可以表示 94×94=8836 个汉字。区位码由 4 位十进制数字组成,前两位为区号,后两位为位号。在区位码中,01～09 区为特殊字符,10～55 区为一级汉字,56～87 区为二级汉字。例如汉字"中"的区位码为 54、48,即它位于第 54 行、第 48 列。

区位码是一个 4 位十进制数,国标码是一个 4 位十六进制数。为了与 ASCII 码兼容,汉字输入区位码与国标码之间有一个简单的转换关系,具体方法是:将一个汉字的十进制区号和十进制位号分别转换成十六进制;然后再分别加上 20_H(十进制就是 32),就成为汉字的国标码。例如,汉字"中"字的区位码与国标码及转换如下:

区位码:5448_D　$(3630)_H$

国标码:8680_D　$(3630_H+2020_H)=5650_H$

二进制表示为:$(00110110\quad 00110000)_B+(001000000\quad 00100000)_B$

$=(01010110\quad 01010000)_B$

世界上使用汉字的地区除了中国内地,还有中国台湾及港澳地区、日本和韩国,这些地区和国家使用了与中国内地不同的汉字字符集。中国台湾、香港等地区使用的汉字是繁体字,即 BIG5 码。

1992 年通过的国际标准 ISO 10646,定义了一个用于世界范围各种文字及各种语言的书面形式的图形字符集,基本上收集了上面国家和地区使用的汉字。Uicode 编码标准对汉字集的处理与 IS0 10646 相似。

GB2312-80 中因有许多汉字没有包括在内,所以出现了 GBK 编码(扩展汉字编码),它是对 GB2312-80 扩展,共收录了 21003 个汉字,支持国际标准 ISO 10646 中的全部中日韩汉字,包含了 BIG5(台、港、澳)编码中的所有汉字。GBK 编码于 1995 年 12 月发布。目前 Windows 以上的版本都支持 GBK 编码,只要计算机安装了多语言支持功能,几乎不需要任何操作就可以在不同的汉字系统之间自由变换。"微软拼音"、"全拼"、"紫光"等几种输入法都支持 GBK 字符集。2001 年我国发布了 GB18030 编码标准,它是 GBK 的升级。GB18030 编码空间约为 160 万码位,目前已经纳入编码的汉字约为 2.6 万个。

3. 汉字在计算机中的处理过程

从汉字编码的角度看,计算机对汉字信息的处理过程实际上是各种汉字编码间的转换过程。这些编码主要包括:汉字输入码、汉字内码、汉字地址码、汉字字形码等。这一系列的汉字编码及转换、汉字信息处理中的各编码及流程如图 1-6 所示。

图 1-6　汉字信息处理系统的模型

(1) 汉字输入码

为将汉字输入计算机而编制的代码称为汉字输入码,也叫外码。它是利用计算机标准键盘按键的不同排列组合来对汉字的输入进行编码。目前常用的输入法大致有:音码、形码、语音、手写输入或扫描输入等。实际上，区位码也是一种输入法，其最大优点是一字一码的无重码输入法，最大的缺点是难以记忆。

可以想象，对于同一个汉字，不同的输入法有不同的输入码。例如："中"字的全拼输入码是"zhong"，其双拼输入码是"vs"，而五笔字型的输入码是"kh"。这种不同的输入码通过输入字典统一转换成标准的国标码。

(2)汉字内码

汉字内码是为在计算机内部对汉字进行存储、处理的汉字代码，它能满足存储、处理传输的要求。当一个汉字输入计算机并转换为内码后，才能在机器内传输、处理。汉字码的形式也有多种多样。目前，对应于国标码，一个汉字的内码用 2 个字节存储，并把每个字节的最高二进制位置"1"作为汉字内码的标识，从而以免与单字节的 ASCII 码产生歧义。如果用十六进制来表述，就是把汉字国标码的每个字节上加一个 80_H(即二进制数 10000000)。所以，汉字的国标码与其内码有下列关系：

汉字的内码＝汉字的国标码＋8080_H

例如，在前面我们已知"中"字的国标码为 5650_H，则根据上述公式得：

"中"字的内码＝"中"字的国标码(5650_H)＋8080_H＝$D6D0_H$

由此可以看出：英文字符的机器内编码是 7 位 ASCII 码，一个字节的最高位为 0。每个西文字符的 ASCII 码值均小于 128。为了与 ASCII 码兼容，汉字用两个字节来存储，区位码再分别加上 20_H，就成为汉字的国标码。在计算机内部为了能够区分是汉字还是 ASCII 码，将国标码每个字节的最高位由 0 变为 1(也就是说机器内码的每个字节都大于 128)，变换后的国标码称为汉字的内码。

(3) 汉字字形码

经过计算机处理的汉字信息，如果要显示或打印出来阅读，则必须将汉字内码转换成可读的方块汉字。汉字字形码又称汉字字模，用于汉字在显示屏或打印机输出。汉字字形码通常有两种表示方式：点阵和矢量表示方式。

用点阵表示字形时，汉字字形码指的就是这个汉字字形点阵的代码。根据输出汉字的要求不同，点阵的多少也不同。简易型汉字为 16×16 点阵，普通型汉字为 24×24 点阵，提高型汉字为 32×32 点阵、48×48 点阵等等。图 1-7 显示了"景"字的 24×24 字形点阵和代码。

在一个 24×24 的网格中用点描出一个汉字，如"次"字，整个网格分为 24 行 24 列，每个小格用 1 位二进制编码表示，有点的用"1"表示，没有点的用"0"表示。这样，从上到下，每一行需要 24 个二进制位，占三个字节，如第一行的点阵编码是$(040060)_H$。描述整个汉字的字形需要 72 个字节的存储空间。汉字的点阵字形编码仅用于构造汉字的字库。一般对应不同的字体(如宋体、楷体、黑体)有不同的字库，字库中存储了每个汉字的点阵代码。字模点阵只能用来构成"字库"，而不能用于机内存储。输出汉字时，先根据汉字内码从字库中提取汉字的字形数据，然后根据字形数据显示和打印出汉字。

点阵规模愈大，字形愈清晰美观，所占存储空间也愈大。两级汉字大约占用 256 KB。点阵表示方式的缺点是字形放大后质量的变低。

矢量表示方式存储的是描述汉字字形的轮廓特征。矢量化字形描述与最终文字显示的大小、分辨率无关，因此可产生高质量的汉字输出。Windows 中使用的 TrueType 技术就是汉字的矢量表示方式，它解决了汉字点阵字形放大后出现锯齿现象的问题。

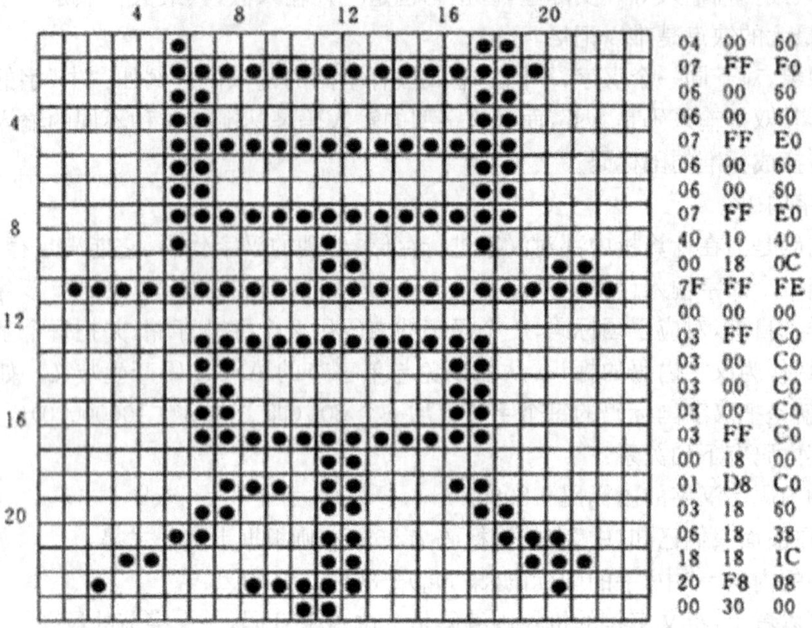

图 1-7 汉字字形点阵机器编码

(4)汉字地址码

汉字地址码是指汉字库(这里主要指整字形的点阵式字模库)中存储汉字字形信息的逻辑地址码。需要向输出设备输出汉字时,必须通过地址码对汉字库进行访问。在汉字库中,字形信息都是按一定顺序(大多数按标准汉字交换码中汉字的排列顺序)连续存放在存储介质中,所以汉字地址码也大多是连续有序的,而且与汉字内码间有着简单的对应关系,以简化汉字内码到汉字地址码的转换。

(5) 其他汉字内码

GB2312—80 国标码只能表示和处理 6763 个汉字,为了统一表示世界各国、各地区的文字,便于全球范围的信息交流,各级组织公布了各种汉字内码。常用的有 GBK 码、UCS 码、Unicode 编码、BIG5 码等。

1.2.6 课后习题

1. 二进制数 110001 转换成十进制数是(　　)。

(A) 47　　(B) 48　　(C) 49　　(D) 51

2. 十进制数 55 转换成无符号二进制数等于(　　)。

(A) 111111　　(B) 110111　　(C) 111001　　(D) 111011

3. 根据数制的基本概念,下列各进制的整数中,值最小的一个是(　　)。

(A) 十进制数 10　　(B) 八进制数 10

(C) 十六进制数 10　　(D) 二进制数 10

4. 在下列字符中,其 ASCII 码值最小的一个是(　　)。

(A) 空格字符　　(B) 0　　(C) A　　(D) a

5. 若已知一汉字的国标码是 5E38,则其内码是(　　)。

(A) 7E58 (B) DE38 (C) 5EB8 (D) DEB8

6. 已知英文字母m的ASCII码值为109,那么英文字母p的ASCII码值是(   )。

(A) 112 (B) 113 (C) 111 (D) 114

7. 1 KB的准确数值是(   )。

(A) 1024 Bytes (B) 1000 Bytes (C) 1024 bits (D) 1000 bits

8. 一个汉字的内码与它的国标码之间的差是(   )。

(A) 2020H (B) 4040H (C) 8080H (D) A0A0H

9. 设汉字点阵为32×32,那么100个汉字的字形状信息所占用的字节数是(   )。

(A) 12800 (B) 3200 (C) 32×3200 (D) 128 K

10. 标准ASCII码的码长是(   )。

(A) 16 (B) 12 (C) 8 (D) 7

1.3 多媒体技术简介

多媒体技术是一门跨学科的综合技术,它使得高效而方便地处理文字、声音、图像和视频等多种媒体信息成为可能。不断发展的网络技术又促进了多媒体技术在教育培训、多媒体通信、游戏娱乐等领域的应用。

1.3.1 多媒体的特征

在日常生活中,媒体(Medium)是指文字、声音、图像、动画和视频等内容。多媒体技术是指能够同时对两种或两种以上的媒体进行采集、操作、编辑、存储等综合处理的技术。多媒体技术集声音、图像、文字于一体,集电视录像、光盘存储、电子印刷和计算机通信技术之大成,将人类引入更加直观、更加自然、更加广阔的信息领域。

多媒体技术具有交互性、集成性、多样性、实时性、非线性等特征,这也是它区别于传统计算机系统的显著特征。

1. 交互性

人们日常通过看电视、读报纸等形式单向地、被动地接收信息,而不能够双向地、主动地编辑、处理这些媒体的信息。在多媒体系统中用户可以主动地编辑、处理各种信息,具有人机交互功能。交互性是多媒体技术的关键特征,没有交互性的系统就不是多媒体系统。

2. 集成性

多媒体技术中集成了许多单一的技术,如图像处理技术、声音处理技术等。多媒体能够同时表示和处理多种信息,但对用户而言,它们是集成一体的。这种集成包括信息的统一获取、存储、组织和合成等方面。

3. 多样性

多媒体信息是多样化的,同时也指媒体输入、传播、再现和展示手段的多样化。多媒体技术使人们的思维不再局限于顺序、单调和狭小的范围。这些信息媒体包括文字、声音、图像、动画等,它扩大了计算机所能处理的信息空间,使计算机不再局限于处理数值、文本等,使人们能得心应手地处理更多种信息。

4. 实时性

实时性是指在多媒体系统中声音及活动的视频图像是实时的。多媒体系统提供了对这些媒体实时处理和控制的能力。多媒体系统除了像一般计算机一样能够处理离散媒体,如文本、图像外,它的一个基本特征就是能够综合地处理带有时间关系的媒体,如音频、视频和动画,甚至是实况信息媒体。

5. 非线性

多媒体技术的非线性特点将改变人们传统循序性的读写模式。以往人们读写大都采用章、节、页的框架,循序渐进地获取知识,而多媒体技术将借助超文本链接的方法,把内容以一种更灵活、更具变化的方式呈现给读者。

1.3.2 媒体的数字化

多媒体信息可以从计算机输出界面向人们展示丰富多彩的文、图、声信息,而在计算机内部都是先将转换成 0 和 1 的数字化信息后进行处理的,然后以不同文件类型进行存储。

1. 声音的数字化

声音是一种重要的媒体,其种类繁多,如人的语音、动物的声音、乐器声、机器声等。

声音的主要物理特征包括频率和振幅。声音用电表示时,声音信号是在时间上和幅度上都连续的模拟信号。而计算机只能存储和处理离散的数字信号。将连续的模拟信号变成离散的数字信号是数字化,数字化的基本技术是脉冲编码调制,主要包括采样、量化、编码。

为了记录声音信号,需要每隔一定的时间间隔获取声音信号的幅度值,并记录下来,这个过程称为采样。采样即是以固定的时间间隔对模拟波形的幅度值进行抽取,把时间上连续的信号变成时间上离散的信号。该时间间隔称为采样周期,其倒数称为采样频率。

取到的样本幅度值用数字量来表示,这个过程称为量化。量化就是将一定范围内的模拟量变成某一最小数量单位的整数倍。表示采样点幅值的二进制位数称为量化位数,它是决定数字音频质量的另一重要参数,一般为 8 位、16 位。量化位数越大,采集到的样本精度就越高,声音的质量就越高。但量化位数越多,需要的存储空间也就越多。

2. 图像和视频的数字化

图像是多媒体中最基本、最重要的数据,图像有黑白图像、灰度图像、彩色图像、摄影图像等。静止的图像称为静态图像;活动的图像称为动态图像。静态图像根据其在计算机中生成的原理不同,分为矢量图形和位图图像两种。动态图像又分为视频和动画。习惯上将通过摄像机拍摄得到的动态图像称为视频,而用计算机或绘画的方法生成的动态图像称为动画。

(1) 静态图像的数字化

一幅图像可以近似地看成是由许许多多的点组成的,因此它的数字化通过采样和量化就可以得到。图像的采样就是采集组成一幅图像的点。量化就是将采集到的信息转换成相应的数值。组成一幅图像的每个点被称为是一个像素,每个像素的值表示其颜色、属性等信息。存储图像颜色的二进制数的位数,称为颜色深度。如 3 位二进制数可以表示 8 种不同的颜色,因此 8 色图的颜色深度是 3。真彩色图的颜色深度是 24,可以表示 16777412 种颜色。

(2) 动态图像的数字化

人眼看到的一幅图像消失后,还将在视网膜上滞留几毫秒,动态图像正是根据这样的原理而产生的。动态图像是将静态图像以每秒钟 n 幅的速度播放,当 $n\geqslant 25$ 时,显示在人眼中的就是连续的画面。

1.3.3 多媒体数据压缩

多媒体信息数字化之后，其数据量往往非常庞大。为了存储、处理和传输多媒体信息，人们考虑采用压缩的方法来减少数据量。通常是将原始数据压缩后存放在磁盘上或是以压缩形式来传输，仅当用到它时才把数据解压缩以还原，以此来满足实际的需要。

1. 无损压缩

数据压缩可以分为两种类型：无损压缩和有损压缩。无损压缩是利用数据的统计冗余进行压缩，又称可逆编码，其原理是统计被压缩数据中重复数据的出现次数来进行编码。无损压缩能够确保解压后的数据不失真，是对原始对象的完整复制。

无损压缩的主要特点是压缩比较低，一般为2∶1～5∶1，通常广泛应用于文本数据、程序以及重要图形和图像（如指纹图像、医学图像）的压缩。如压缩软件 WinZip、WinRAR 就是基于无损压缩原理设计的，因此可用来压缩任何类型的文件。但由于压缩比的限制，所以仅使用无损压缩技术不可能解决多媒体信息存储和传输的所有问题。常用的无损压缩算法包括行程编码、哈夫曼编码（Huffman）、算术编码、LZW 编码等。

(1) 行程编码

仅存储一个像素值以及具有相同颜色的像素数目的图像数据编码方式称为行程编码，常用 RLE 表示。该压缩编码技术相当直观和经济，运算也相当简单，因此解压缩速度很快。RLE 压缩编码尤其适用于计算机生成的图形图像，对减少存储容量很有效果。

(2)熵编码

编码过程中按熵原理不丢失任何信息的编码。信息熵为信源的平均信息量（不确定性的度量）。常见的熵编码有：LZW 编码、香农（Shannon）编码、哈夫曼（Huffman）编码和算术编码（Arithmetic Coding）。

(3) 算术编码

在给定符号集和符号概率的情况下，算术编码可以给出接近最优的编码结果。使用算术编码的压缩算法通常先要对输入符号的概率进行估计，然后再编码。这个估计越准，编码结果就越接近最优的结果。

JPEG 标准：是第一个针对静止图像压缩的国际标准。JPEG 标准制定了两种基本的压缩编码方案：以离散余弦变换为基础的有损压缩编码方案和以预测技术为基础的无损压缩编码方案。

MPEG 标准：规定了声音数据和电视图像数据的编码和解码过程、声音和数据之间的同步等问题。MPEG-1 和 MPEG-2 是数字电视标准，其内容包括 MPEG 电视图像、MPEG 声音及 MPEG 系统等内容。MPEG-4 是 1999 年发布的多媒体应用标准，其目标是在异种结构网络中能够具有很强的交互功能并且能够高度可靠地工作。MPEG-7 是多媒体内容描述接口标准，其应用领域包括数字图书馆、多媒体创作等。

2. 有损压缩

有损压缩又称不可逆编码。有损压缩是指在压缩后的数据不能够完全还原成压缩前的数据，与原始数据不同但是非常接近的压缩方法。有损压缩也称破坏性压缩，以损失文件中某些信息为代价来换取较高的压缩比，其损失的信息多是对视觉和听觉感知不重要信息，压缩比通常较高,一般为几十到几百,常用于音频、图像和视频的压缩。

典型的有损压缩编码方法有预测编码、变换编码、基于模型编码、分形编码及矢量量化码等。

1.3.4 课后习题

1. 下列哪项不属于多媒体技术的特点(　　)。
   (A) 交互性　　(B) 集成性　　(C) 多样性　　(D) 自然性
2. 多媒体处理的是(　　)。
   (A) 模拟信号　　(B) 音频信号　　(C) 视频信号　　(D) 数字信号
3. 多媒体计算机处理的信息类型有(　　)。
   (A) 文字,数字,图形
   (B) 文字,数字,图形,图像,音频,视频
   (C) 文字,数字,图形,图像
   (D) 文字,图形,图像,动画
4. 多媒体计算机中除了通常计算机的硬件外,还必须包括(　　)四个硬部件。
   (A) CD-ROM 、音频卡、MODEM、音箱
   (B) CD-ROM、音频卡、视频卡、音箱
   (C) MODEM、音频卡、视频卡、音箱
   (D) CD-ROM、MODEM、视频卡、音箱
5. 下列设备中,多媒体计算机所特有的设备是(　　)。
   (A) 打印机　　(B) 鼠标器　　(C) 键盘　　(D) 视频卡
6. 与传统媒体相比,多媒体的特点有(　　)。
   (A) 数字化、结合性、交互性、分时性
   (B) 现代化、结合性、交互性、实时性
   (C) 数字化、集成性、交互性、实时性
   (D) 现代化、集成性、交互性、分时性
7. 多媒体系统由主机硬件系统、多媒体数字化外部设备和(　　)三部分组成。
   (A) 多媒体控制系统　　(B) 多媒体管理系统
   (C) 多媒体软件　　(D) 多媒体硬件
8. 具有多媒体功能的微型计算机系统中,常用的 CD-ROM 是(　　)。
   (A) 只读型大容量软盘　　(B) 只读型光盘
   (C) 只读型硬盘　　(D) 半导体只读存储器
9. 在多媒体计算机系统中,不能用以存储多媒体信息的是(　　)。
   (A) 磁带　　(B) 光缆　　(C) 磁盘　　(D) 光盘

第 2 章　计算机系统

一个完整的计算机系统由计算机硬件系统及软件系统两大部分构成，如图 2－1 所示。硬件系统是指计算机系统中的实际装置，是构成计算机的物理部件，它是计算机的“躯壳”；软件系统是指计算机所需的各种程序及有关资料，它是计算机的“灵魂”。

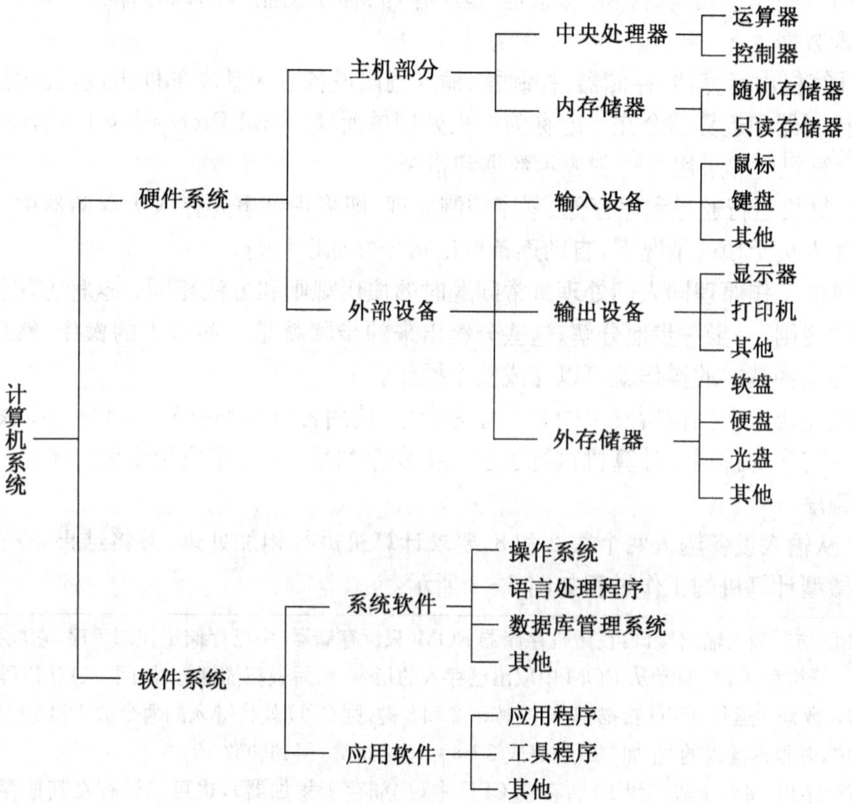

图 2－1　计算机系统的组成

2.1　计算机的硬件系统

硬件是计算机的物质基础，没有硬件就不能称其为计算机。尽管各种计算机在性能、用途和规模上有所不同，但其基本结构都遵循冯·诺依曼体系结构，人们称符合这种设计的计算机是冯·诺依曼计算机。它由存储、运算、控制、输入和输出五个部分组成，其体系结构如图2－2所示。

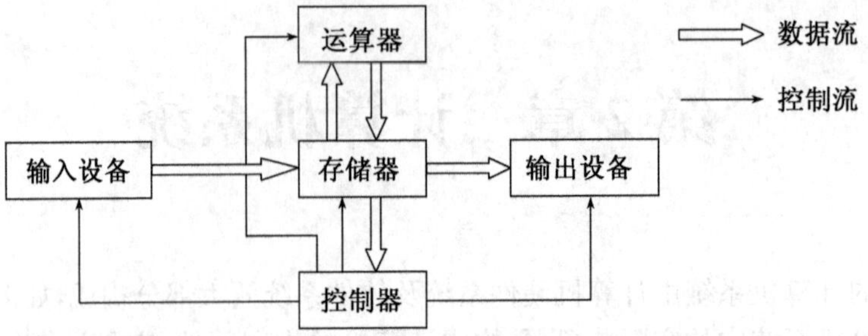

图 2-2 计算机硬件体系结构

冯·诺依曼体系结构的核心思想是“程序存储、程序控制”，即以存储器为核心，内部采用二进制处理数据。

(1) 计算机由运算器、存储器、控制器、输入输出设备五大基本部件组成，五大部件通过总线连接。控制器和运算器合在一起称为中央处理单元(Central Processing Unit，CPU)。

(2) 计算机内部采用二进制表示数据和指令。

(3) 计算机运行通过程序存储、程序控制实现，即将程序事先存入主存储器中。计算机在不需要操作人员干预的情况下，自动逐条取出指令并加以执行。

计算机的工作原理同人们处理日常问题时的惯用规则和方法相同。这种方法把整个过程按照一定的规则，一步一步地分解，这些分解出来的步骤就是一些基本的操作，然后按照一定的顺序执行这些基本的操作就可以完成整个操作。

计算机完成某个操作所发出的命令称为指令，使用者根据解决某一问题的步骤，选用相应的指令进行有序的排列。计算机执行了这一指令序列后，便可完成预定的任务。这一指令序列就称为程序。

比如，从输入设备输入两个数 2 和 8，要求计算机进行相加处理，并将结果 10 在屏幕上显示出来。微型计算机的工作过程如图 2-3 所示：

1. CPU 访问输入输出接口：在微机存储器 ROM(只读存储器)中已存储了控制程序，它能指挥计算机正常工作。开机后，CPU 自动从 ROM 中取出已存入的指令，然后做扫描键盘、访问 I/O 接口等工作。

2. 读入数据并运行：CPU 扫描键盘，当按下 2 和 8 键，则 CPU 就将键入的两个数 2 和 8 经数据总线送到运算器中，并根据键入的“相加”要求，完成 2＋8＝10 的运算，得到和数 10。

3. 暂存结果：将两个数之和 10 暂存在 CPU 中(比如存于累加器)，也可以转存在其他存储器中(如 RAM 随机存储器)。

4. 输出结果：CPU 根据预先编制好的程序，将结果 10 送出，经过译码，把二进制数 10 转换成 ASCII 码。执行过程中，CPU 可根据此程序指挥计算机的有关部件按要求工作，将 10 送至输出设备显示器，最后就可在显示器上显示结果数 10。

图 2-3 计算机程序执行过程

2.1.1 中央处理器

由运算器和控制器构成的中央处理单元(CPU)，也称中央处理器，是计算机的核心部件，负责完成计算机的运算和控制功能。CPU 的内部结构如图 2-4 所示。

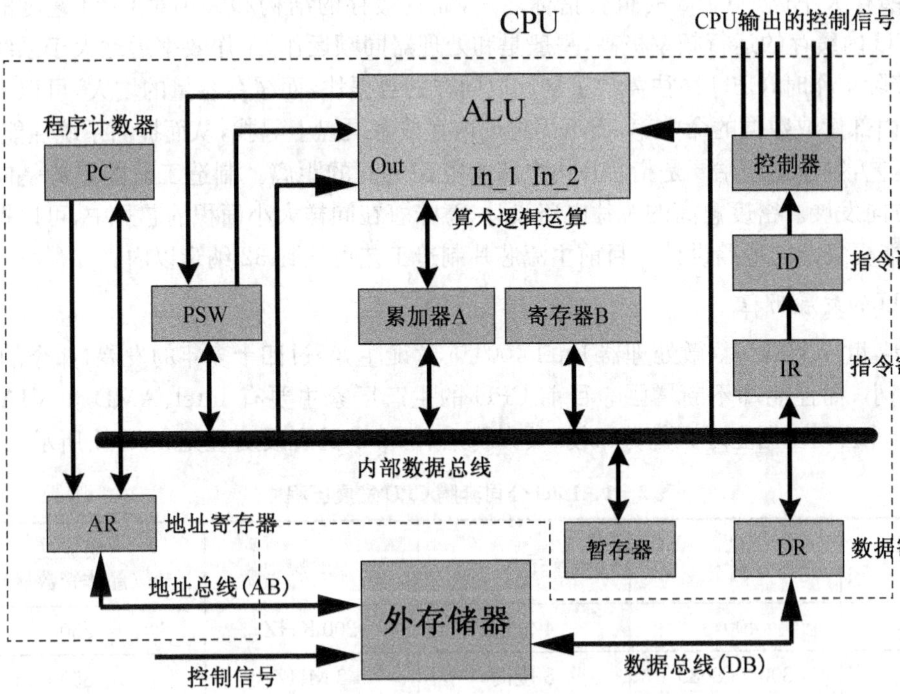

图 2-4 CPU 内部结构图

1. 运算器

运算器主要负责对信息的加工处理,它不断地从存储器中得到要加工的数据,对其进行加、减、乘、除及各种逻辑运算,因此也称算术逻辑部件(ALU)。最后将结果送回存储器中。整个过程在控制器的指挥下有条不紊地进行。

运算器主要由算术逻辑单元、累加器、状态寄存器、通用寄存器等组成,如图 2-5 所示。

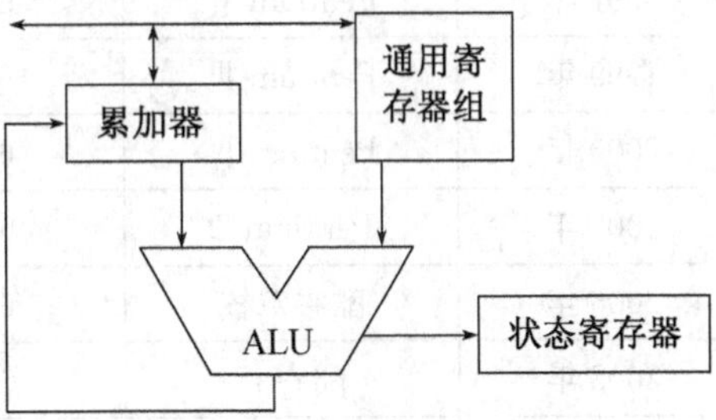

图 2-5 运算器示意图

2. 控制器

控制器是计算机的指挥中枢,主要作用是使计算机能够自动地执行命令。控制器由指令指针寄存器、指令寄存器、控制逻辑电路和时钟控制电路等组成,其中指令指针寄存器(IP)用于产生及存放一条待取指令的地址;指令寄存器用于存放指令,指令从内存取出后放入指令寄存器。

指令通过 CPU 发出,让计算机识别并执行,如 ADD AH,78。指令分为操作码和地址码两种;计算机的寻址方式可以分为立即寻址、直接寻址、间接寻址、相对寻址、变址寻址、寄存器直接寻址、寄存器间接寻址等。

3. CPU 主要的性能指标

CPU 主要性能指标有主频、前端总线频率、字长、缓存、制造工艺等。

主频:也称为时钟频率,单位是 MHz(或 GHz),用来表示 CPU 的运算、处理数据的速度。主频=外频×倍频系数。

缓存:缓存大小也是 CPU 的重要指标之一,而且缓存的结构和大小对 CPU 速度的影响非常大,CPU 内缓存的运行频率极高,一般是和处理器同频运作,工作效率远远大于系统内存和硬盘。实际工作时,CPU 往往需要重复读取同样的数据块,而缓存容量的增大,可以大幅度提升 CPU 内部读取数据的命中率,而不用再到内存或者硬盘上寻找,从而提高系统性能。

制造工艺:制造工艺主要是指芯片内电路与电路之间的距离。制造工艺的趋势是向密集度愈高的方向发展。密度愈高的芯片电路设计,意味着在同样大小面积的芯片中,可以拥有密度更高、功能更复杂的电路设计。目前主流芯片制造工艺可达到 32 纳米以内。

4. CPU 的发展历程

1971 年,世界上第一款微处理器 Intel 4004 芯片诞生,经过四十多年的发展,如今的 CPU 体积不断变小,而性能却不断增强。目前 CPU 的生产厂家主要有 Intel、AMD 和 VIA 公司等,其中 Intel 公司占据全球大部分市场,其奔腾系列 CPU 的发展历程见表 2-1 所示。

表 2-1 Intel 公司奔腾 CPU 发展历程

时间	型号	字长	主频	集成度(晶体管数量)
1971 年	4004	4 位机	200 KHZ	2300
1974 年	8008～8080	8 位机	2 MHZ	3500
1978 年	8086	16 位机	4.77 MHz	29000
1982 年	80286	16 位机	16 MHz	13.4 万
1985 年	80386	32 位机	33 MHz	27.5 万
1989 年	80486	32 位机	66 MHz	120 万
1993 年	Pentium(80586)	64 位机	166 MHz	310 万
1997 年	Pentium Ⅱ	64 位机	466 MHz	550 万
1999 年	Pentium Ⅲ	64 位机	1 GHz	950 万
2000 年	Pentium Ⅳ	64 位机	3 GHz	5500 万
2005 年	Pentium D	64 位机	3.6 GHz	3.76 亿
2006 年	酷睿双核	64 位机	双核 2 GHz	2.91 亿
2008 年	酷睿 i7	64 位机	2～8 核 3 GHz	11.6 亿
2014 年	酷睿™i7-3960X	64 位机	2～8 核 4.2 GHz	13 亿

2.1.2 存储器

存储器由内存储器(主存)和外存储器(辅存)组成,存储器的介质材料主要有半导体存储器、磁表面存储器、光存储器等,存储系统分层结构如图 2-6 所示。

1. 主存储器(内存)

主存储器,简称主存,又称内存,主要用于存放当前工作中正在运行的程序、数据等,它可以分为随机存取存储器 RAM(Random Access Memory)、只读存储器 ROM(Read-Only Memory)和高速缓冲存储器(Cache)三种。

(1) 随机存储器(RAM),用户可以更改信息,可随机地读出或写入,一旦关机(断电)后,信息不再保存;RAM 又可分为静态随机存储器(SRAM)和动态随机存储器(DRAM)两种,计算机内存条就是 DRAM,如图 2－7 所示;相对于 DRAM,SRAM 具有存取速度快、集成度低、功能大、价格高等特点。

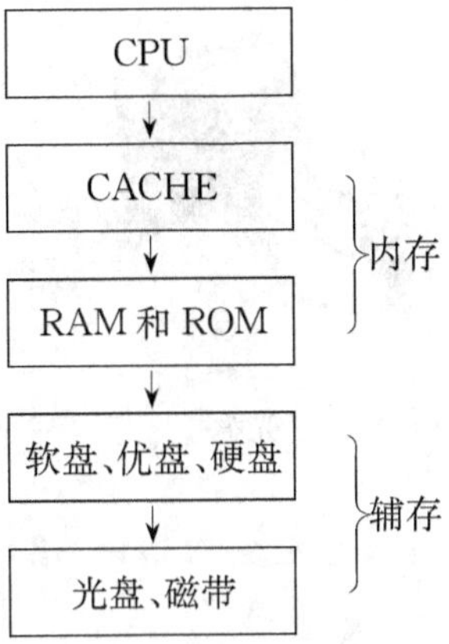

图 2－6　存储系统示意图

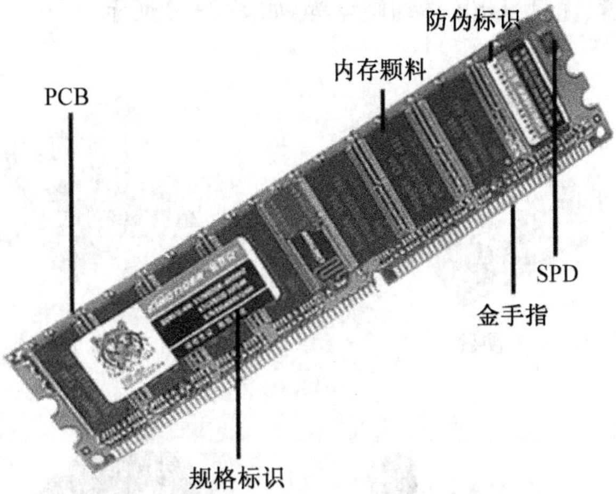

图 2－7　动态随机存储器(DRAM)

(2) 只读存储器(ROM),存储内容由厂家事先确定,一般用来存放自检程序、配置信息等;通常只能读出而不能写入,断电后信息不会丢失,通常主板上 CMOS 芯片就是 ROM,常用的只读存储器有 PROM 和 EPROM 等。

可编程程序只读内存(PROM)内部有行列式的镕丝,是需要利用电流将其烧断,并可写入所需的资料,但仅能写录一次。PROM 在出厂时,存储的内容全为 1,用户可以根据需要将其中的某些单元写入数据 0,以实现对其“编程”的目的。

可擦除可编程只读内存(EPROM)可利用高电压将资料编程写入,擦除时将线路曝光于紫外线下,资料被清空,并且可重复使用;通常在封装外壳上会预留一个石英透明窗以方便曝光。

(3) 高速缓冲存储器(Cache),即 CPU 的缓存,一般用 SRAM 芯片实现,它作为 CPU 与的 RAM 之间的缓冲,用于提高 CPU“读写”程序、数据的速度,从而提高计算机整体的工作速度。一般来说,CPU 上的缓存(特别是二级缓存或三级缓存)越高,其处理速度就越快,当然体积也越大。

在计算机技术发展过程中,主存储器存取速度一直比 CPU 操作速度慢得多,使得 CPU 的高速处理能力不能充分发挥,整个计算机系统的工作效率受到影响。有很多方法可用来缓和中央处理器和主存储器之间速度不匹配的矛盾,如采用多个通用寄存器、多存储体交叉存取等,在存储层次上采用高速缓冲存储器也是常用的方法之一。

高速缓冲存储器的容量一般只有主存储器的几百分之一,但它的存取速度能与中央处理器相匹配。根据程序局部性原理,正在使用的主存储器某一单元邻近的那些单元将被用到的可能性很大。因而,当中央处理器存取主存储器某一单元时,计算机硬件就自动地将包括该单元在内的那一组单元内容调入高速缓冲存储器。中央处理器将存取的主存储器单元很可能刚被调入到高速缓冲存储器的那一组单元内。于是,中央处理器就可以直接对高速缓冲存储器进行存取。在整个处理过程中,如果中央处理器绝大多数存取主存储器的操作能被存取高速缓冲存储器所代替,那么计算机系统处理速度就能显著提高。

2. 辅助存储器(外存)

辅助存储器,简称辅存,又称外存,主要用来存储大量暂时不参加运算或处理的数据和程序,是主存的后备和补充,它一般容量大,但存取速度相对较低。常用的外存主要有硬盘、软盘、光盘、优盘、USB 移动硬盘等,如图 2-8 所示。

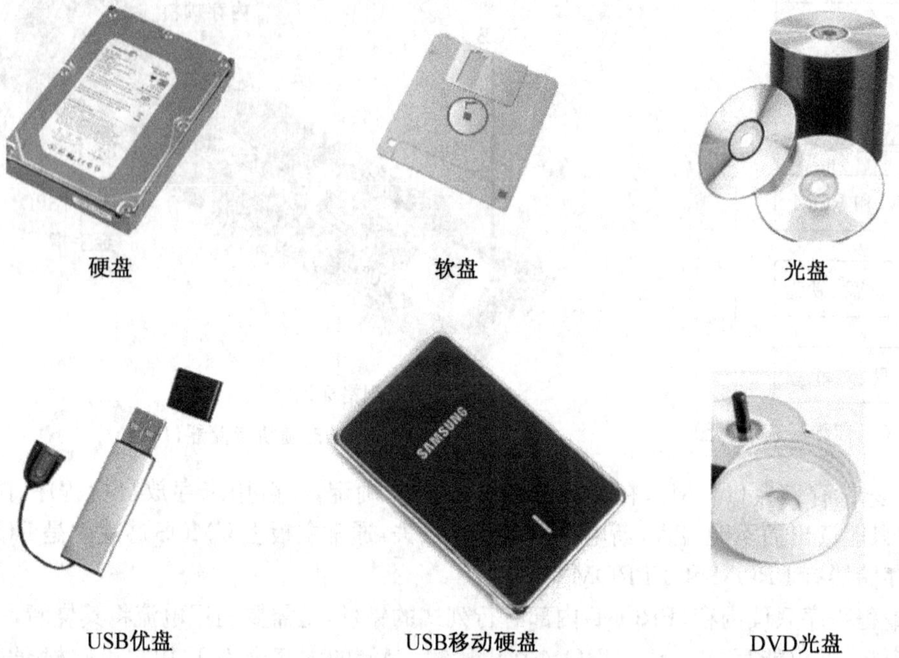

图 2-8 常见外存储器

(1) 硬盘

硬盘(Hard Disk)是微型计算机上最重要的外部存储设备。它是由磁盘片、读写控制电路和驱动机构组成。硬盘具有容量大、存取速度快等优点。操作系统、可运行的程序文件和用户的数据文件一般都保存在硬盘上。

一个硬盘内部包含多个盘片,这些盘片被安装在一个同心轴上,每个盘片有上下两个盘面,每个盘面被划分为磁道和扇区。磁盘的读写物理单位是按扇区进行读写。硬盘的每个盘面有一个读写磁头,所有磁头保持同步工作状态,即在任何时刻所有的磁头都保持在不同盘面的同一磁道。硬盘读写数据时,磁头与磁盘表面始终保持一个很小的间隙,实现非接触式读写。维持这种微小的间隙,靠的不是驱动器的控制电路,而是硬盘高速旋转时带动的气流,由于磁头很轻,硬盘旋转时,气流使磁头漂浮在磁盘表面。硬盘内部结构如图 2-9 所示,它将盘片、磁头、电机驱动部件乃至读/写电路等做成一个不可随意拆卸的整体并密封起来,所以,硬盘的防尘性能好、可靠性高,对环境要求不高。

硬盘存储容量大,目前常见的硬盘一般可达到 250GB、500GB、1TB、2TB 左右;硬盘相对于优盘、光盘等外存储器,“读写”速度快、成本低,因此使用十分广泛,是计算机的标准配置。决定硬盘性能的关键参数有转速、平均寻道时间等。

转速:指硬盘电机主轴的旋转速度,转速是决定硬盘内部传输率的关键因素之一,它的快慢在很大程度上影响了硬盘的速度,同时转速的快慢也是区分硬盘档次的重要标志之一。目

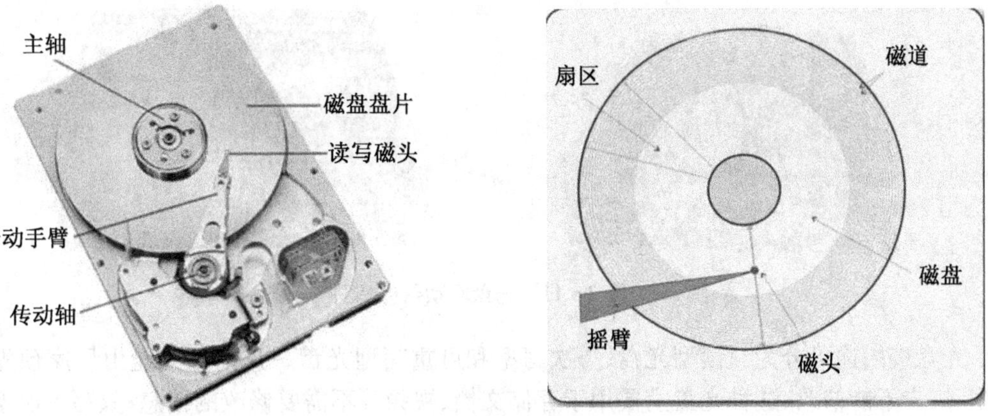

图 2-9　硬盘内部结构

前主流硬盘转速一般为 7200rpm 以上。

平均寻道时间：指硬盘在盘面上移动读写头至指定磁道寻找相应目标数据所用的时间，它描述硬盘读取数据的能力，单位为毫秒。当单碟片容量增大时，磁头的寻道动作和移动距离减少，从而使平均寻道时间减少，数据读取速度加快。

最大内部数据传输率：指磁头至硬盘缓存间的最大数据传输率，一般取决于硬盘的盘片转速和盘片数据线密度（指同一磁道上的数据间隔度）。

（2）优盘

优盘（U 盘）是一种新型的移动存储产品，又称为闪速存储器（Flash），主要用于存储较小的数据文件，以便在电脑之间方便地交换文件。优盘不需要物理驱动器，也不需外接电源，可热插拔，使用简单方便。优盘体积很小，重量轻，可抗震防潮，特别适合随身携带，是移动办公及文件交换理想的存储产品。优盘通过 USB 接口与计算机连接，USB 1.1 接口传输速率可以达到 12 Mb/s，USB 2.0 接口达到 480 Mb/s，目前常用的 USB 3.0 则达到了 5.0 Gb/s。

随着数码产品的高速普及，近年来与优盘工作原理相同的各类闪存卡也进入了高速发展时期，相机、平板电脑、智能手机上都能使用闪存卡。闪存卡有很多种类，常见的有 CF 卡、SD 卡、MMC 卡、记忆棒、SM 卡、Micro SD 卡等。

（3）光盘存储器

光盘存储器是利用光学原理进行信息读写的存储器。光盘存储器主要由光盘、光盘驱动器（即 CD-ROM 驱动器）和光盘控制器组成，如图 2-10 所示。

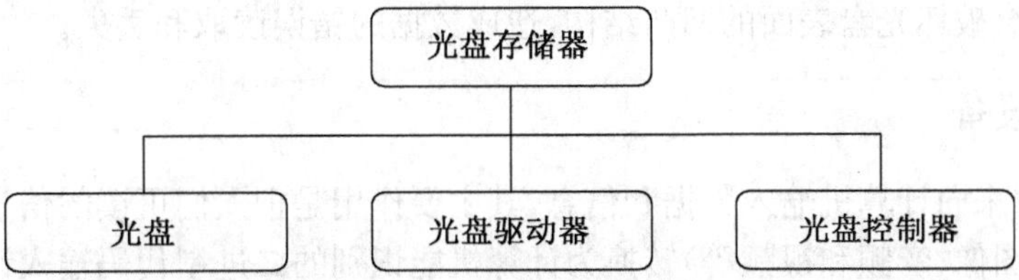

图 2-10　光盘存储器的组成

光盘驱动器是读取光盘的设备，通常固定在主机箱内，常用的光盘驱动器有 CD-ROM 和 DVD-ROM，如图 2-11 所示。

图 2-11 光盘驱动器(光驱)

光盘按用途可分为只读型光盘、一次写型和可重写型光盘。只读型光盘由厂家预先写入数据,用户不能修改,这种光盘主要用于存储文档、视频等不需要修改的信息;只写一次型光盘的特点是可以由用户写信息,但只能写一次,写后将永久存在盘上不可修改;可重写型光盘类似于磁盘,可以重复读写,它的材料与只读型光盘有很大的不同,是磁光材料。

光盘的主要特点是:存储容量大、可靠性高,只要存储介质不发生问题,光盘上的信息就永远存在。光盘存储信息的光道的结构与磁盘磁道的结构不同,它的光道不是同心环光道,而是螺旋形光道。

DVD 是当今应用最广泛的光盘类型,DVD 驱动器是许多微机的标准配置。DVD 有 DVD-ROM、DVD-R、DVD-RW 等三种基本类型。最早出现的 DVD 叫数字视频光盘(Digital Video Disk),是一种只读型 DVD 光盘,必须由专用的影碟机播放。随着技术的不断发展及革新,IBM、HP、APPLE、SONY 等厂商于 1995 年 12 月共同制定 DVD 规格,并且将原先的 Digital Video Disk 改成现在的"数字通用光盘"(Digital Versatile Disk),以 MPEG-2 为标准,每张光盘可储存的容量可以达到 4.7 GB 以上。

刻录机是刻录光盘的设备。在刻录 CD-R 盘片时,通过大功率激光照射 CD-R 盘片的染料层,在染料层上形成一个个平面和凹坑,光驱在读取这些平面和凹坑的时候就能够将其转换为 0 和 1。由于这种变化是一次性的,不能恢复到原来的状态,所以 CD-R 盘片只能写入一次,不能重复写入。CD-RW 的刻录原理与 CD-R 大致相同,只不过盘片上镀的是一层 200~500 埃(1 埃$=10^{-8}$ cm)厚的薄膜,这种薄膜的材质多为银、铟、硒或碲的结晶层,这种结晶层能够呈现出结晶和非结晶两种状态,等同于 CD-R 的平面和凹坑。通过激光束的照射,可以在这两种状态之间相互转换,所以 CD-RW 盘片可以重复写入。

平时使用光盘时应该注意不要将不清洁的光盘放入光驱;不要在光盘上贴标签,即使是在光盘的背面;不要在光盘工作时强行弹出光盘;不要曝晒光盘;不要用手或硬物触摸光盘的底面,接触和碰磨会破坏光盘表面的凹凸结构,造成数据的错误读取和丢失。

2.1.3 输入设备

输入设备用来向计算机输入数据和信息,其主要作用是把人们可读的信息(命令、程序、数据、文本、图形、图像、音频和视频等)转换为计算机能识别的二进制代码输入计算机,供计算机处理。它是人与计算机系统之间进行信息交换的主要装置之一。例如,用键盘输入,敲击键盘上的每个键都能产生相应的电信号,再由电路板转换成相应的二进制代码输入计算机。目前常用的输入设备有键盘、鼠标、扫描仪、光笔、手写输入板等,如图 2-12 所示。

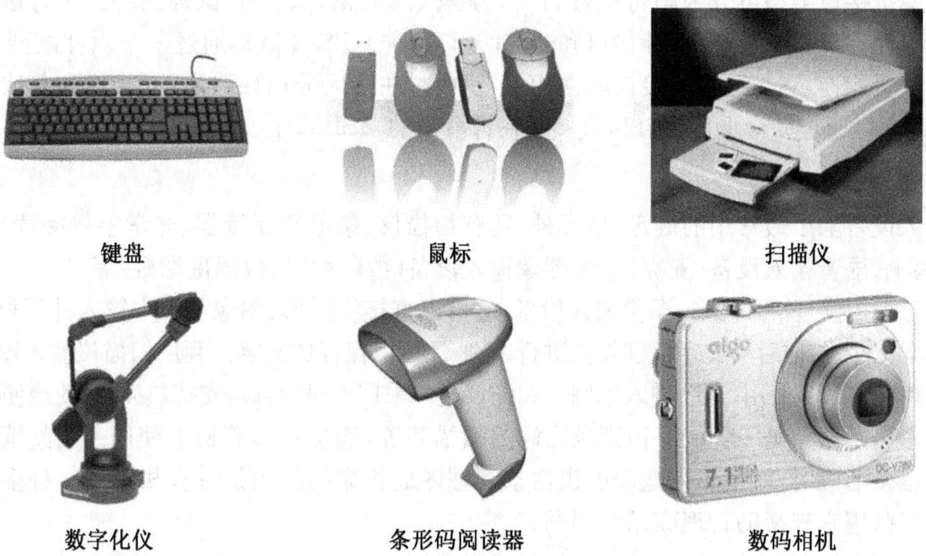

图 2-12　常见输入设备

1. 键盘

键盘最常用、最普通的输入设备，它是人与计算机之间进行联系和对话的工具，主要用于输入字符信息。键盘的种类繁多，目前常见的键盘有多媒体键盘、手写键盘、人体工程学键盘、红外线遥感键盘和无线键盘等。目前键盘接口规格主要有 PS/2 和 USB 两种。

键盘上的字符分布是根据字符的使用频度确定的，灵活一点的手指分管使用频率较高的键位，反之，不太灵活的手指分管使用频率较低的键位；左右手分管两边，分别按在基本键上，键位的指法分布如图 2-13 所示。

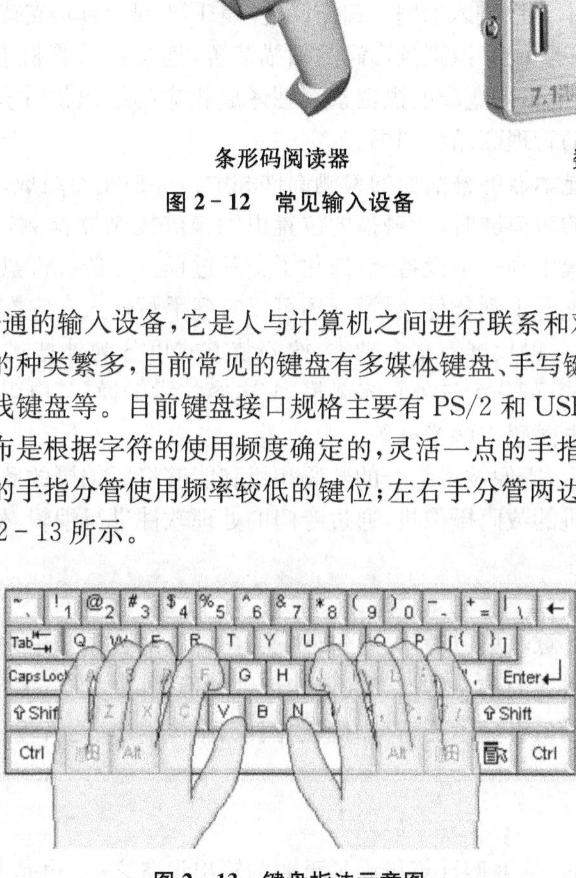

图 2-13　键盘指法示意图

2. 鼠标

鼠标器(Mouse)简称鼠标，通常有两个按键和一个滚轮，当它在平板上滑动时，屏幕上的鼠标指针也跟着移动，它不仅可用于光标定位，还可用来选择菜单、命令和文件，是多窗口环境下必不可少的输入设备。

鼠标按其工作原理的不同分为机械鼠标和光电鼠标。机械鼠标主要由滚球、辊柱和光栅信号传感器组成，当拖动鼠标时，带动滚球转动，滚球又带动辊柱转动，装在辊柱端部的光栅信号传感器采集光栅信号；光电鼠标器是通过检测鼠标器的位移，将位移信号转换为电脉冲信号，再通过程序的处理和转换来控制屏幕上的光标箭头的移动。

鼠标按接口类型可分为串行鼠标、PS/2 鼠标、总线鼠标、USB 鼠标四种。串行鼠标是通过串行口与计算机相连,有 9 针接口和 25 针接口两种。PS/2 鼠标通过一个六针微型 DIN 接口与计算机相连,它与键盘的接口非常相似,使用时注意区分;总线鼠标的接口在总线接口卡上;USB 鼠标通过一个 USB 接口,直接插在计算机的 USB 口上。

3. 其他输入设备

输入设备除了最常用的键盘、鼠标外,还有扫描仪、条形码阅读器、光学字符阅读器、触摸屏、手写笔、语音输入设备(麦克风)和图像输入设备(数码相机、数码摄像机)等。

图形扫描仪是一种图形、图像输入设备,它可以直接将图形、图像或文本输入计算机中。如果是文本文件,扫描后经文字识别软件进行识别,还可以保存成文字。利用扫描仪输入图片在多媒体计算机中广泛使用,现已进入家庭。扫描仪通常采用 USB 接口,支持热插拔,使用便利。

条形码阅读器是一种能够识别条形码的扫描装置,连接在计算机上使用。当阅读器从左向右扫描条形码时,就把不同宽窄的黑白条纹翻译成相应的编码供计算机使用。许多商场和图书馆里都用它来帮助管理商品和图书。

触摸屏由安装在显示器屏幕前面的检测部件和触摸屏控制器组成。当手指或其他物体触摸安装在显示器前端的触摸屏时,所触摸的位置由触摸屏控制器检测,并通过接口送到主机。触摸屏将输入和输出集中到一个设备上,简化了交互过程。与传统键盘和鼠标输入方式相比,触摸屏输入更直观。配合识别软件,触摸屏还可以实现手写输入。它在公共场所或展示、查询等,场合应用比较广泛。触摸屏有很多种类,按安装方式可分为外挂式、内置式、整体式、投影仪式;按结构和技术分类可分为红外技术触摸屏、电容技术触摸屏、电阻技术触摸屏、表面声波触摸屏、压感触摸屏、电磁感应触摸屏等。

将数字处理和摄影、摄像技术结合的数码相机和能够将所拍摄的照片、视频图像以数字文件的形式传送给计算机的数码摄像机,通过专门的处理软件进行编辑、保存、浏览和输出。

2.1.4 输出设备

输出设备把各种计算结果以数字、字符、图像、声音等形式表示出来,其主要功能是将计算机处理后的各种内部格式的信息转换为人们能识别的形式(如文字、图形、图像和声音等)并表现出来。常用的输出设备有显示器、打印机、绘图仪、影像输出、语音输出、磁记录设备等,如图 2-14 所示。

1. 显示器

显示器也称监视器,是微型计算机中最重要的输出设备之一,也是人机交互必不可少的设备。显示器用于显示的信息不再是单一的文本和数字,可显示图形、图像和视频等多种不同类型的信息。

常用的显示器主要有阴极射线管显示器(简称 CRT)和液晶显示器(简称 LCD)两类。其中 CRT 显示器又有球面和纯平之分,由于它体积大、耗电高,目前已经基本上被淘汰;液晶显示器一般为平板式,其优点是体积小、重量轻、功耗少、辐射少,目前在台机式、笔记本电脑和平板电脑等产品中广泛使用。

显示器的主要性能指标有像素、分辨率、屏幕、点间距等。

像素:显示器屏幕显示出来的图像是由一个一个的发光点(荧光点)组成的,我们称这些发光点为像素。每一个像素包含一个红色、绿色、蓝色的磷光体。

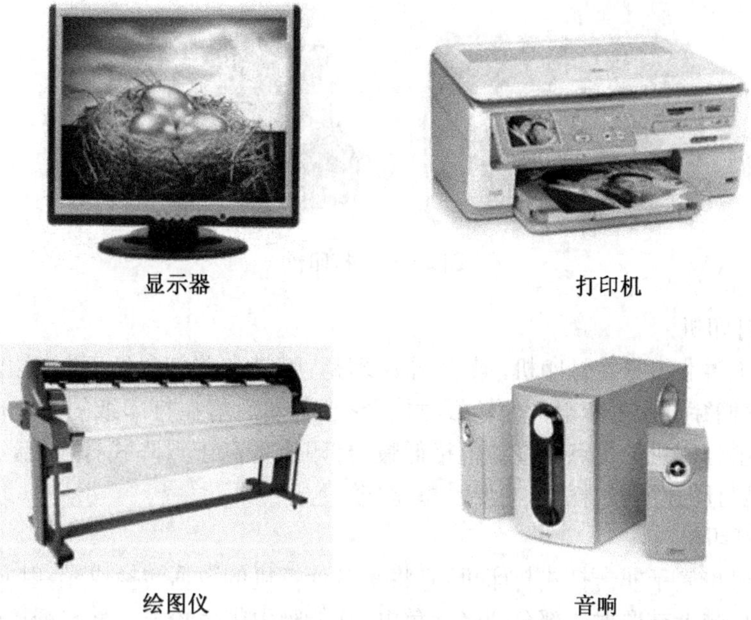

图 2-14　常用输出设备

分辨率：定义显示器画面解析度的标准，由可以在屏幕中显示的像素数目决定。一般表示为水平分辨率（一个扫描行中像素的数目）和垂直分辨率（扫描行的数目）的乘积。如 1024×768，表示水平方向最多可以包含 1024 个像素，垂直方向有 768 条扫描线。屏幕总像素的个数是它们的乘积。分辨率越高，画面包含的像素越多，图像就越细腻清晰。

屏幕尺寸：指显示器屏幕对角线的长度，单位为英寸。目前常用的是 17 英寸、19 英寸、22 英寸、23.5 英寸等。

点间距：指显示器屏幕上像素间的距离。点间距越小，可使分辨率越高，图像越清晰。

灰度级：指像素的亮暗程度。彩色显示器的灰度级指颜色的种类。灰度级越多，图像层次越逼真清晰。

微型计算机的显示系统由显示器和显示卡组成，显示卡简称显卡或显示适配器。显示器是通过显示卡与主机连接的，所以显示器必须与显示卡匹配。不同类型的显示器要配置用不同的显示卡。显示卡主要由显示控制器、显示存储器和接口电路组成。显示卡的作用是在显示驱动程序的控制下，负责接收 CPU 输出的显示数据、按照显示格式进行变换并存储在显存中，最后再把显存中的数据以显示器所要求的方式输出到显示器。

2. 打印机

打印机是把文字或图形在纸上输出以供阅读和保存的计算机外部设备，如图 2-15 所示。一般个人计算机使用的打印机有点阵式、喷墨式和激光打印机三种。

（1）点阵式打印机

点阵式打印机主要由打印头、运载打印头的小车机构、色带机构、输纸机构和控制电路等几部分组成。打印头是点阵式打印机的核心部分。点阵式打印机有 9 针、24 针之分。24 针打印机可以打印出质量较高的汉字，是使用较多的点阵式打印机。

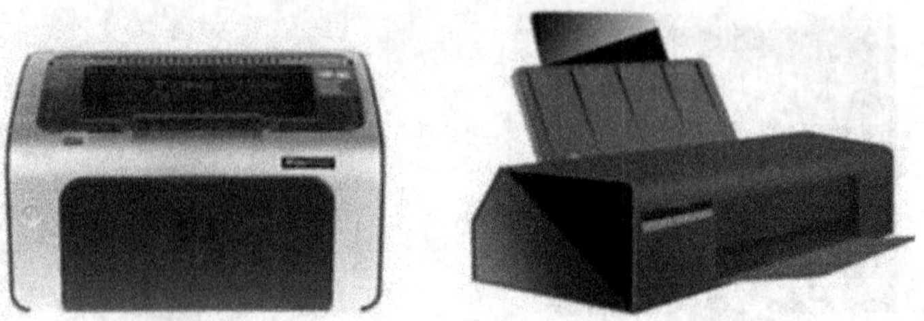

图 2-15 打印机

(2) 喷墨打印机

喷墨打印机属非击打式打印机。其工作原理是:喷嘴朝着打印纸不断喷出极细小的带电的水雾点,当它们穿过两个带电的偏转板时接受控制,然后落在打印纸的指定位置上,形成正确的字符。喷墨打印机的优点是设备价格低廉,打印质量高于点阵式打印机,支持彩色打印,无噪声;缺点是打印速度慢,耗材(主要是墨盒)较贵。

(3) 激光打印机

激光打印机也属于非击打式打印机,它将来自计算机的数据转换成光,射向一个充有正电的旋转的鼓上。鼓上被照射的部分便带上负电,并能吸引带色粉末。鼓与纸接触,再把粉末印在纸上,接着在一定压力和温度的作用下熔结在纸的表面。激光打印机的优点是无噪声,打印速度快,打印质量好;缺点是设备价格高、耗材贵。

3. 其他输出设备

个人计算机上可以使用的其他输出设备主要有绘图仪、音频输出设备、视频投影仪等。其中绘图仪有平板绘图仪和滚动绘图仪两类,通常采用"增量法"在 x 和 y 方向产生位移来绘制图形;视频投影仪是微型计算机输出视频的重要设备,目前主要有 CRT 和 LCD 两种。LCD 投影仪具有体积小重量轻、价格低、色彩丰富等特点。

2.1.5 计算机的结构

计算机硬件系统的五大部件并不是孤立存在的,它们在处理信息的过程中需要相互连接和传输,计算机的结构反映了计算机各个组成部件之间的连接方式。

早期计算机主要采用直接连接的方式,运算器、存储器、控制器和外部设备等组成部件之间都有单独的连接线路。这样的结构可以获得最高的连接速度,但不易扩展,1952 年研制成功的计算机 IAS 基本上就采用了直接连接的结构,如图 2-16 所示。

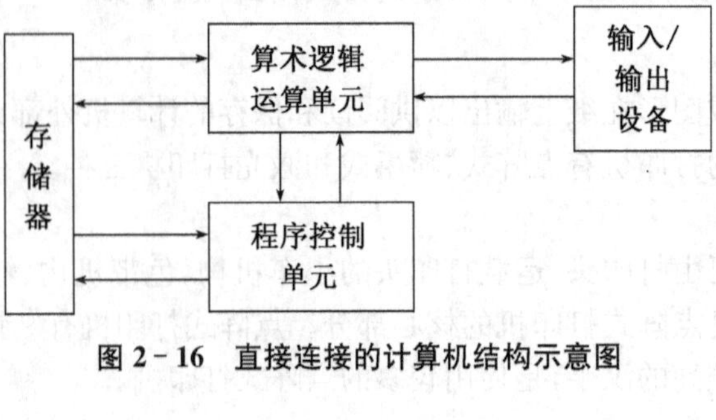

图 2-16 直接连接的计算机结构示意图

现代计算机普遍采用总线结构。总线(Bus)是计算机各种功能部件之间传送信息的公共通信干线,它是由导线组成的传输线束,按照计算机所传输的信息种类,计算机的总线可以划分为数据总线、地址总线和控制总线,分别用来传输数据、数据地址和控制信号。总线是一种内部结构,它是CPU、内存、输入\输出设备传递信息的公用通道。主机的各个部件通过总线相连接,外部设备通过相应的接口电路再与总线相连接,从而形成了计算机硬件系统。基于总线的计算机结构如图2-17所示。

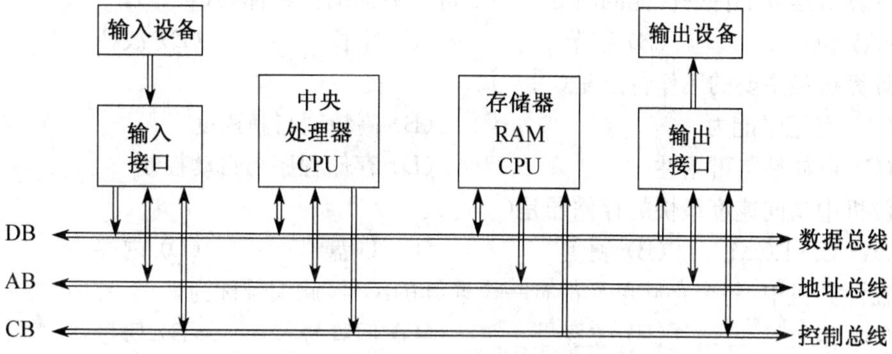

图2-17　基于总线结构的计算机示意图

1. 数据总线(DB)

数据总路线用于传送数据信息。数据总线是双向三态形式的总线。它既可以把CPU的数据传送到存储器、I/O接口等其他部件中,也可以将其他部件的数据传送到CPU中。数据总线的位数是微型计算机的一个重要指标,通常与微处理器的字长相一致。例如Intel 8086微处理器字长16位,其数据总线宽度也是16位。

常见的数据总线有ISA、EISA、VESA、PCI等。

2. 地址总线(AB)

地址总线是专门用来传送地址的,由于地址只能从CPU传向外部存储器或I/O端口,所以地址总线总是单向三态的,这与数据总线不同。地址总线的位数决定了CPU可直接寻址的内存空间大小,比如8位微机的地址总线为16位,则其最大可寻址空间为2^{16}=64 KB,16位微型机的地址总线为20位,其可寻址空间为2^{20}=1 MB。一般来说,若地址总线为n位,则可寻址空间为2^n字节。

3. 控制总线(CB)

控制总线用来传送控制信号和时序信号。控制信号中,有的是微处理器送往存储器和I/O接口电路的,如读/写信号,片选信号、中断响应信号等;也有是其他部件反馈给CPU的,比如:中断申请信号、复位信号、总线请求信号、设备就绪信号等。因此,控制总线的传送方向由具体控制信号而定,一般是双向的。控制总线的位数要根据系统的实际控制需要而定。

2.1.6　课后习题

1. 计算机的硬件主要包括:中央处理器(CPU)、存储器、输出设备和(　　)。

　(A) 键盘　　(B) 鼠标　　(C) 输入设备　　(D) 显示器

2. 奔腾(Pentium)是(　　)公司生产的一种CPU的型号。

(A) IBM (B) Microsoft (C) Intel (D) AMD

3. 计算机系统由(　　)组成。

(A) 主机和显示器 (B) 微处理器和软件

(C) 硬件系统和应用软件 (D) 硬件系统和软件系统

4. 微型计算机硬件系统中最核心的部位是(　　)。

(A) 主板 (B) CPU (C) 内存储器 (D) I/O 设备

5. 计算机运算部件一次能同时处理的二进制数据的位数称为(　　)。

(A) 位 (B) 字节 (C) 字长 (D) 波特

6. 计算机最主要的工作特点是(　　)。

(A) 有记忆能力 (B) 高精度与高速度

(C) 可靠性与可用性 (D) 存储程序与自动控制

7. 微机中访问速度最快的存储器是(　　)。

(A) CD-ROM (B) 硬盘 (C) U 盘 (D) 内存

8. 在计算机中,每个存储单元都有一个连续的编号,此编号称为(　　)。

(A) 地址 (B) 位置号 (C) 门牌号 (D) 房号

9. 下列关于硬盘的说法错误的是(　　)。

(A) 硬盘中的数据断电后不会丢失 (B) 每个计算机主机有且只能有一块硬盘

(C) 硬盘可以进行格式化处理 (D) CPU 不能够直接访问硬盘中的数据

10. 半导体只读存储器(ROM)与半导体随机存取存储器(RAM)的主要区别在于(　　)。

(A) ROM 可以永久保存信息,RAM 在断电后信息会丢失

(B) ROM 断电后,信息会丢失,RAM 则不会

(C) ROM 是内存储器,RAM 是外存储器

(D) RAM 是内存储器,ROM 是外存储器

11. RAM 具有的特点是(　　)。

(A) 海量存储

(B) 存储在其中的信息可以永久保存

(C) 一旦断电,存储在其上的信息将全部消失且无法恢复

(D) 存储在其中的数据不能改写

12. 下面四种存储器中,属于数据易失性的存储器是(　　)。

(A) RAM (B) ROM (C) PROM (D) CD-ROM

13. 在 CD 光盘上标记有"CD-RW"字样,此标记表明这光盘(　　)。

(A) 只能写入一次,可以反复读出的一次性写入光盘

(B) 可多次擦除型光盘

(C) 只能读出,不能写入的只读光盘

(D) RW 是 Read and Write 的缩写

14. DRAM 存储器的中文含义是(　　)。

(A) 静态随机存储器 (B) 动态随机存储器

(C) 动态只读存储器 (D) 静态只读存储器

15. SRAM 存储器是(　　)。

(A) 静态只读存储器 (B) 静态随机存储器
(C) 动态只读存储器 (D) 动态随机存储器

16. 下列关于存储的叙述中,正确的是( )。
(A) CPU 能直接访问存储在内存中的数据,也能直接访问存储在外存中的数据
(B) CPU 不能直接访问存储在内存中的数据,能直接访问存储在外存中的数据
(C) CPU 只能直接访问存储在内存中的数据,不能直接访问存储在外存中的数据
(D) CPU 既不能直接访问存储在内存中的数据,也不能直接访问存储在外存中的数据

17. 下列各组设备中,全部属于输入设备的一组是( )。
(A) 键盘、磁盘和打印机 (B) 键盘、扫描仪和鼠标
(C) 键盘、鼠标和显示器 (D) 硬盘、打印机和键盘

18. 下列不属于微型计算机的技术指标的一项是( )。
(A) 字节 (B) 时钟主频 (C) 运算速度 (D) 存取周期

19. 在微型计算机技术中,通过系统( )把 CPU、存储器、输入设备和输出设备连接起来,实现信息交换。
(A) 总线 (B) I/O 接口 (C) 电缆 (D) 通道

20. 通常用 MIPS 为单位来衡量计算机的性能,它指的是计算机的( )。
(A) 传输速率 (B) 存储容量 (C) 字长 (D) 运算速度

2.2 计算机的软件系统

计算机系统由硬件系统和软件系统组成,两者相互依存,软件依赖于硬件的物质条件,而硬件则需要在软件支配下才能有效地工作。在现代,软件技术变得越来越重要,有了软件,用户面对的将不再是物理计算机,而是一台抽象的逻辑计算机,人们可以采用更加方便、更加有效地方法使用计算机。从这个意义上说,软件是用户与机器的接口。计算机系统的层次结构如图 2-18 所示。

图 2-18 计算机系统层次图

2.2.1 软件的概念

计算机软件(Computer Software)是指计算机系统中的程序、数据及其文档。程序是计算任务的处理对象和处理规则的描述;文档是为了便于了解程序所需的阐明性资料。程序必须装入机器内部才能工作,文档一般是给用户阅读的,并不一定要装入机器。

软件是计算机的灵魂,没有软件的计算机就是"废铁"。软件是用户与硬件之间的接口界面,用户主要是通过软件与计算机进行交流。软件是计算机系统设计的重要依据,为了方便用户,为了使计算机系统具有较高的总体效用,在设计计算机系统时,必须通盘考虑软件与硬件的结合,以及用户的要求和软件的要求。软件与一般的作品相比具有以下特点:

(1) 计算机软件与一般作品的目的不同。计算机软件多用于某种特定目的,如控制一定

生产过程,使计算机完成某些工作;而文学作品则是为了阅读欣赏,满足人们精神文化生活需要。

(2) 要求法律保护的侧重点不同。著作权法一般只保护作品的形式,不保护作品的内容。而计算机软件则要求保护其内容。

(3) 计算机软件语言与作品语言不同。计算机软件语言是一种符号化、形式化的语言,其表现力十分有限;文字作品则是人类的自然语言,其表现力十分丰富。

(4) 计算机软件可援引多种法律保护,文字作品则只能援引著作权法。

2.2.2 软件系统及其组成

计算机软件分为系统软件(System Software)和应用软件(Application Software)两大类,如图 2-19 所示。

- 软件系统
  - 系统软件
    - 操作系统(DOS、Windows、UNIX、Linux 等)
    - 语言处理程序
      - 机器语言
      - 汇编语言
      - 高级语言(C、C++、Fortran、Pascal)
    - 诊断程序
    - ……
  - 应用软件
    - 文字处理软件(Microsoft、Word、WPS 等)
    - 表格处理软件(Microsoft、Excel、金山表格等)
    - 辅助设计软件(AutoCAD、Mastercam 等)
    - ……

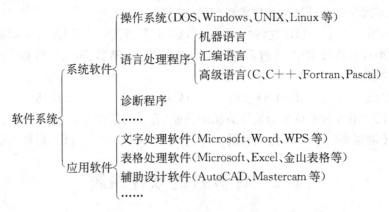

图 2-19 计算机软件系统的组成

1. 系统软件

系统软件是指控制和协调计算机及外部设备,支持应用软件开发和运行的软件。系统软件主要功能是调度、监控和维护计算机系统,并负责管理计算机系统中相对独立的硬件,使它们协调工作。系统软件使得底层硬件对计算机用户是透明的,用户在使用计算机时无需了解硬件的工作过程。系统软件主要包括操作系统(OS)、语言处理系统、数据库管理系统和系统辅助处理程序等。其中最主要的是操作系统,它处在计算机系统中的核心位置,可以直接支持用户使用计算机硬件,也支持用户通过应用软件使用计算机。如果用户需要使用其他系统软件,如语言处理系统和工具软件,也要通过操作系统提供支持。

系统软件是软件的基础,所有应用软件都是运行在系统软件上。系统软件主要分为以下几类。

(1) 操作系统

系统软件中最重要且最基本的是操作系统,它是最底层的软件,它控制所有计算机上运行的程序并管理整个计算机的软硬件资源,是计算机裸机与应用程序及用户之间的桥梁。没有它,用户将无法使用其他软件或程序。常用的操作系统有 Windows、Linux、DOS、Unix、MacOS 等。

(2) 语言处理程序

语言处理系统是系统软件的另一种类型。早期的第一代和第二代计算机所使用的编程语言一般是由计算机硬件厂家随机器配置的。随着编程语言发展到高级语言，IBM 公司宣布不再捆绑语言软件，因此语言系统就开始成为用户可选择的一种产品化的软件，它也是最早开始商品化和系统化的软件。

① 机器语言

机器语言是第一代计算机语言，也是唯一能够由计算机直接识别和执行的语言。机器语言是指一台计算机全部的指令集合，计算机所使用的是由“0”和“1”组成的二进制数，二进制是计算机语言的基础。计算机发明之初，人们只能用计算机的语言去命令计算机写出若干由“0”和“1”组成的指令序列交由计算机执行，这种计算机能够认识的语言，就是机器语言。使用机器语言是十分痛苦的，特别是在程序有错需要修改时，更是如此。

机器语言编写的程序就是一个个的二进制文件。一条机器语言成为一条指令。指令是不可分割的最小功能单元。而且，由于每台计算机的指令系统往往各不相同，所以，在一台计算机上执行的程序，要想在另一台计算机上执行，必须另编程序，造成了重复工作。但由于使用的是针对特定型号计算机的语言，故而运算效率是所有语言中最高的。

② 汇编语言

为了减轻使用机器语言编程的痛苦，人们进行了一种有益的改进：用一些简洁的英文字母、符号串来替代一个特定指令的二进制串，比如，用“ADD”代表加法，“MOV”代表数据传递等等，这样一来，人们很容易读懂并理解程序在干什么，纠错及维护都变得方便了，这种程序设计语言就称为汇编语言，即第二代计算机语言。然而计算机是不认识这些符号的，这就需要一个专门的程序，专门负责将这些符号翻译成二进制数的机器语言，这种翻译程序被称为汇编程序，如图 2-20 所示。

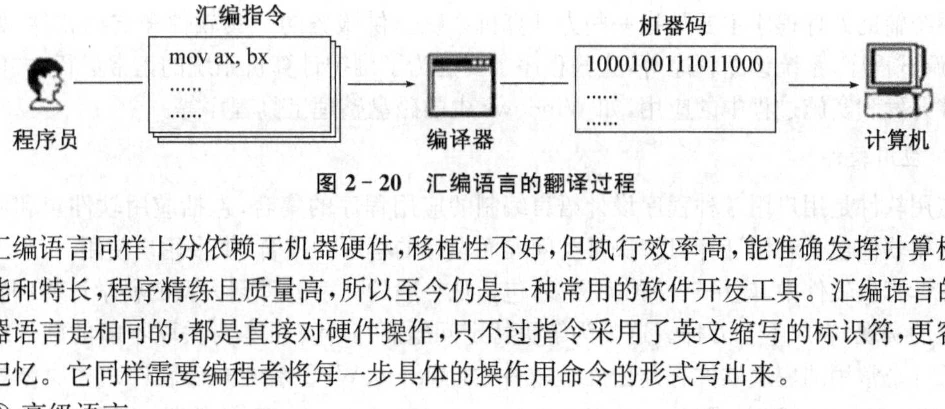

图 2-20　汇编语言的翻译过程

汇编语言同样十分依赖于机器硬件，移植性不好，但执行效率高，能准确发挥计算机硬件的功能和特长，程序精练且质量高，所以至今仍是一种常用的软件开发工具。汇编语言的实质和机器语言是相同的，都是直接对硬件操作，只不过指令采用了英文缩写的标识符，更容易识别和记忆。它同样需要编程者将每一步具体的操作用命令的形式写出来。

③ 高级语言

汇编语言虽然比机器语言前进了一步，但使用起来仍然很不方便，编程仍然是种极其烦琐的工作，而且汇编语言的通用性差。人们在继续寻找一种更加方便的编程语言，于是出现了高级语言。

高级语言是最接近人类自然语言和数学公式的程序设计语言，它基本脱离了硬件系统。常用的高级语言有：BASIC、C、C++、PASCAL、FORTRAN、Java、智能化语言（LISP、Prolog、CLIP）、动态语言（Python、PHP、Ruby）等。高级语言源程序可以通过解释、编译两种方式执行，其中编译过程如图 2-21 所示。高级语言是绝大多数编程者的选择，和汇编语言相比，它不但将许多相关的机器指令整合成为单条指令并且去掉了与具体操作有关但与完成工作无关的细节，例如使用堆栈、寄存器等，这样就大大简化了程序中的指令，由于省略了很多细节,所以编程者也不需要具备太多的专业知识。

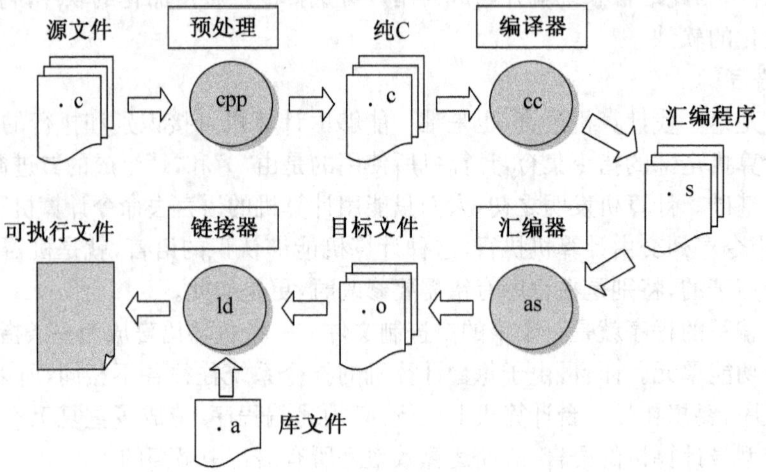

图 2-21　高级语言编译过程

(3) 数据库管理系统

数据库(Database)管理系统是应用最广泛的数据管理软件。用于建立、使用和维护数据库,把各种不同性质的数据进行组织,以便能够有效地进行查询、检索并管理这些数据,这是运用数据库的主要目的。各种信息系统,包括从一个提供图书查询的书店销售软件,到银行、保险公司这样的大企业的信息系统,都需要使用数据库。

(4) 系统辅助处理程序

系统辅助处理程序主要是指一些为计算机系统提供服务的工具软件和支撑软件,如编辑程序、调试程序、系统诊断程序等,这些程序主要是为了维护计算机系统的正常运行,方便用户在软件开发和实施过程中的应用,如 Windows 中的磁盘整理工具程序等。

2. 应用软件

应用软件是用户用各种程序设计语言编制的应用程序的集合,包括应用软件包和用户程序。应用软件包是利用计算机解决某类问题而设计的程序的集合,供多用户使用。

在计算机软件中,应用软件种类最多,包括从一般的文字处理到大型的科学计算和各种控制系统的实现,有成千上万种。这类为解决特定问题而与计算机本身关联不多的软件统称为应用软件。常用的应用软件有办公处理软件(如 Office、WPS 系列办公软件)、多媒体处理软件(如 Photoshop、Flash、Premiere、Dreamweaver 等)、Internet 工具软件(如 FlashGet、FTP 等)。

2.2.3　课后习题

1. 计算机软件系统包括(　　)。

(A) 系统软件和应用软件　　(B) 程序及其相关数据

(C) 数据库及其管理软件　　(D) 编译系统和应用软件

2. 计算机能直接识别和执行的语言是(　　)。

(A) 机器语言　　(B) 高级语言

(C) 汇编语言　　(D) 数据库语言

3. (　　)是一种符号化的机器语言。

(A) C语言　(B) 汇编语言

(C) 机器语言　(D) 计算机语言

4. 汇编语言是一种(　　)。

(A) 依赖于计算机的低级程序设计语言

(B) 计算机能直接执行的程序设计语言

(C) 独立于计算机的高级程序设计语言

(D) 面向问题的程序设计语言

5. 将高级语言编写的程序翻译成机器语言程序,采用的两种翻译方法是(　　)。

(A) 编译和解释　(B) 编译和汇编

(C) 编译和连接　(D) 解释和汇编

6. 在下列叙述中,正确的选项是(　　)。

(A) 用高级语言编写的程序称为源程序

(B) 计算机直接识别并执行的是汇编语言编写的程序

(C) 机器语言编写的程序需编译和链接后才能执行

(D) 机器语言编写的程序具有良好的可移植性

7. 在所列出的:① 字处理软件,② Linux,③ UNIX,④ 学籍管理系统,⑤ Windows Xp 和⑥ Office 2003 这六个软件中,属于系统软件的有(　　)。

(A) 1,2,3　(B) 2,3,5

(C) 1,2,3,5　(D) 全部都不是

8. Word 字处理软件属于(　　)。

(A) 管理软件　(B) 网络软件

(C) 应用软件　(D) 系统软件

2.3 操作系统

操作系统作为最基本的系统软件,它直接控制和管理计算机系统内各种硬件和软件资源、合理有效地组织计算机系统工作,为用户提供一个使用方便可扩展的工作环境,从而起到连接计算机和用户的接口作用。

2.3.1 操作系统概述

操作系统管理和控制系统资源,计算机的硬件、软件、数据等都需要操作系统的管理。操作系统通过许多的数据结构,对系统的信息进行记录,根据不同的系统要求,对系统数据进行修改,达到对资源进行控制的目的。

操作系统提供了方便用户使用计算机的用户界面。用户通过鼠标点击相应的图标就可以做他想要做的事情,可视化桌面就是操作系统提供给用户使用的界面,有了这种用户界面,对计算机的操作就比较容易了。用户界面又称为操作系统的前台表现形式,Windows 7 采用的是窗口和图标,早期的DOS系统采用的是命令,Linux系统既采用命令形式也配备有窗口形式。不管是何种形式的用户界面,其目的只有一个,那就是方便用户的使用。

操作系统优化系统功能的实现。由于系统中配备了大量的硬件、软件,因而它们可以实现

各种各样的功能,这些功能之间必然免不了发生冲突,导致系统性能的下降。操作系统要使计算机的资源得到最大的利用,使系统处于良好的运行状态,就要采用最优的实现功能的方式。

操作系统协调计算机的各种工作。计算机的运行实际上是各种硬件的同时工作,是许多动态过程的组合,通过操作系统的介入,使各种动作和动态过程达到完美的配合和协调,以最终对用户提出的要求反馈满意的结果。如果没有操作系统的协调和指挥,计算机就会处于瘫痪状态,更谈不上完成用户所提出的任务,操作系统在计算机系统中的作用和地位如图 2-22 所示。

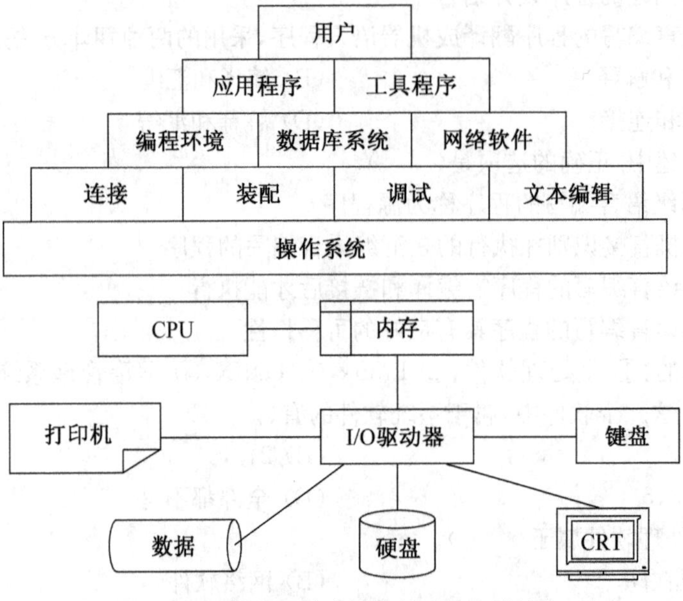

图 2-22 操作系统在计算机系统中的地位

操作系统中的重要概念有进程、线程、内核态和用户态。

(1) 进程

多道程序在执行时,需要共享系统资源,从而导致各程序在执行过程中出现相互制约的关系,程序的执行表现出间断性的特征。这些特征都是在程序的执行过程中发生的,是动态的过程,而传统的程序本身是一组指令的集合,是一个静态的概念,无法描述程序在内存中的执行情况,即我们无法从程序的字面上看出它何时执行,何时停顿,也无法看出它与其他执行程序的关系。因此,程序这个静态概念已不能如实反映程序并发执行过程的特征。为了深刻描述程序动态执行过程的性质,人们引入“进程(Process)”概念。

进程是一个具有独立功能的程序,它可以申请和拥有系统资源,是一个动态的概念,是一个活动的实体。进程主要具有如下特征:动态性,进程的实质是程序的一次执行过程,进程是动态产生,动态消亡的;并发性,任何进程都可以同其他进程一起并发执行;独立性,进程是一个能独立运行的基本单位,同时也是系统分配资源和调度的独立单位;异步性,由于进程间的相互制约,使进程具有执行的间断性,即进程按各自独立的、不可预知的速度向前推进。

通过 Windows 7 任务管理器可以清楚地看到系统正在执行的应用程序和进程,如图 2-23所示。

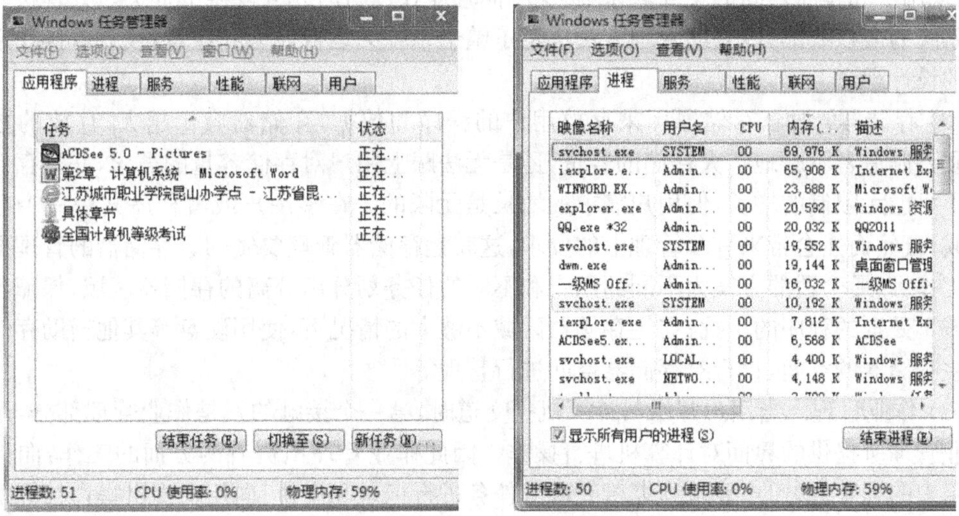

图 2-23　Windows 7 任务管理器

(2) 线程

随着硬件和软件技术的发展,为了更好地实现并发处理和共享资源,提高 CPU 的利用率,目前许多操作系统把进程再“细分”成线程(Threads)。这并不是一个新的概念,实际上它是进程概念的延伸。线程是进程的一个实体,是 CPU 调度和分派的基本单位,它是比进程更小的能独立运行的基本单位。一个线程可以创建和撤销另一个线程,同一个进程中的多个线程之间可以并发执行。

使用线程可以更好地实现并发处理和共享资源,提高 CPU 的利用率。CPU 是以时间片轮询的方式为进程分配处理时间的。如果 CPU 有 10 个时间片,需要处理 2 个进程,则 CPU 利用率为 0%。为了提高运行效率,现将每个扩进程又细分为若干个线程(如当前每个线程都要多完成 3 件事),则 CPU 会分别用 20%的时间来同时处理 3 件事情,从而 CPU 的使用率达到了 60%。

(3) 内核态和用户态

计算机世界中的各程序是不平等的,它们有特权态和普通态之分。特权态即内核态,拥有计算机中所有的软硬件资源;普通态即用户态,其访问资源的数量和权限均受到限制。一般情况下,关系到计算机根本运行的程序应该在内核态下执行(如 CPU 管理和内存管理),而只与用户数据和应用相关的程序则放在用户态中执行(如文件管理、网络管理等)。由于内核态享有最大权限,其安全性和可靠性尤为重要。因此,一般能够运行在用户态的程序就让它在用户态中执行。

2.3.2　操作系统的功能和种类

1. 操作系统的功能

由于操作系统是对计算机系统进行管理、控制、协调的程序的集合,我们按这些程序所要管理的资源来确定操作系统的功能,主要包括以下几个方面。

(1) 处理机管理。处理机是计算机中的核心资源,所有程序的运行都要靠它来实现。具体地说处理机管理要做如下事情:对处理机的时间进行分配,对不同程序的运行进行记录和调度,实现用户和程序之间的相互联系,解决不同程序在运行时相互发生的冲突。处理机管理是操作系统的最核心部分,它的管理方法决定了整个系统的运行能力和质量,代表着操作系统设计者的设计观念。

(2) 存储器管理。存储器用来存放用户的程序和数据,存储器容量越大,存放的数据越多。硬件制造者不断地扩大存储的容量,还是无法跟上用户对存储容量的需求,并且存储器容量也不可能无限制的增长,但用户需求的增长是无限的。在多用户或者程序共用一个存储器的时候,自然而然会带来许多管理上的要求,这就是存储器管理要做的。存储器的管理要进行如下工作:以最合适的方案为不同的用户和不同的任务划分出分离的存储器区域,保障各存储器区域不受别的程序的干扰;在主存储器区域不够大的情况下,使用硬盘等其他辅助存储器来替代主存储器的空间,自行对存储器空间进行整理等。

(3) 作业管理。当用户开始与计算机打交道时,第一个接触的就是作业管理部分,用户通过作业管理所提供的界面对计算机进行操作。因此作业管理担负着两方面的工作:向计算机通知用户的到来,对用户要求计算机完成的任务进行记录和安排;向用户提供操作计算机的界面和对应的提示信息,接受用户输入的程序、数据及要求,同时将计算机运行的结果反馈给用户。

(4) 信息管理。计算机中存放的、处理的、流动的都是信息。信息有不同的表现形态:可以是数据项、记录、文件、文件的集合等;有不同的存储方式:可以连续存放也可以分开存放;还有不同的存储位置:可以存放在主存储器上,也可以存放在辅助存储器上,甚至可以停留在某些设备上。不同用户的不同信息共存于有限的媒体上,如何对这些文件进行分类,如何保障不同信息之间的安全,如何将各种信息与用户进行联系,如何使信息不同的逻辑结构与辅助存储器上的存储结构进行对应,这些都是信息管理要做的事情。

(5) 设备管理。计算机主机连接着许多设备,有专门用于输入/输出数据的设备,也有用于存储数据的设备,还有用于某些特殊要求的设备。而这些设备又来自于不同的生产厂家,型号五花八门,如果没有设备管理,用户一定会不知所措。设备管理的任务就是为用户提供设备的独立性,使用户不管是通过程序逻辑还是命令来操作设备时都不需要了解设备的具体操作。设备管理在接到用户的要求以后,将用户提供的设备与具体的物理设备进行连接,再将用户要处理的数据传输到物理设备上;对各种设备信息的记录、修改;对设备行为的控制。

2. 操作系统的种类

操作系统的种类繁多,按照功能和特性可分为批处理操作系统、分时操作系统和实时操作系统等;按照同时管理用户数的多少分为单用户操作系统和多用户操作系统;按照有无管理网络环境的能力可分为网络操作系统和非网络操作系统。通常操作系统有以下五类。

(1) 批处理操作系统

批处理操作系统的工作方式是:用户将作业交给系统操作员,系统操作员将许多用户的作业组成一批作业,之后输入到计算机中,在系统中形成一个自动转接的连续的作业流,然后启动操作系统,系统自动、依次执行每个作业。最后由操作员将作业结果交给用户。

(2) 分时操作系统

分时操作系统的工作方式是:一台主机连接了若干个终端,每个终端有一个用户在使用。用户交互式地向系统提出命令请求,系统接受每个用户的命令,采用时间片轮转方式处理服务请求,并通过交互方式在终端上向用户显示结果。分时操作系统将 CPU 的时间划分成若干个片段,称为时间片。操作系统以时间片为单位,轮流为每个终端用户服务。每个用户轮流使用一个时间片而使每个用户并不感到有别的用户存在。分时系统具有多路性、交互性、“独占”性和及时性的特征。

常见的通用操作系统是分时系统与批处理系统的结合。其原则是：分时优先，批处理在后。“前台”响应需频繁交互的作业，如终端的要求；“后台”处理时间性要求不强的作业。

（3）实时操作系统

实时操作系统是指使计算机能及时响应外部事件的请求在规定的严格时间内完成对该事件的处理，并控制所有实时设备和实时任务协调一致地工作的操作系统。实时操作系统要追求的目标是：对外部请求在严格时间范围内做出反应，有高可靠性和完整性。其主要特点是资源的分配和调度首先要考虑实时性后再考虑效率。此外，实时操作系统应有较强的容错能力。

（4）网络操作系统

网络操作系统是基于计算机网络的，是在各种计算机操作系统上按网络体系结构协议标准开发的软件，包括网络管理、通信、安全、资源共享和各种网络应用。其目标是相互通信及资源共享。在其支持下，网络中的各台计算机能互相通信和共享资源。其主要特点是与网络的硬件相结合来完成网络的通信任务。

（5）分布式操作系统

分布式操作系统是为分布计算系统配置的操作系统。大量的计算机通过网络被连结在一起，可以获得极高的运算能力及广泛的数据共享，这种系统被称作分布式系统。

2.3.3 常用操作系统介绍

在计算机的发展过程中，出现过许多不同的操作系统，其中常用的有 DOS、Mac OS、Windows、Linux、Free BSD、Unix/Xenix、OS/2 等。

1. DOS 操作系统

从 1981 年问世至今，DOS 经历了 7 次大的版本升级，从 1.0 版到 7.0 版，不断地改进和完善。但是，DOS 系统的单用户、单任务、字符界面和 16 位的大格局没有变化，因此它对于内存的管理也局限在 640KB 的范围内。DOS 最初是微软公司为 IBM-PC 开发的操作系统，因此它对硬件平台的要求很低，因此适用性较广，目前基本上被淘汰。

2. Windows 系统

Windows 是 Microsoft 公司在 1985 年 11 月发布的第一代窗口式多任务系统，它使 PC 机开始进入了所谓的图形用户界面时代。在图形用户界面中，每一种应用软件都用一个图标表示，用户只需把鼠标移到某图标上，连续双击鼠标器的拾取键即可进入该软件，这种界面方式为用户提供了很大的方便，把计算机的使用提高到了一个新的阶段，早期的 Windows 系统版本主要有 1.0，2.0，3.0，95，98 和 Me 等。

2001 年，Microsoft 发布了功能及其强大的 Windows XP，该系统采用 Windows 2000/NT 内核，运行非常可靠、稳定，用户界面焕然一新，使用起来得心应手，优化了与多媒体应用有关的功能，内建了极其严格的安全机制，每个用户都可以拥有高度保密的个人特别区域，尤其是增加了具有防盗版作用的激活功能。

2009 年，微软公司正式发布 Windows 7 操作系统，它集成了 DirectX 11 和 Internet Explorer 8。可以允许 GPU 从事更多的通用计算工作，而不仅仅是 3D 运算，这可以鼓励开发人员更好地将 GPU 作为并行处理器使用。Windows 7 还具有超级任务栏，提升了界面的美观性和多任务切换的使用体验。到 2012 年 9 月,Windows 7 已经超越 Windows XP,成为世界上占有率最高的操作系统。

2012 年 10 月,微软公司正式对外发布第一款带有 Metro 界面的桌面操作系统,即 Windows 8。该系统旨在让人们的日常电脑操作更加简单和快捷,为人们提供高效易行的工作环境。Windows 8 支持来自 Intel、AMD 和 ARM 的芯片架构。

此外,微软公司还开发了一列服务器操作系统,目前常用的有 Windows Server 2003、Windows Server 2008 和 Windows Server 2012 等。

3. Mac OS X 操作系统

Mac OS 操作系统是美国苹果计算机公司为它的 Mac 计算机设计的操作系统,于 1984 年推出,在当时的 PC 还只是 DOS 枯燥的字符界面的时候,Mac 率先采用了一些我们至今仍为人称道的技术。比如:GUI 图形用户界面、多媒体应用、鼠标等。Mac 计算机在出版、印刷、影视制作和教育等领域有着广泛的应用。

4. Unix 系统

Unix 系统是 1969 年在贝尔实验室诞生,最初是在中小型计算机上运用。UNIX 为用户提供了一个分时的系统以控制计算机的活动和资源,并且提供一个交互、灵活的操作界面。UNIX 被设计成为能够同时运行多进程,支持用户之间共享数据。用户界面同样支持模块化原则,互不相关的命令能够通过管道相连接用于执行非常复杂的操作。UNIX 的版本很多,目前个人计算机上使用较为广泛的是自由免费软件 Linux。

Linux 最初由芬兰人 Linus Torvalds 开发,其源程序在 Internet 网上公开发布,由此,引发了全球电脑爱好者的开发热情,他们下载该源程序并按自己的意愿完善某一方面的功能,再发回互联网,通过集体的智慧,Linux 被雕琢成为一个全球最稳定的、最有发展前景的操作系统。

目前,Linux 正在全球各地迅速普及推广,各大软件厂商如 Oracle、Sybase、Novell、IBM 等均发布了 Linux 版的产品,许多硬件厂商也推出了预装 Linux 操作系统的服务器产品,还有不少公司或组织有计划地收集有关 Linux 的软件,组合成一套完整的 Linux 发行版本上市,比较著名的有 Red Hat(即红帽子)、Ubuntu、Fedora、SUSE、Slackware、Debian 等。

2.3.4 课后习题

1. 操作系统是计算机系统中的(　　)。

(A) 主要硬件　　(B) 系统软件　　(C)工具软件　　(D) 应用软件

2. 操作系统的功能是(　　)。

(A) 将源程序编译成目标程序

(B) 负责诊断计算机的故障

(C) 控制和管理计算机系统的各种硬件和软件资源的使用

(D) 负责外设与主机之间的信息交换

3. 操作系统管理用户数据的单位是(　　)。

(A) 扇区　　(B) 文件　　(C)磁道　　(D) 文件夹

4. 下列软件中,不是操作系统的是

(A) Linux　　(B) UNIX　　(C)MS-DOS　　(D) MS-Office

5. 下面关于操作系统的叙述中正确的是(　　)。
(A) 操作系统是计算机软件系统中的核心软件
(B) 操作系统属于应用软件
(C) Windows 是 PC 机唯一的操作系统
(D) 操作系统的五大功能是:启动、打印、显示、文件存取和关机
6. 计算机操作系统的作用是(　　)。
(A) 统一管理计算机系统的全部资源,合理组织计算机的工作流程,以达到充分发挥计算机资源的效率;为用户提供使用计算机的友好界面
(B) 对用户文件进行管理以便用户存取
(C) 执行用户的各类命令
(D) 管理各类输入/输出设备

2.4　Windows 7 操作系统

2.4.1　体验 Windows 7

Windows 7 在硬件性能要求、系统性能、可靠性等方面,都颠覆了以往的 Windows 操作系统,是微软开发的非常成功的一款产品。此外,Windows 7 完美支持 64 位操作系统,支持 4 GB 以上内存和多核处理器。

Windows 7 的易用性主要体现在桌面功能的操作方式等方面。在 Windows 7 中,一些沿用多年的基本操作方式得到了彻底改进,如任务栏、窗口控制方式的改进,半透明的 Windows Aero 外观也为用户来了新的操作体验。

1. 硬件基本要求

Windows 7 对硬件的要求并不高,目前大部分机器都能够流畅地运行,安装 Windows 7 基本要求见表 2-2 所示。

表 2-2　安装 Windows 7 硬件要求

项目	32 位系统	64 位系统
处理器	双核 1 GHz	双核 1 GHz
内存	1 GB	2 GB
可用硬盘空间	16 GB	20 GB
DirectX 9 图形设备		
屏幕纵向分辨率不低于 768 像素		

2. 全新的任务栏

Windows 7 全新的任务栏融合了快速启动栏的特点,每个窗口的对应按钮图标都能够根据用户的需要随意排序。点击 Windows 7 任务栏中的程序图标就可以方便地预览各个窗口内容,并进行窗口切换,或当鼠标掠过图标时,各图标会高亮显示不同的色彩,颜色选取是根据图标本身的色彩,其任务栏如图 2-24 示。

图 2－24 Windows 7 高亮显示的任务栏

通过任务栏应用程序按钮对应的窗口动态缩略预览图标,用户可轻松找到需要的窗口。在 Windows 7 中自定义任务栏通知区域图标非常简单,只需要通过鼠标的简单拖曳即可隐藏、显示和对图标进行排序;快速显示桌面,固定在屏幕右下角的"显示桌面"按钮可以让用户轻松返回桌面。鼠标停留在该图标上时,所有打开的窗口都会透明化,这样可以快捷地浏览桌面,点击图标则会切换到桌面。

2.4.2 使用和设置 Windows 7

让电脑使用更简单是微软开发 Windows 7 重要目标之一,其易用性主要体现在桌面功能的操作方式上。在 Windows 7 中,一些沿用多年的基本操作方式得到了彻底改进,如任务栏、窗口控制方式的改进,半透明的 Windows Aero 外观也为用户带来了丰富实用的操作体验。

1. 桌面设置

Windows 7 是一个崇尚个性的操作系统,它不仅提供各种精美的桌面壁纸,还提供更多的外观选择、不同的背景主题和灵活的声音方案,让用户随心所欲地"绘制"属于自己的个性桌面。Windows 7 通过 Windows Aero 和 DWM 等技术的应用,使桌面呈现出一种半透明的 3D 效果。

(1) 桌面外观设置

右键单击桌面空白处,在弹出的快捷菜单中选择"个性化"。打开"个性化"面板,如图 2－25所示,Windows 7 在"Aero"主题下预置了多个主题,直接单击所需主题即可改变当前桌面外观。

图 2－25 个性化桌面设置

(2) 桌面背景设置

如果需要自定义个性化桌面背景，可以在"个性化"设置面板下方单击"桌面背景"图标，打开"桌面背景"面板，如图 2-26 所示，选择单张或多张系统内置图片。

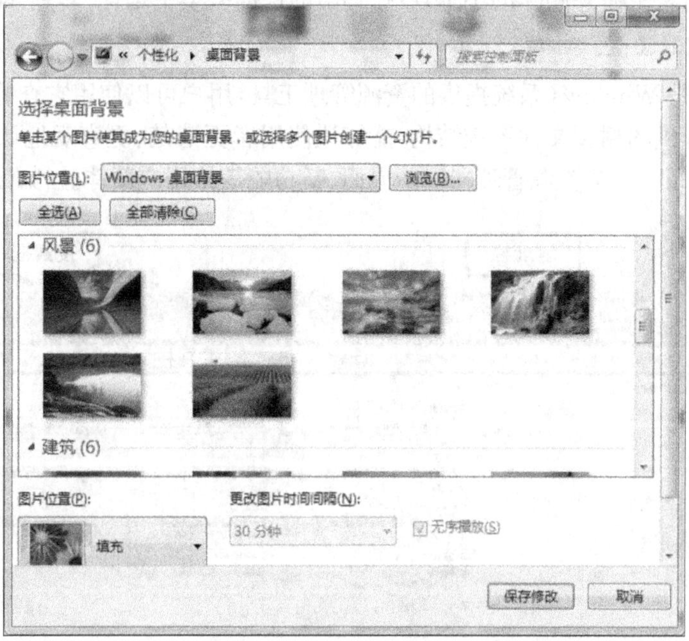

图 2-26　设置桌面背景

如果选择了多张图片作为桌面背景，图片会定时自动切换。可以在"更改图片时间间隔"下拉菜单中设置切换间隔时间，也可以选择"无序播放"选项实现图片随机播放，还可以通过"图片位置"设置图片显示效果；最后单击"保存修改"按钮完成操作。

(3) 桌面小工具的使用

Windows 7 提供了时钟、天气、日历等一些实用的小工具。右键单击桌面空白处，在弹出的快捷菜单中选择"小工具"，打开"小工具"管理面板，直接将要使用的小工具拖动到桌面即可，如图 2-27 所示。

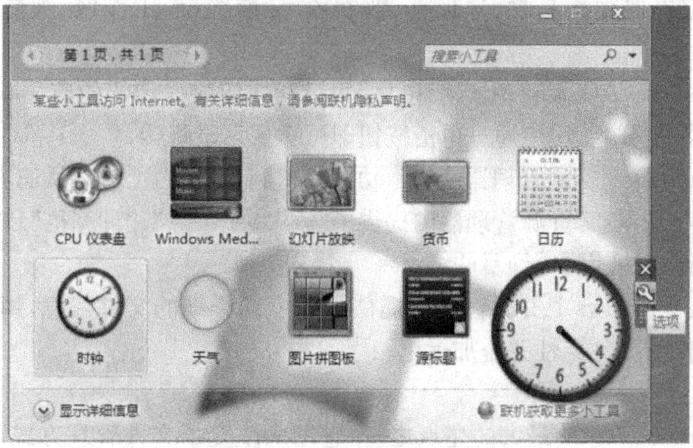

图 2-27　windows 7 桌面小工具

Windows 7 一共内置了 10 个小工具,用户还可以从微软官方站点下载更多的小工具。在“小工具”管理面板中单击右下角的“联机获取更多小工具”,即可以打开 Windows 7 个性化主页的小工具页面,从而获取更多的小工具。如果想彻底删除某个小工具,只要在“小工具管理面板”中右键单击某个需要删除的小工具,在弹出的快捷菜单中选择“卸载”即可。

2. 资源管理器设置

资源管理器是 Windows 系统提供的资源管理工具,用户可以使用它查看计算机中的所有资源,特别是它提供的树型文件系统结构,能够让使用者更清楚、更直观地认识计算机中的文件和文件夹。Windows 7 资源管理器以新界面、新功能带给用户新体验,如图 2 - 28 所示。

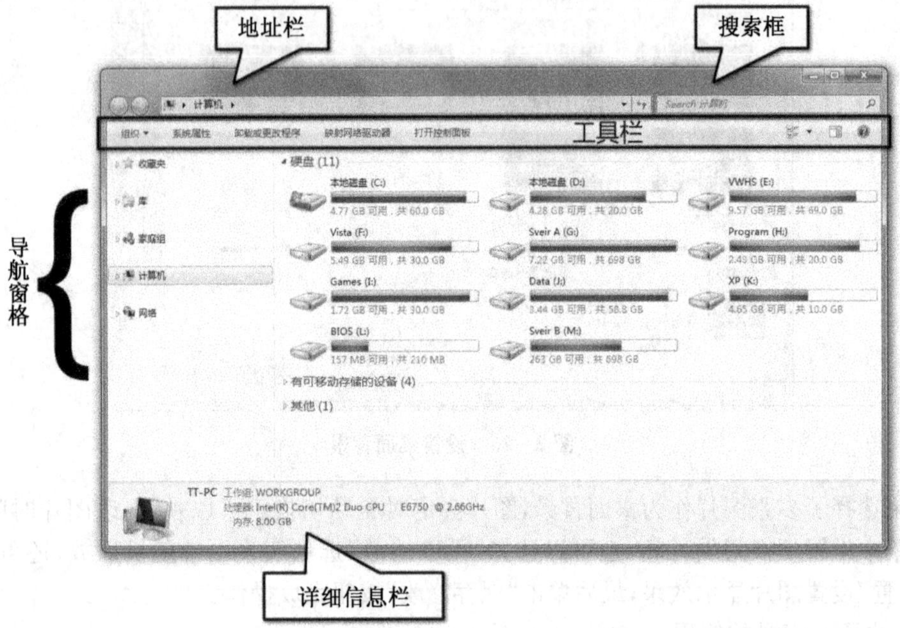

图 2 - 28 Windows 7 资源管理器

(1) 界面简介

右键单击“开始”菜单|选择“打开 Windows 资源管理器”,Windows 7 资源管理器窗口如图 2 - 28 所示,它主要由工具栏、地址栏、搜索栏、导航窗格、工作区、细节窗格和状态栏等组成。

地址栏:Windows 7 资源管理器地址栏使用级联按钮取代传统的纯文本方式。它将不同层级路径用不同按钮分割,用户通过单击按钮即可实现目录跳转。

搜索栏:Windows 7 资源管理器将检索功能移植到顶部(右上方),从而方便用户使用。

导航窗格:Windows 7 资源管理器内提供了“收藏夹”、“库”、“计算机”和“网络”等按钮,用户可以使用这些链接快速跳转到目的结点。

详细信息栏:Windows 7 资源管理器提供更加丰富详细的文件信息,用户还可以直接在“详细信息栏”中修改文件属性并添加标记。

(2)库

“库”是 Windows 7 系统最大的亮点之一,它彻底改变了文件管理方式,从死板的文件夹方式变为灵活方便的库方式。其实,库和文件夹有很多相似之处,如在库中也可以包含各种子库和文件。但库和文件夹有本质区别，在文件夹中保存的文件或子文件夹都存储在该文件夹内，而库中存储的文件来自四面八方。确切地说，库并不存储文件本身，而是仅保存文件快照（类似于快捷方式）。如果要添加文件（夹）到库，选中后单击右键，选择“包含到库中”命令，在其子菜单中选择一项类型相同的“库”即可，如图 2－29 所示。

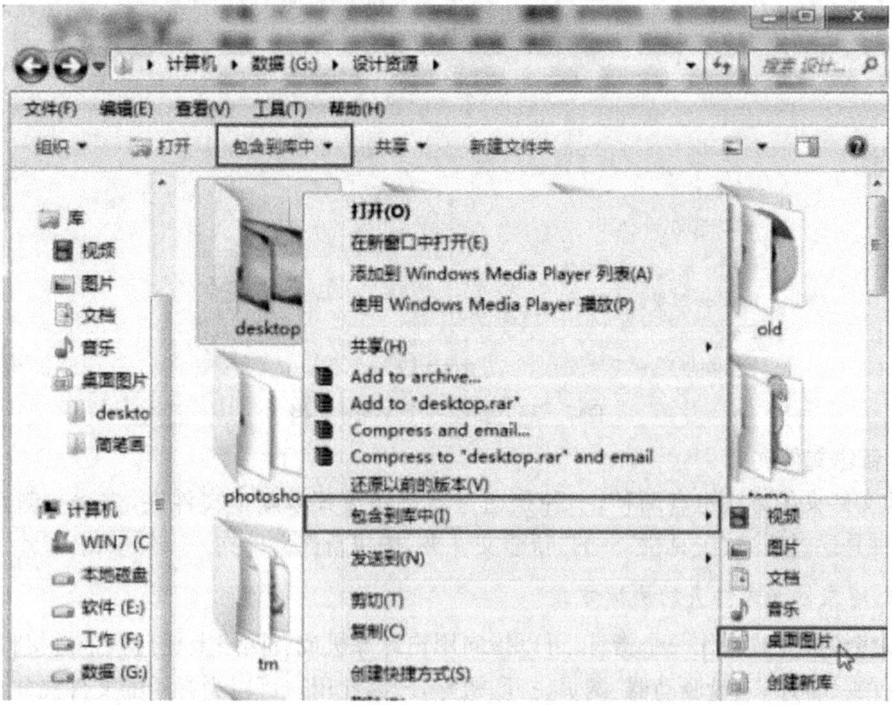

图 2－29　将文件(夹)加入到库

注意：部分版本的 Windows 7 系统不能通过单击右键的方式把文件（夹）加入到库中，此时可以选中文件（夹），单击窗口左上方“包含到库中”按钮，将文件（夹）加入到对应的库中。

Windows 7 库中默认提供视频、图片、文档、音乐这四种类型的库，用户也可以通过新建库的方式增加库的类型。在“库”根目录下右键单击窗口空白区域，在弹出的快捷菜单中选择“新建”|“库”命令，输入库名即可创建一个新的库。

2.4.3　文件和文件夹管理

1. 新建文件和文件夹

(1) 新建文件

新建文件的方法主要有两种，一种是通过右键快捷菜单新建文件，另一种是在应用程序中新建文件。其中通过右键快捷菜单新建文件的步骤如图 2－30 所示：在需要新建文件的窗口空白处单击右键，从弹出的快捷菜单选择“新建”|“Word 文档”菜单项，此时窗口中将自动新建一个名为“新建 Microsoft Word 文档”的文件，将“新建 Word 文档”改为相应的名称单击“回车”键即可完成新文件的创建和命名。

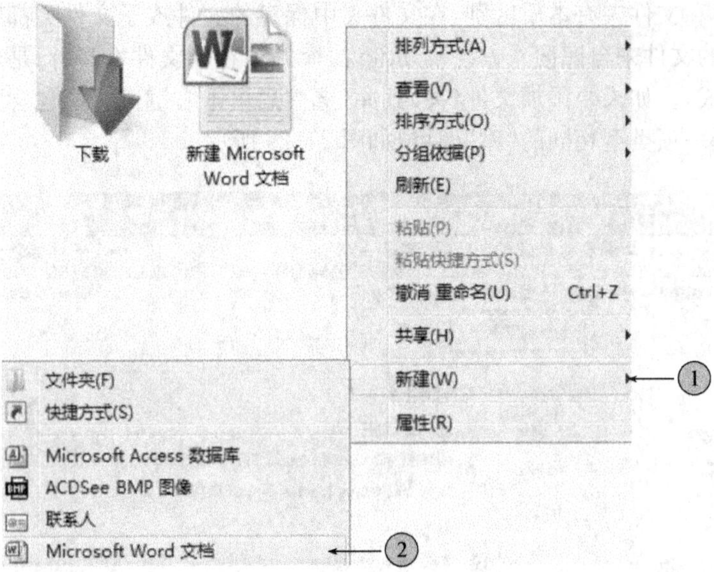

图 2-30 新建一个 Word 文档

(2) 新建文件夹

新建文件夹的方法也有两种,一种是通过右键快捷菜单新建文件夹,方法与新建文件相似;另一种是通过窗口"工具栏"上的"新建文件夹"按钮新建文件夹。

2. 创建文件和文件夹的快捷方式

可以将快捷方式看作一个指针,可以指向用户计算机或者网络上任何一个链接程序(包括文件、文件夹、程序、磁盘驱动器、网页、打印机等)。因此用户可以为常用的文件夹建立快捷方式,将其放在桌面或是能够快速访问的地方,从而免去进入一级级的文件夹中寻找的麻烦。创建文件或文件夹的快捷方式的方法相同,具体操作如图 2-31 所示:在需要创建快捷方式的文件(夹)上单击右键,选择"创建快捷方式"菜单项,窗口将自动创建一个名为"我的资料—快捷方式"的快捷方式。

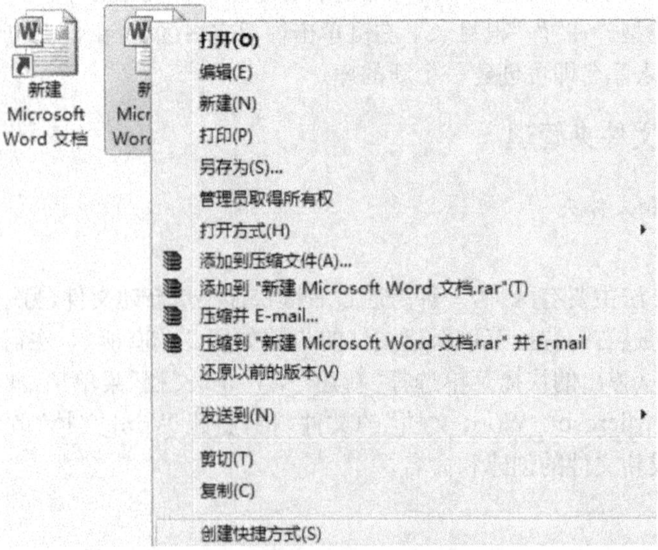

图 2-31 创建文件快捷方式

创建好快捷方式后，用户可以将快捷方式存放到桌面上或者其他文件夹中，具体操作与文件(夹)的复制或移动相同。

3. 重命名文件和文件夹

对于新建的文件或文件夹，系统默认的名称是“新建……”，用户可以根据需要对其重新命名，以方便查找和管理。重命名文件(夹)的方法主要有三种，一是通过右键快捷菜单实现，二是通过鼠标单击文件名实现，三是通过“工具栏”中的“组织”下拉列表实现，其中通过鼠标右键实现如图 2-32 所示。

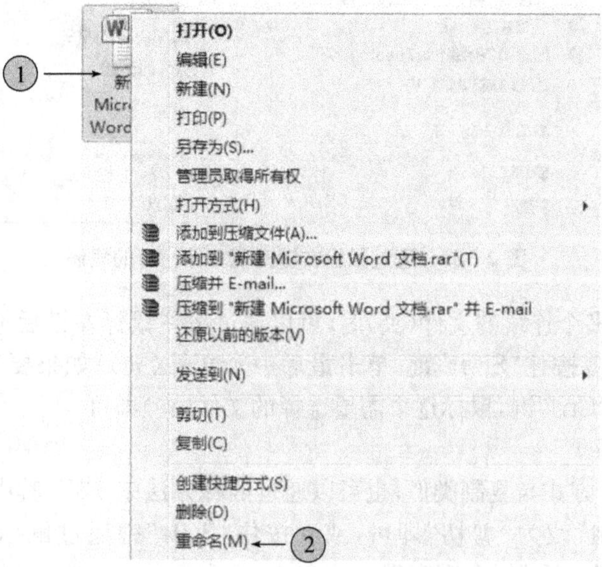

图 2-32　重命名文件

右键单击需要重命名的文件夹，选择“重命名”菜单，此时文件名称处于可编辑状态，直接输入新的文件名称，输入完成后在窗口空白区域单击鼠标或按下“回车”键即可完成文件夹的重命名。

4. 复制和移动文件或文件夹

在日常操作中，经常需要对一些重要的文件(夹)备份，即在不删除原文件(夹)的情况下，创建与原文件(夹)相同的副本，这就是文件(夹)的复制，而移动文件(夹)则是将文件(夹)从一个位置移动到另一个位置，原文件(夹)则被删除。

(1) 复制文件(夹)

复制文件(夹)的方法主要有四种：① 单击鼠标右键，在快捷菜单选择“复制”菜单，进入建立副本的文件夹再单击鼠标右键，选择“粘贴”菜单项即可完成复制，如图 2-34 所示；② 通过“工具栏”上的“组织”下拉列表实现文件(夹)的复制；③ 按住“Ctrl”键，选择需要复制的文件(夹)后按住鼠标左键，拖动文件(夹)到目标位置后松开“Ctrl”键及鼠标即可；④ 通过组合实现复制，选中需要复制的文件(夹)，按下“Ctrl”+“C”组合键复制，然后进入目标位置，再按下“Ctrl”+“V”组合键即可粘贴文件(夹)。

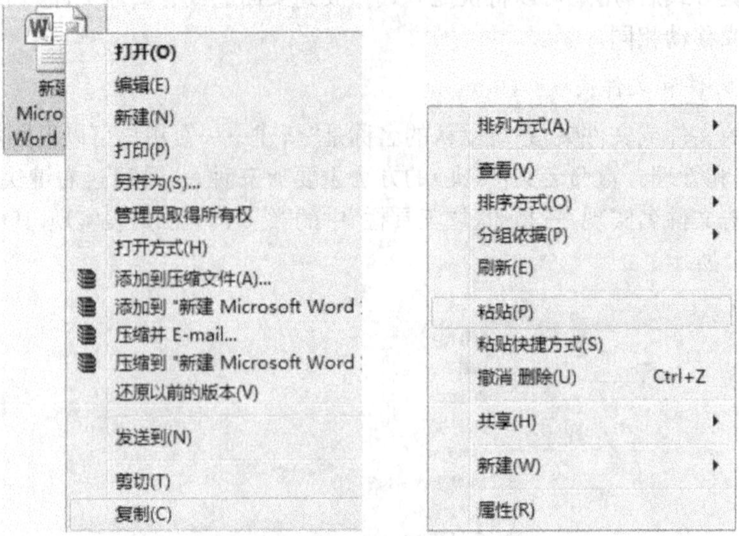

图 2-33 通过鼠标右键实现文件(夹)的复制

注意:需要选中多个连续的文件(夹)时,可以通过按住鼠标左键后拖动鼠标实现,或者先选中第一个文件(夹),按住“Shift”键,单击最后一个文件(夹);如果要选中多个不连续文件(夹),可以通过按住“Ctrl”键,鼠标逐个需要选择的文件(夹)即可。

(2) 移动文件(夹)

移动文件(夹)的方式与复制类似,也可以通过四种方法来实现,其中通过鼠标右键或“工具栏”实现时将“复制”改为“剪切”即可,或者按住“Shift”键通过鼠标拖动实现,或者通过“Ctrl”+“X”和“Ctrl”+“V”组合键实现。

5. 删除和恢复文件或文件夹

为了节省磁盘空间,可以将一些没有用户的文件(夹)删除,有时删除后发现有些文件(夹)还有一些有用的信息,这时就要对其进行恢复操作。

(1) 删除文件(夹)

文件(夹)的删除可以分为暂时删除(暂存到回收站里)或彻底删除(回收站不存储)两种,具体可以通过四种方法删除文件(夹):① 通过右键快捷菜单实现,在需要删除的文件(夹)上单击右键,在弹出的快捷菜单中选择“删除”菜单项,此时会弹出“删除文件夹”对话框,询问“您确实要把些文件(夹)放入回收站吗?”,单击“是”按钮,即可将选中的文件(夹)放入回收站中,如图 2-35 所示;② 选中要删除的文件(夹),通过“工具栏”上的“组织”下拉列表中的“删除”选项实现;③ 选中要删除的文件(夹),按下键盘上的“Delete”,在弹出的对话框中选择“是”也可实现文件(夹)的删除;④ 选中要删除的文件(夹),按住鼠标左键拖动到回收站图标上也能实现文件(夹)的删除。

上述四种方法都是暂时删除文件(夹),如果要彻底删除文件(夹),可以在进行上述操作的同时按住“Shift”键即可实现。

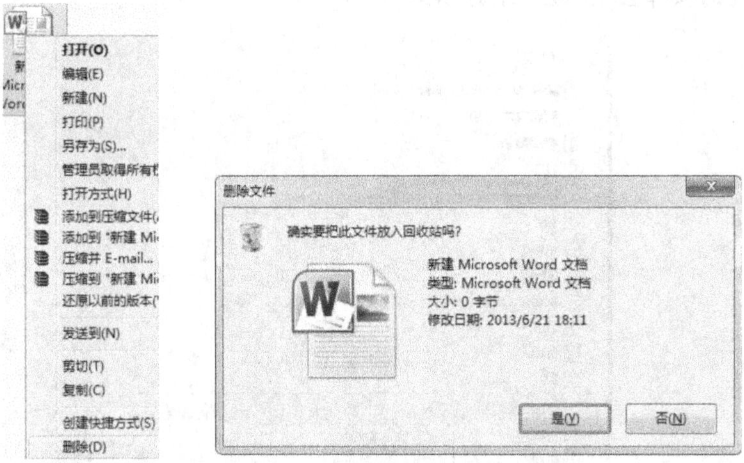

图 2-34　通过鼠标右键删除文件(夹)

(2) 恢复文件(夹)

用户将一些文件(夹)删除后，若发现又需要用到该文件(夹)，此时可以从回收站中将其恢复，具体操作如图 2-35 所示：双击桌面上的“回收站”图标，在“回收站”窗口中选中要恢复的文件(夹)，单击鼠标右键，选择“还原”或者单击“工具栏”上的“还原此项目”按钮即可。

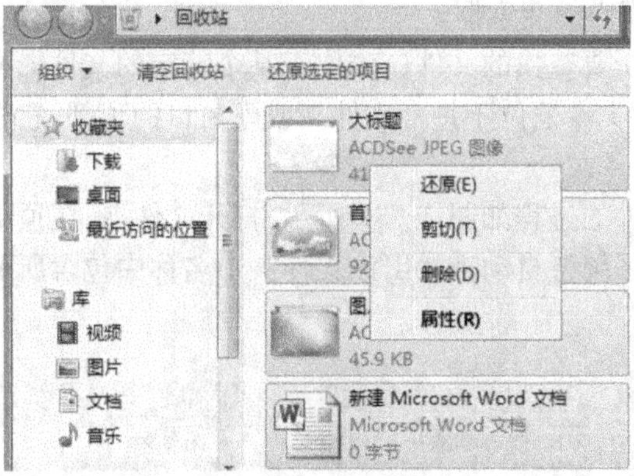

图 2-35　恢复已删除的文件(夹)

在“回收站”窗口中单击“清空回收站”按钮，可以彻底删除回收站中的所有项目。

注意：如果文件(夹)被彻底删除，通过“回收站”无法恢复，但通过专门的数据恢复软件(如 FinalData 等)可以实现全部或部分恢复。

6. 查找文件和文件夹

计算机中的文件(夹)会随着时间的推移而日益增多，想从众多文件中找到所需的文件则是一件非常麻烦的事情。为了省时省力，可以使用搜索功能查找文件。Windows 7 操作系统提供了查找文件(夹)的多种方法，在不同的情况下可以使用不同的方法。

(1) 使用“开始”菜单上的搜索框

用户可以使用“开始”菜单上的搜索框来查找存储在计算机上的文件(夹)、程序和电子邮件等，如图 2-36 所示：单击“开始”按钮，在“开始搜索”文本框中输入想要查找的信息，此时与输入文本相匹配的项都会显示在“开始”菜单上。

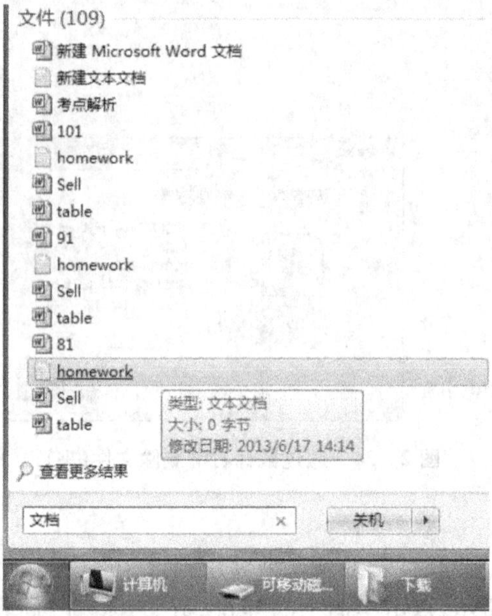

图 2-36 通过“开始”菜单查找文件(夹)

(2) 使用文件夹或库中的搜索框

通常用户可能知道所要查找的文件(夹)位于某个特定的文件夹或库中,此时即可使用“搜索”文本框搜索。“搜索”文本框位于每个文件夹或库窗口的顶部,它根据输入的文本筛选当前的视图。

在文件夹中搜索文件的过程如图 2-37 所示:打开文件夹,在顶部的“搜索”文本框中输入搜索条件,按“回车”键,系统将自动查找出该文件夹中名称中包含所要查找的字段的所有文件或文件夹。

图 2-37 使用文件夹中的搜索框查找文件

7. 压缩和解压缩文件或文件夹

为了节省磁盘空间，用户可以对一些文件（夹）进行压缩，压缩文件占据的存储空间较少，而且压缩后可以更快速地传输到其他计算机上，以实现不同用户之间的共享。与Windows Vista一样，Windows 7操作系统也内置了压缩文件程序，用户无需借助第三方压缩软件（如WinRAR等），就可以实现对文件（夹）的压缩和解压缩。

如图2-38所示，选中要压缩的文件（夹），单击鼠标右键，在弹出的快捷菜单中选择“发送到”|“压缩（zipped）文件夹”菜单项，系统弹出“正在压缩……”对话框，绿色进度条显示压缩的进度；“正在压缩……”对话框自动关闭后，可以看到窗口中已经出现了对应文件（夹）的压缩文件（夹），可以重新对其命名。

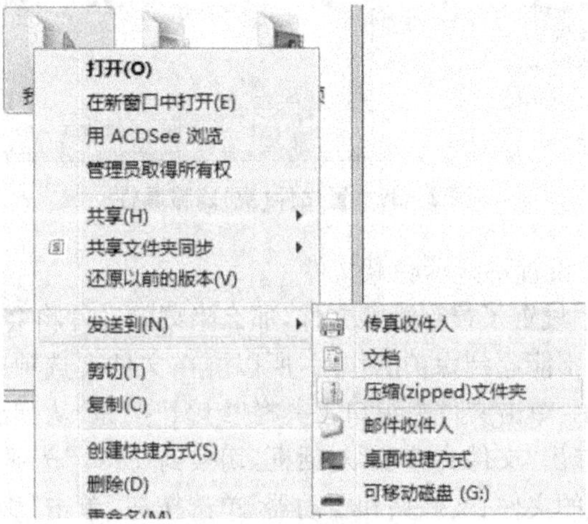

图2-38　压缩文件(夹)

如果要向压缩文件中添加文件（夹），可以选中要添加的文件（夹），按住鼠标左键，拖动到压缩文件中即可；如果要解压缩文件，可以选中需要解压缩的文件，单击右键，在弹出的快捷菜单中选择“全部提取”菜单项即可实现解压缩。

注意：利用WinRAR等第三方压缩软件压缩文件（夹）操作与系统内置压缩软件操作类似。

8. 隐藏文件和文件夹

用户如果想隐藏文件和文件夹，可将想要隐藏的文件或文件夹设置为隐藏属性，然后再对文件夹选项进行相应的设置。

（1）设置文件（夹）的隐藏属性

在需要隐藏的文件（夹）上单击鼠标右键，选择“属性”，在弹出的文件（夹）属性对话框中，选中“隐藏”复选框；单击“确定”按钮，选中“将更改应用于此文件夹、子文件夹和文件”单选按钮，即可完成对所选文件夹的隐藏属性设置，如图2-39所示。

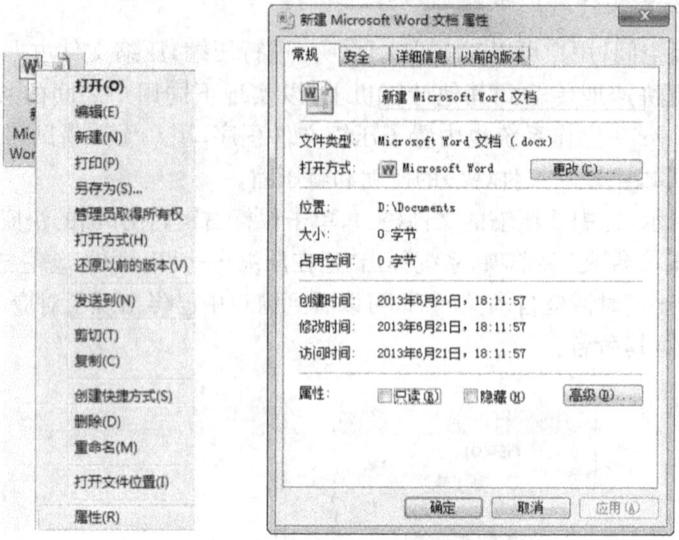

图 2-39 置文件(夹)隐藏属性

(2) 在文件夹选项中设置不显示隐藏文件

如果在文件夹选项中设置了显示隐藏文件,那么隐藏的文件将会以半透明状态显示,此时还是可以看到文件(夹),不能起到保护的作用,所以要在文件夹选项中设置不显示隐藏文件。具体方法如图 2-40 所示:单击文件夹窗口工具栏"组织"按钮,从弹出的下拉列表中选择"文件夹和搜索选项"选项,弹出"文件夹选项"对话框,切换到"查看"选项卡,然后在"高级设置"列表框中选中"不显示隐藏的文件、文件夹和驱动器"单选按钮,单击"确定"按钮,即可将设置为隐藏属性的文件(夹)隐藏起来。

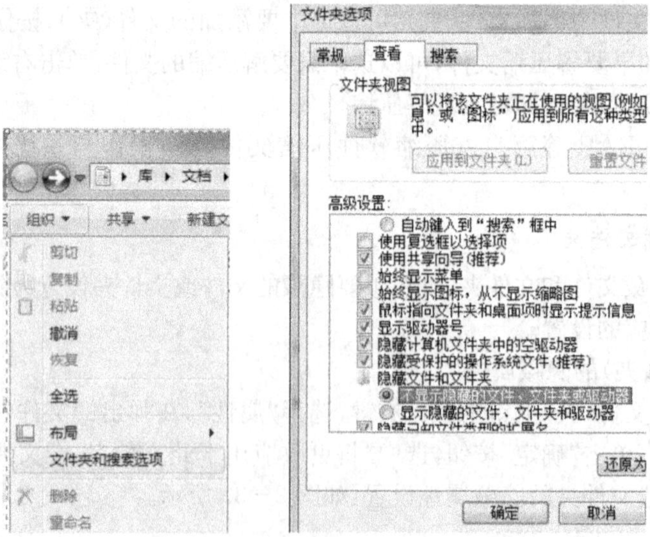

图 2-40 设置不显示隐藏文件(夹)

如果要取消某个文件的隐藏属性,其操作正好也设置隐藏属性相反:首先通过设置"文件夹选项"对话框,显示所有文件;然后选中需要取消隐藏属性的文件(夹),单击右键在"属性"中去除复选框前的选择即可。

2.4.4　软件和硬件管理

面对 Windows 7，用户最关心的问题就是以往使用的应用程序以及计算机中的硬件是否可以继续正常运行，因此，Windows 7 软硬件的兼容性非常重要。

1. 解决软件兼容性问题

Windows 7 的系统代码是建立在 Windows Vista 基础上的，如果安装和使用的应用程序是针对旧版本 Windows 开发的，为避免直接使用出现不兼容问题，需要选择兼容模式，可以通过手动和自动两种方式解决兼容性问题，如果用户对目标应用程序不甚了解，则可以让 Windows 7 自动选择合适的兼容模式来运行序，具体操作如下：① 右键单击应用程序或其快捷方式图标，在弹出的快捷菜单中选择“兼容性疑难解答”命令，打开“程序兼容性”向导对话框，如图 2－41 所示。② 在“程序兼容性”向导对话框中，单击“尝试建议的设置”命令，系统会根据程序自动提供一种兼容性模式让用户尝试运行；单击“启动程序”按钮来测试目标程序是否能正常运行。③ 完成测试后，单击“下一步”按钮，在“程序兼容性”向导对话框中，如果程序已经正常运行，则单击“是，为此程序保存这些设置”命令，否则单击“否，使用其他设置再试一次”命令。④ 若系统自动选择的兼容性设置能保证目标程序正常运行，则在“测试程序的兼容性设置”对话框中单击“启动程序”按钮，检查程序是否正常运行。

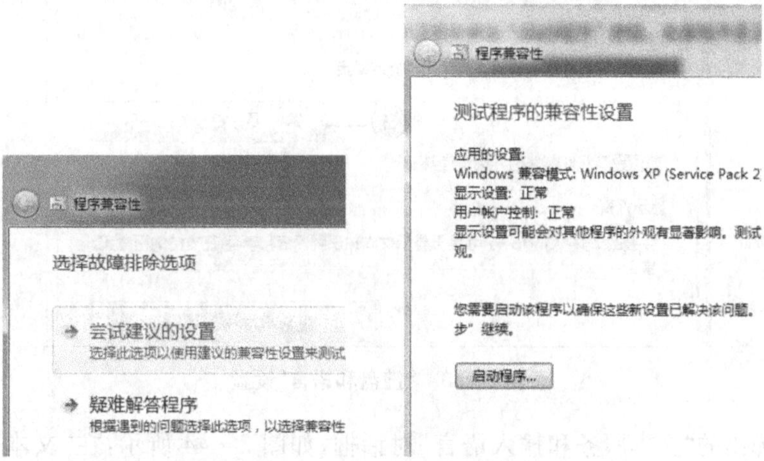

图 2－41　程序兼容性疑难解答向导

如果程序实在太旧，兼容模式也无法解决问题，则可以尝试使用 Windows 7 中的“Windows XP 模式”来运行程序。

2. 输入法设置

Windows 7 内置了多种输入法，可以根据自己的喜好进行选择，同时可以将经常使用的输入法设置为默认输入，具体操作如下：

① 打开控制面板，在弹出的窗口中单击“时钟、语言和区域”|“更改键盘或其他输入法”，如图 2－42 所示。

图 2-42　改键盘或其他输入法

② 系统弹出的“区域和语言”对话框,选择“键盘和语言”,单击“更改键盘(C)”按钮,如图 2-43 所示。

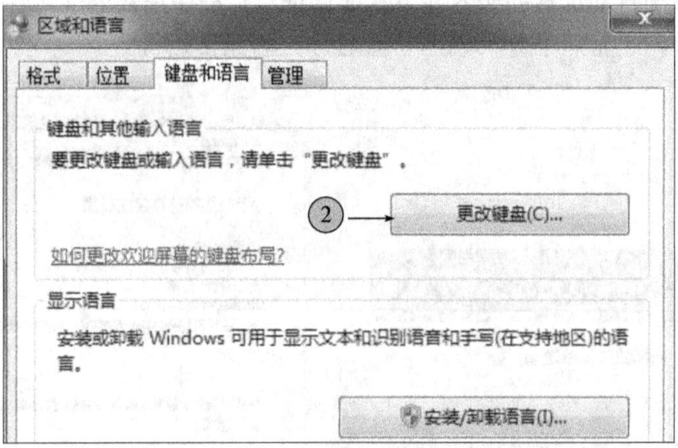

图 2-43　“键盘和语言”设置

③ 系统弹出的“文本服务和输入语言”对话框,如图 2-44 所示:在“文本服务和输入语言”对话框上可以设置默认的输入法;左下方显示的是系统已安装的输入列表,如果要添加输入语言,单击“添加(D)”按钮,在弹出的“添加输入语言”对话框中选择需要添加的输入法,单击“确定”按钮即可完成新的输入法的添加。

3. 硬件管理

要想在计算机上正常运行硬件设备,必须安装设备驱动程序。设备驱动程序是可以实现计算机与设备通信的特殊程序,它是操作系统和硬件之间的桥梁。在 Windows XP 及其以前的各版本中,设备驱动程序都运行在系统内核模式下,这就使得存在问题的驱动程序很容易导致系统运行故障甚至崩溃。而在 Windows 7 中,驱动程序不再运行在系统内核态,而是加载在用户模式下,这样可以解决由于驱动程序错误而导致的系统运行不稳定问题。

Windows 7 通过“设备与打印机”界面管理所有和计算机连接的硬件设备。与 Windows XP 中各硬件盘符图标形式显示不同,在 Windows 7 中几乎所有硬件设备都是以自身实际外

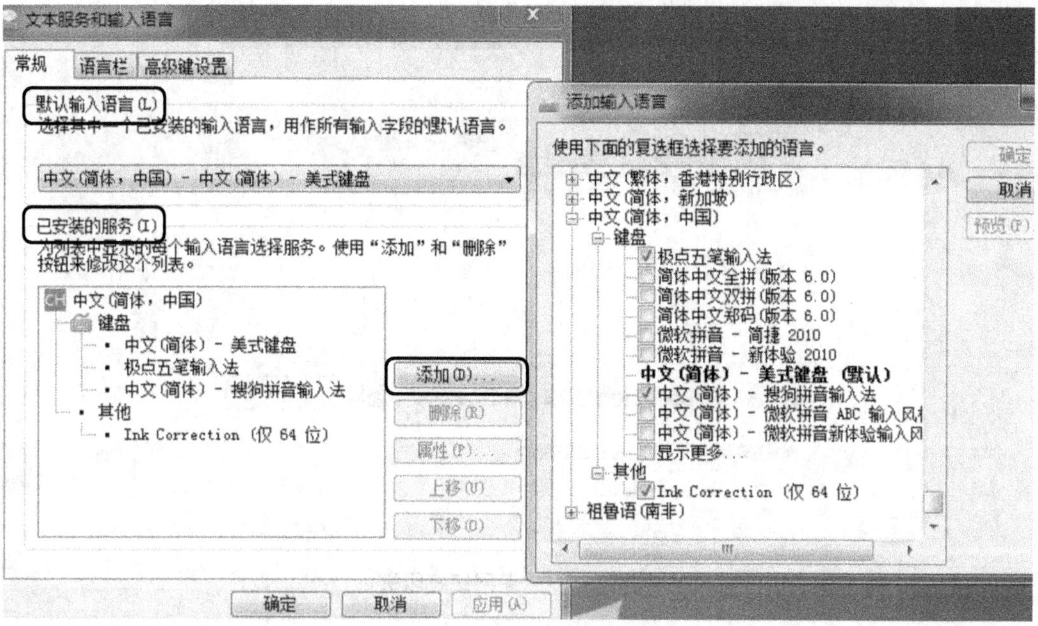

图 2-44　输入法设置

观显示的，便于用户操作。

如果希望在一个局域网中共享一台打印机，供多个用户联网使用，则可以添加网络打印机：① 选择“开始”菜单|“设备和打印机”命令，进入“设备和打印机”界面，如图 2-45 所示。在“设备和打印机”界面上方，选择“添加打印机”，弹出“添加打印机”界面，在此界面中可添加本地打印机或网络打印机，选择“添加网络、无线或 Bluetooth 打印机(W)”命令。

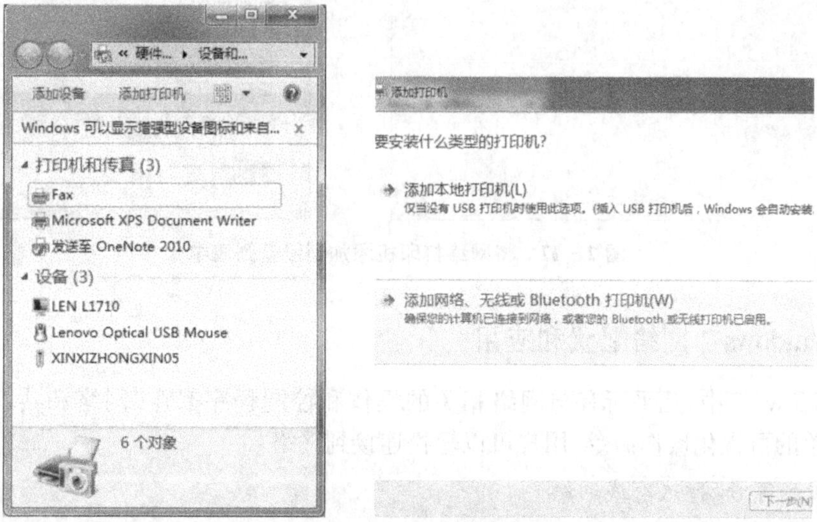

图 2-45　添加打印机

② 系统自动搜索与本机联网的所有打印机设备，并以列表形式显示，如图 2-46 所示。选择所需打印机型号，系统会自动安装该打印机的驱动程序。

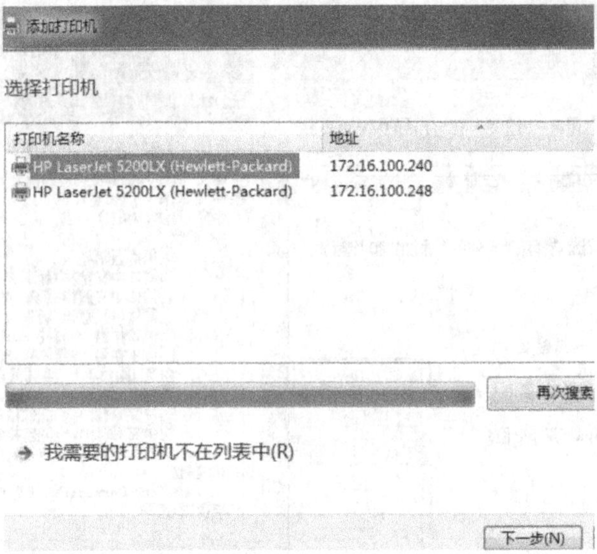

图 2-46　安装网络打印机

③ 系统成功安装打印机驱动程序后,会自动连接并添加网络打印机,如图 2-47 所示。

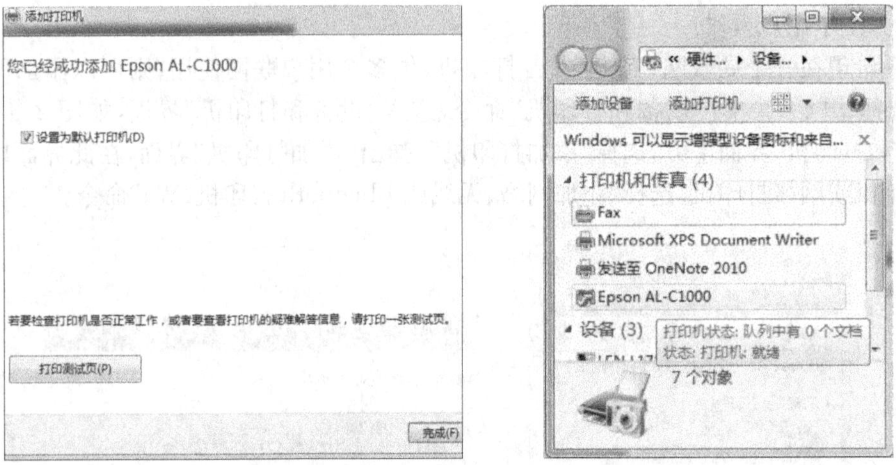

图 2-47　将网络打印机添加到设备列表中

2.4.5　Windows 7 网络配置和应用

在 Windows 7 中,几乎所有与网络相关的操作和控制程序都在"网络和共享中心"面板中,通过简单的可视化操作命令,用户可以轻松连接到网络。

1. 连接到宽带网络(有线网络)

① 单击"控制面板"|"网络和共享中心"命令,打开"网络和共享中心"面板,如图 2-48 所示;② 在"更改网络设置"下单击"设置新的连接或网络"命令,在打开的对话框中选择"连接 Internet"命令;③ 在"连接到 Internet"对话框中选择"宽带(PPPoE)(R)"命令,并在随后弹出的对话框中输入 ISP 提供的"用户名"、"密码"以及自定义的"连接名称"等信息,最后单击"连接"。使用连接时,只需单击任务栏通知区域的网络图标,选择自建的宽带连接即可。

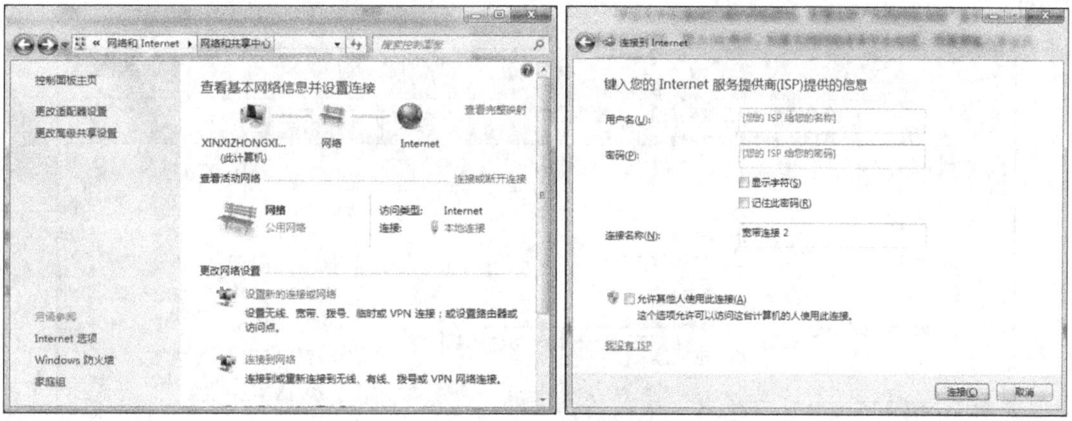

图 2-48 连接到有线网络

2. *连接到无线网络*

如果安装 Windows 7 系统的计算机是笔记本电脑或者具有无线网卡，则可以通过无线网络连接进行上网，具体操作如下：单击任务栏通知区域的网络图标，在弹出的“无线网络连接”面板中双击需要连接的网络，如图 2-49 所示。如果无线网络设有安全加密，则需要输入密码。

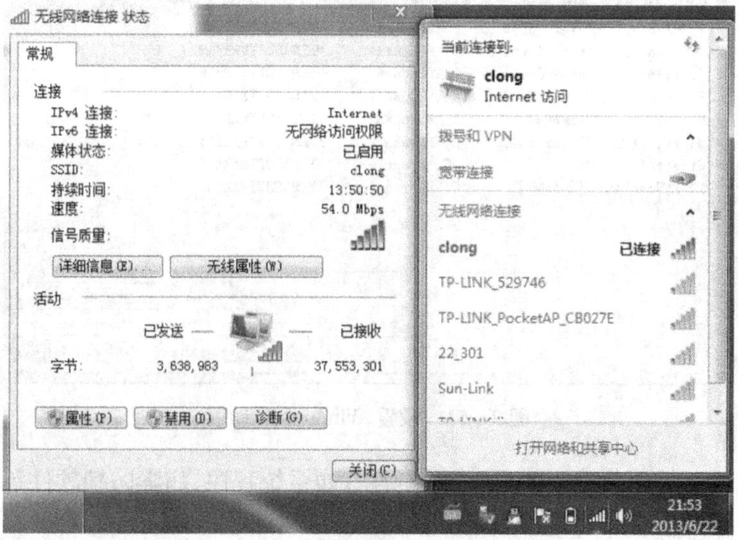

图 2-49 到无线网络

2.4.6 系统维护和优化

相对于 Windows XP，Windows 7 通过改进内存管理、智能划分 I/O 优先级以及优化固态硬盘等手段，极大地提高了系统性能，带给用户全新的体验。通过一些简单的系统优化操作也可以提高系统性能。

1. *减少 Windows 启动加载项*

① 选择“控制面板”|“系统与安全”|“管理工具”命令，打开“管理工具”界面，如图 2-50

所示;

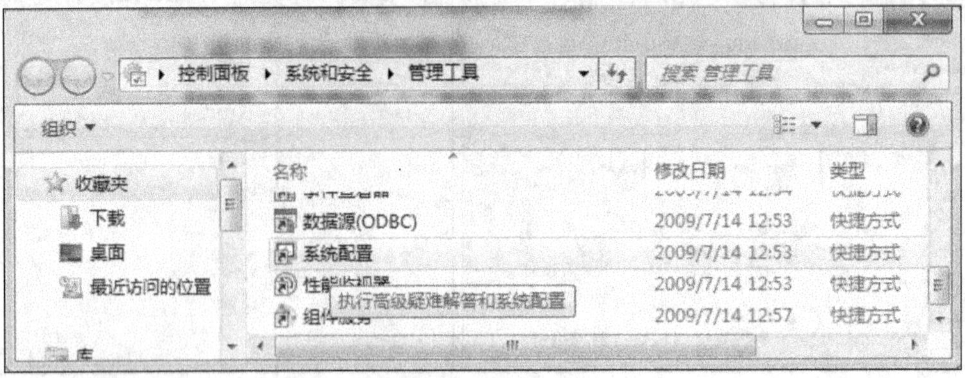

图 2-50 管理工具

② 在“管理工具”界面选择“系统配置”选项卡,如图 2-51 所示,在显示的启动项目中取消不希望登录后自动运行的项目。

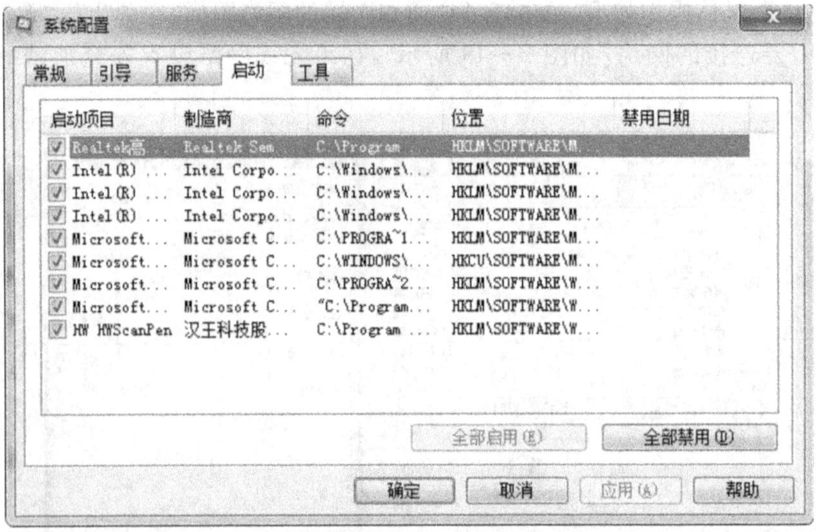

图 2-51 设置 Windows 启动项

注意:尽量不要关闭关键性的自动运行项目,如系统程序、病毒防护软件等。

2. 提高磁盘性能

磁盘碎片的增加是导致系统运行变慢的重要因素,在 Windows XP 系统中用户需要手动整理磁盘碎片,而在 Windows 7 中磁盘碎片整理工作由系统自动完成的。同时用户也可根据需要手动进行整理,具体操作如下。

① 单击“开始”菜单|“搜索栏”,输入“磁盘”,在检索结果中单击“磁盘碎片整理程序”项,即可打开“磁盘碎片整理程序”界面,如图 2-52 所示;② 在“磁盘碎片整理程序”界面中,选中一个或多个需要整理的目标盘符,单击“确定”按钮;③ 在“磁盘碎片整理程序”界面中,单击“配置计划”按钮,在打开的“修改计划”界面中可设置系统自动整理磁盘碎片的“频率”、“日期”、“时间”和“磁盘”,用户可以根据实际情况进行设置。

2.4.7　课后习题

1. 在“素材文件夹”下“操作系统素材”文件夹下 QI\XI 文件夹中建立一个新文件夹 THOUT。

2. 将“操作系统素材”文件夹下 HOU\QU 文件夹中的文件 DUMP. WRI 移动到考生文件夹下 TANG 文件夹中，并将该文件改名为 WAMP. WRI。

3. 将“操作系统素材”文件夹下 JIA 文件夹中的文件 ZHEN. SIN 复制到考生文件夹下的 XUE 文件夹中。

4. 将“操作系统素材”文件夹下 SHU\MU 文件夹中的文件 EDIT. DAT 删除。

5. 将“操作系统素材”文件夹下 CHUI 文件夹中的文件 ZHAO. PRG 设置为隐藏属性。

第3章　Word 2010的使用

Office 2010是微软公司于2010年推出的Office系列软件，是办公处理软件的代表产品。Office 2010集成了Word、Excel、PowerPoint和Outlook等常用办公组件。

Office 2010共包括初级版、家庭及学生版、家庭及商业版、标准版、专业版和专业高级版6个版本，可支持32位和64位Vista及Windows 7，仅支持32位Windows XP，不支持64位Windows XP。Office 2010在旧版本的基础上，又做了很大改变，首先体现在界面上，采用了Ribbon新界面主题，使界面更加简洁明快、更加干净整洁。另一方面体现在功能上，新版本的Office 2010进行了许多功能上的优化。例如，具有改进的菜单和工具、增强的图形和格式设置功能。同时，也增加了很多新的功能，特别是在线应用，可以让用户更加方便、更加自由地去表达自己的想法、去解决问题以及与他人联系。

Word 2010是Office 2010套件中的一个文字处理组件，使用它可以编辑和打印公文、报告、协议、宣传手册等各种版式的文档，满足不同用户的办公需求。与旧版本相比，Word 2010界面上有了很大的改观，不仅美观大方，而且更加人性化、合理化，其功能也得到了较大的改进。它不但具一整套编写工具，还具有易于操作的窗口界面，用户可以比以往任何时候更快捷地创建和共享具有专业水准的文档。

本章首先会以步骤化、图例化的方式向读者介绍Word 2010各项功能的使用，同时安排了多个课堂实训和三个综合实训供读者自我检验。通过本章的理论学习和实训，读者应该了解和掌握如下内容：

- 打开、关闭、创建和保存文档
- 文本的输入、修改，文本及段落格式的设置
- 图文混排
- 页面设置、修饰，页眉、页脚的设置
- 形状、图片及艺术字的设置及使用
- 表格使用及设置；表格内数据的排序和计算
- Word高级排版

3.1　Word 2010基础

3.1.1　启动和退出Word 2010

启动Word 2010的方法有很多种，常用的启动方法有以下三种：

(1) 从“开始”→“程序”中打开Word，如图3-1和图3-2所示：

① 单击“开始”菜单指向“所有程序”；

② 将鼠标移至菜单中的“所有程序”处，此时出现下一级级联菜单；

③ 将鼠标指向“Microsoft Office”，单击“Microsoft Office”；

④ 然后单击“Microsoft Word 2010”；

⑤ 通过前两种方式打开 Word 后，会自动创建一个名为“文档 1”的空白 Word 文档；

⑥ 要退出 Word，只需单击关闭图标（☒）即可。如果演示文稿已经被修改，Word 会提示用户退出前是否要保存。

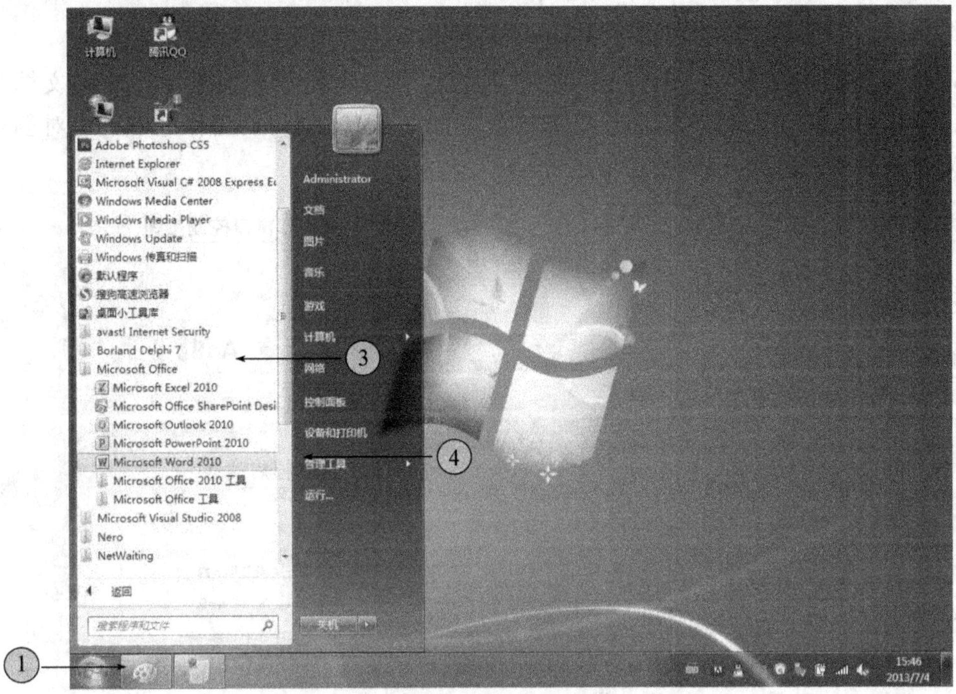

图 3-1　Word 2010 的启动

图 3-2　空白 Word 文档

(2) 如果安装 Office 2010 时在桌面创建有应用程序图标,可以双击桌面上的 Word 图标 W 来启动 Word。

(3) 如果计算机中有已创建的 Word 文档文件(文件扩展名为. docx),可通过资源管理器找到该文件,双击该文件即可打开。

3. 1. 2 Word 2010 窗口及其组成

Word 窗口由标题栏、快速访问工具栏、文件选项卡、功能区、工作区、状态栏、文档视图工具栏、显示比例控制栏、滚动条、标尺等部分组成。在 Word 窗口的工作区中可以对创建或打开的文档进行各种编辑、排版等操作,如图 3-3 所示。

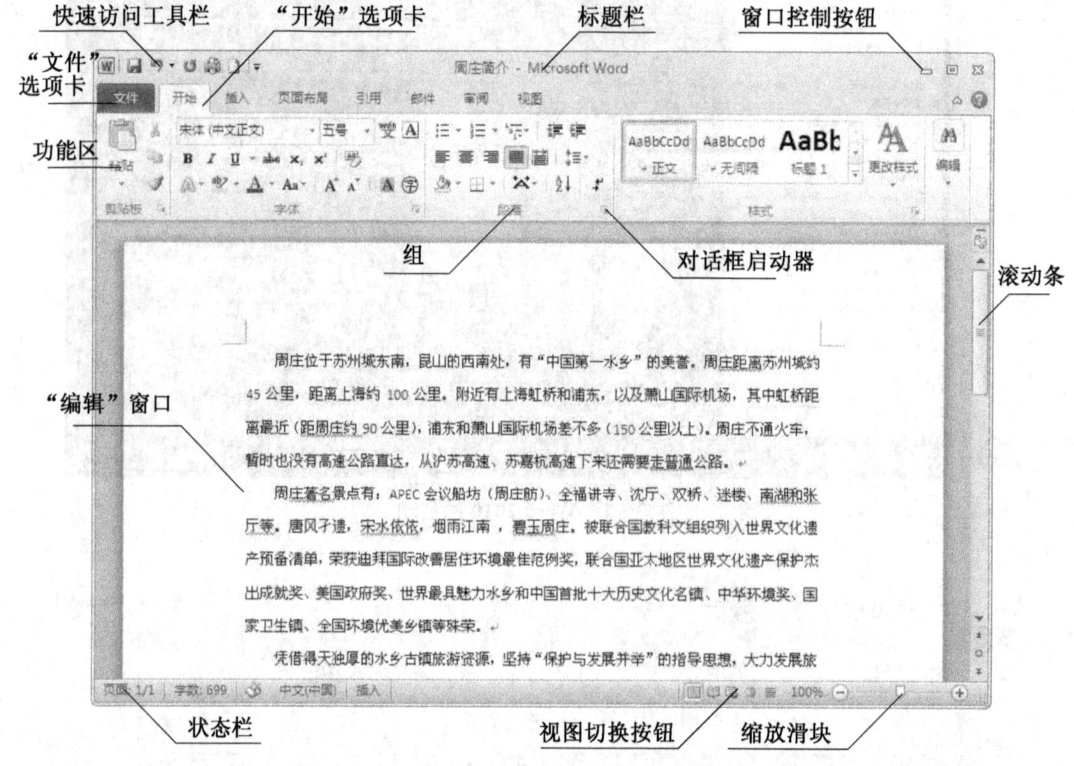

图 3-3 Word 2010 窗口及其组成

1. 标题栏

标题栏位于窗口最上方,显示正在编辑的文档名称及应用程序名称。标题栏上有快速访问工具栏和窗口控制按钮。

2. 选项卡

为了便于浏览,功能区中设置了多个围绕特定方案或对象组织的选项卡。在每个选项卡中,都是通过组把一个任务分解为多个子任务,从而来完成对文档的编辑。

常见的选项卡有“文件”选项卡,“开始”选项卡、“插入”选项卡、“页面布局”选项卡、“引用”选项卡、“邮件”选项卡、“审阅”选项卡和“视图”选项卡。

另外,在文档中插入对象时,如表格、形状、图片等,则会在标题栏中添加相应的工具栏及选项卡。例如,在文档中插入图片后,该文档的标题栏中将出现“图片工具”下的“格式”选项卡。

3. “文件”选项卡

位于所有选项卡的最左侧，单击该按钮弹出下拉菜单。Word 文档编辑时的基本命令位于此处，如“新建”、“打开”、“关闭”、“另存为”和“打印”。

4. 快速访问工具栏

快速访问工具栏位于 Word 2010 工作界面的左上角，由最常用的工具按钮组成。默认情况下仅包含“保存”按钮、“撤消”按钮和“恢复”按钮。单击“快速访问工具栏”上的按钮，可以快速实现其相应的功能。用户也可以添加自己的常用命令到“快速访问工具栏”；如果需要将某个命令添加到快速访问工具栏中，可单击快速访问工具栏右侧的下三角按钮，在弹出的下拉菜单中选择需要添加到“快速访问工具栏”上的命令。

5. 功能区

Word 文档编辑时需要用到的命令位于此处。“功能区”是水平区域，就像一条带子，启动 Word 后分布在 Office 软件的顶部。工作所需的命令将分组在一起，且位于选项卡中，如“开始”和“插入”。用户可以通过单击选项卡来切换显示的命令集，如图 3－4 所示。

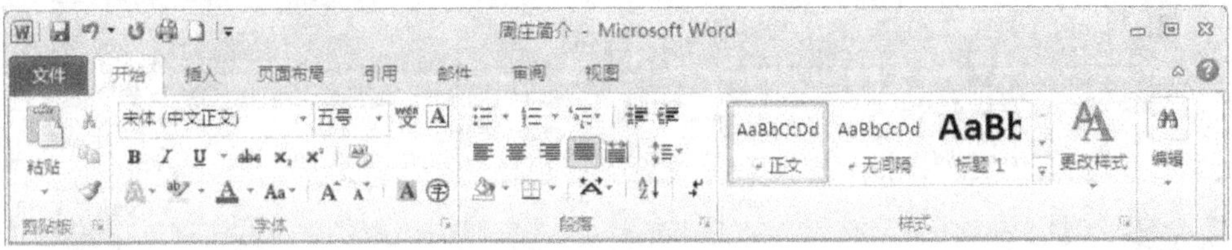

图 3－4　功能区

6. “编辑”窗口

显示正在编辑的文档。编辑区是 Word 窗口最主要的组成部分，可以在其中输入文档内容，并对文档进行编辑操作。该区域用来输入文字、插入图形或图片，以及编辑对象格式等操作。在新建的 Word 文档中，编辑区是空白的，仅有一个闪烁的光标(称为插入点)。插入点就是当前编辑的位置，它将随着输入字符位置的改变而改变。

7. 状态栏

显示正在编辑的文档的相关信息。文档的状态栏中，分别显示了该文档的状态内容，包括当前页数/总页数、文档的字数、校对错误的内容、设置语言、设置改写状态、视图显示方式和调整文档显示比例。

8. 视图切换按钮

可用于更改正在编辑的文档的显示模式以符合用户的要求。

9. 滚动条

可用于调整正在编辑的文档的显示位置。

10. 缩放滑块

可用于更改正在编辑的文档的显示比例设置。拖动“显示比例”中的游标来调整文档的缩放比例，或者单击“缩小”按钮和“放大”按钮，即可调整文档缩放比例。

3.1.3 Word 的视图

屏幕上显示文档的方式称为视图,Word 提供了"页面视图"、"阅读版式视图"、"Web 版式视图"、"大纲视图"和"草稿"等多种视图模式。不同的视图模式分别从不同的角度、按不同的方式显示文档,并适应不同的工作特点。因此,采用正确的视图模式,将极大地提高工作效率。

要在各视图间进行切换,可单击"视图"选项卡,选择"文档视图"组中的适当选项,即可完成各种视图间的切换。也可单击状态栏右侧的视图按钮切换视图。

1. 页面视图

页面视图也是 Word 中最常见的视图之一,它按照文档的打印效果显示文档,如图 3-5 所示。由于页面视图可以更好地显示排版的格式,因此,常用于文本、格式或版面外观修改等操作。

在页面视图方式下,可直接看到文档的外观以及图形、文字、页眉页脚、脚注、尾注在页面上的精确位置以及多栏的排列效果,用户在屏幕上就可以很直观地看到文档打印在纸上的样子。页面视图能够显示出水平标尺和垂直标尺,用户可以用鼠标移动图形、表格等在页面上的位置,并可以对页眉、页脚进行编辑。

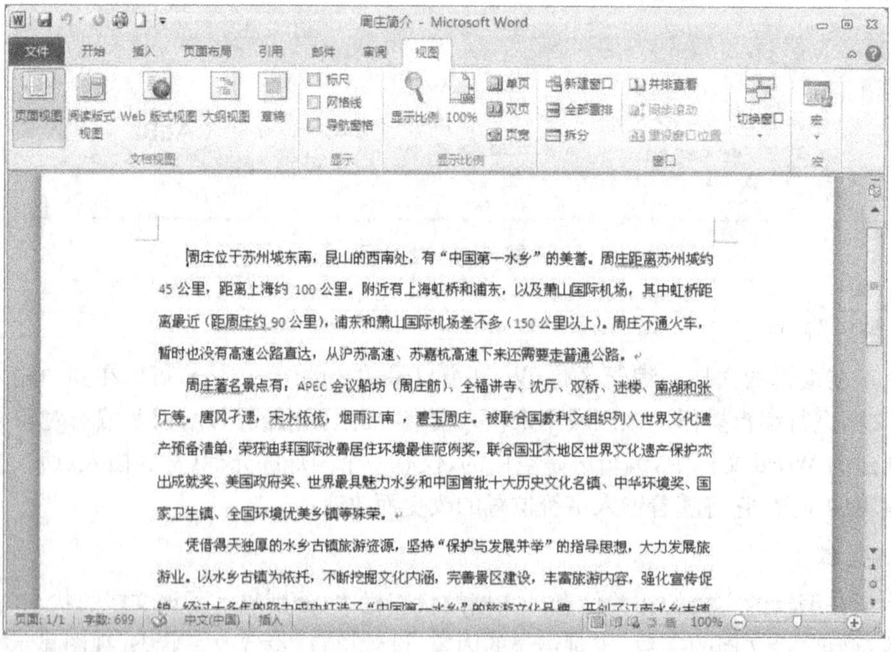

图 3-5 页面视图

2. 阅读版式视图

Word 2010 对阅读版式视图进行了优化设计,以该视图方式来查看文档,可以利用最大的空间来阅读或者批注文档。另外,还可以通过该视图选择以文档在打印页上的显示效果进行查看。

单击"文档视图"组中的"阅读版式视图"按钮,或者单击状态栏内的"阅读版式视图"按钮,即可切换至阅读版式视图中。

3. Web 版式视图

Web 版式视图中可以显示页面背景,每行文本的宽度会自动适应文档窗口的大小。该视图与文档保存为 Web 页面并在浏览器中打开。

4. 大纲视图

大纲视图中，除了显示文本，表格和嵌入文本的图片外，还可显示文档的结构。它可以通过拖动标题来移动、复制和重新组织文本；还可以通过折叠文档来查看主要标题，或者展开文档以查看所有标题及正文内容。这样可以使用户能够轻松地查看整个文档的结构，并方便对文档大纲进行修改。

大纲视图用于显示、修改或创建文档的大纲。转入大纲视图模式后，系统会自动在文档编辑区上方打开"大纲"选项卡。通过单击该选项卡中的"显示级别"右侧的下拉按钮，可决定文档显示至哪一级别标题，或者显示全部内容，如图 3-6 所示。

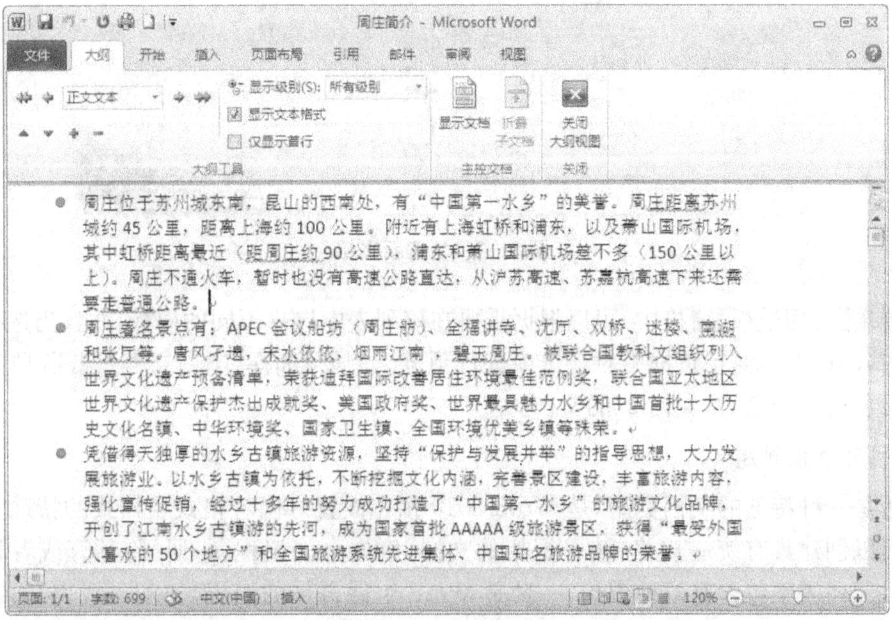

图 3-6　大纲视图

5. 草稿视图

草稿视图与 Web 版式视图一样，都可以显示页面背景，但不同的是它仅能将文本宽度固定在窗口左侧。

3.2　Word 的基本操作

3.2.1　创建新文档

1. 一般创建办法

启动 Word 2010 程序后，系统将自动创建一个名为"文档 1"的新文档。如果已经启动 Word 2010 程序，而需要创建另外的新文档，可以选择"文件"选项卡，执行"新建"命令，如图 3-7所示。

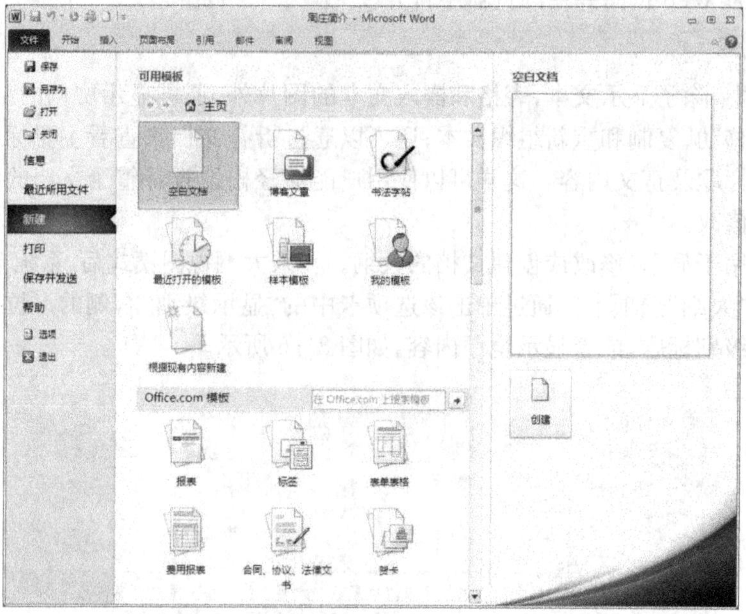

图 3-7 创建新文档

在弹出【可用模板】窗格中,可以根据需要在该列表中选择不同的模板,并且当选择其中一个选项时,即可在右侧预览框中对该选项进行预览。例如,选择"空白文档"选项,单击"创建"按钮即可创建一个名为"文档 2"的文档。

2. 利用模版创建

模版是一种特殊的文档类型,是 Word 2010 预先设置好内容格式及样式的特殊文档。通过模板可以创建具有统一规格、统一框架的文档,例如会议议程、小册子、预算或者日历。在"可用模板"列表中包含有两种模板,一种是 Word 组件自带的模板,如基本报表、黑领结简历

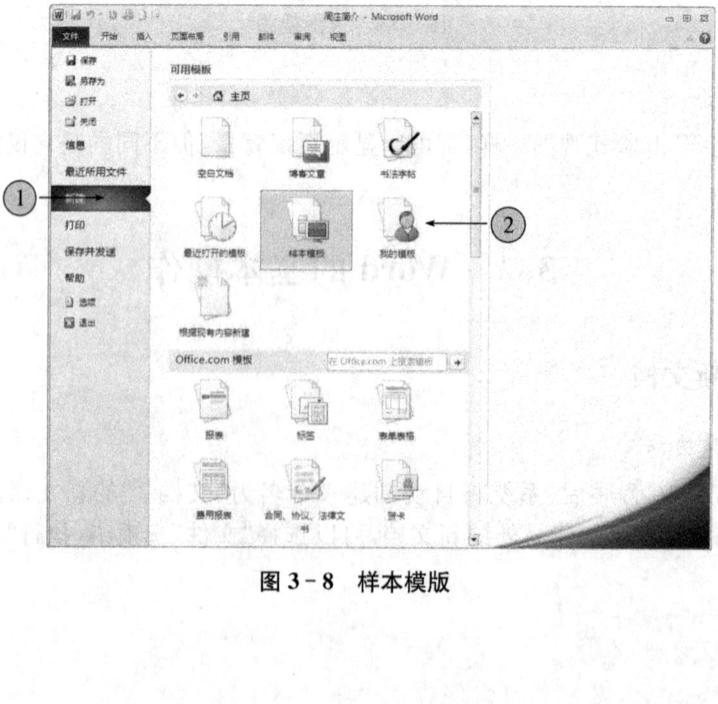

图 3-8 样本模版

等;另一种是需要从 Microsoft Office Online 下载的模板,如名片和日历等。下面通过 Word 自带的模板来创建新文档,步骤如图 3－8 和图 3－9 所示:

① 打开 Word 2010 软件,然后选择“文件”选项卡下的“新建”命令;

② 选择“可用模板”窗格中的“样本模板”选项;

③ 在切换出的模板列表框中选择所需的模板,例如,选择“黑领结简历”图标;

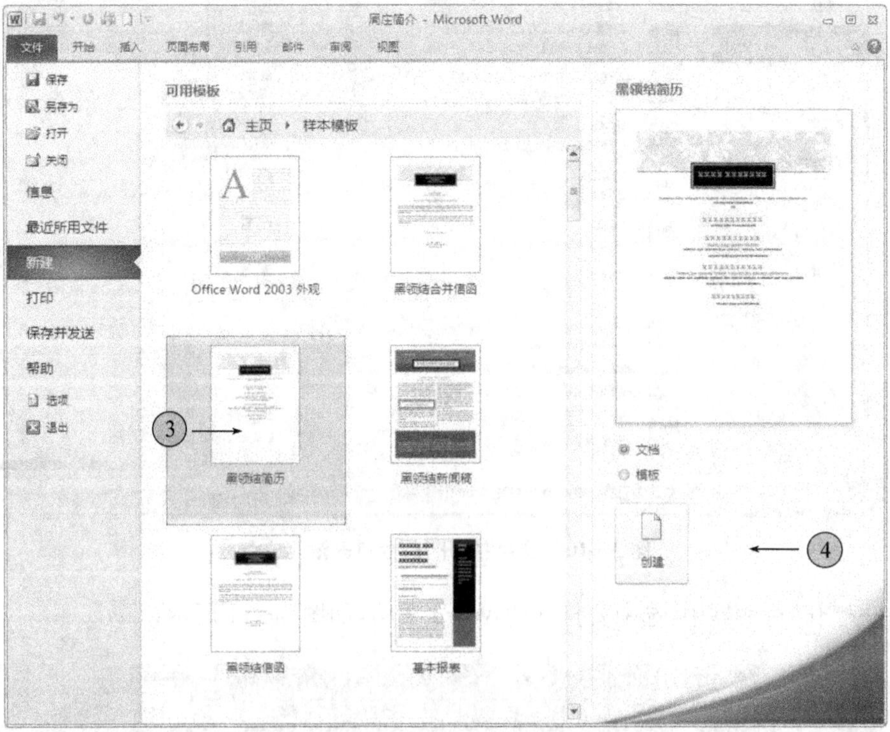

图 3－9　用样本模版创建新文档

④ 单击“创建”按钮即可创建一个使用模版的新 Word 文档。

3.2.2　打开文档

如果要编辑 Word 文档,必须先打开它。打开 Word 文档的方法有几种:

1. 在 Word 中打开文档

(1) 使用“文件”选项卡中的“打开”命令

打开 Word 2010 软件后,可以使用“文件”选项卡中的“打开”命令来打开 Word 文档。

① 单击“文件”选项卡中的“打开”命令,如图 3－10 所示;

图 3-10 使用“打开”命令打开演示文稿

② 在“打开”对话框中，选中要打开的 Word 文档，如图 3-11 所示；

图 3-11 在资源管理器中选择文件

③ 然后单击“打开”按钮，所选 Word 文档会被打开，如图 3-11 所示。

(2) 从资源管理器中打开文档

打开资源管理器，找到演示文稿文件，双击该文件即可，如图 3-12 所示。

图 3-12　通过资源管理器打开 Word 文档

(3) 从"最近所用文件"中打开 Word 文档

① 打开 Word 2010 软件,单击"文件"选项卡上的"最近所用文件"命令,如图 3-13 所示;

② 从"最近使用的文档"列表中单击要打开的 Word 文档即可打开该文档,如图 3-13 所示。

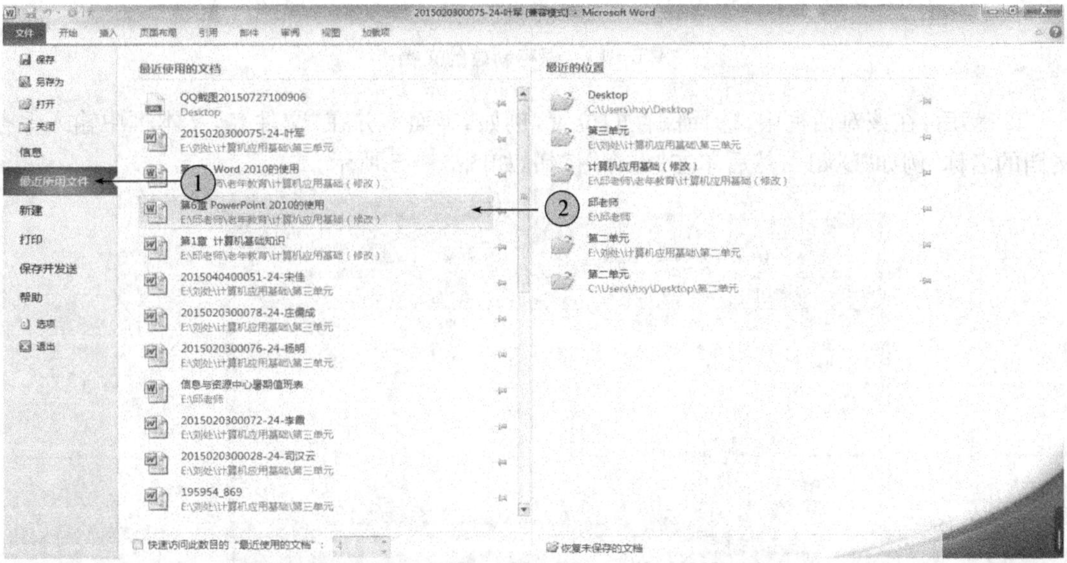

图 3-13　从"最近所用文件"中打开 Word 文档

3.2.3 保存文档

一般情况下,对创建的新文档或者已有的文档进行修改后,需要进行保存。另外,为了防止计算机系统故障引起的数据丢失问题,可以设置自动保存间隔时间。在保存过程中,用户可以根据实际文档的内容选择不同的类型。

1. 保存新建的文档

① 选择“文件”选项卡,执行“另存为”命令,弹出“另存为”对话框,如图 3-14 所示。

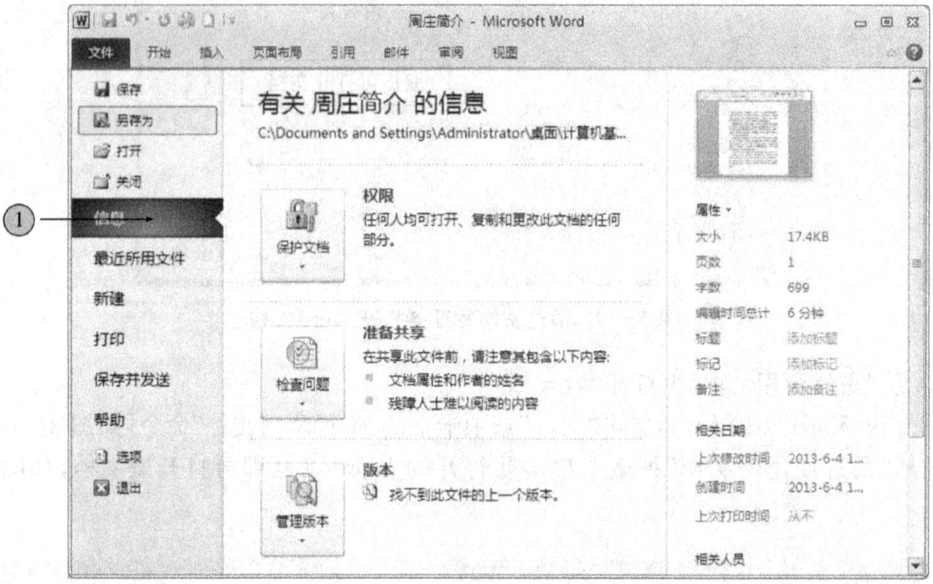

图 3-14 保存新建的文档

② 然后,在该对话框中,选择保存的位置,例如“桌面”,并在“文件名”文本框中输入保存文档的名称,例如“Doc1”,然后单击“保存”按钮,如图 3-15 所示。

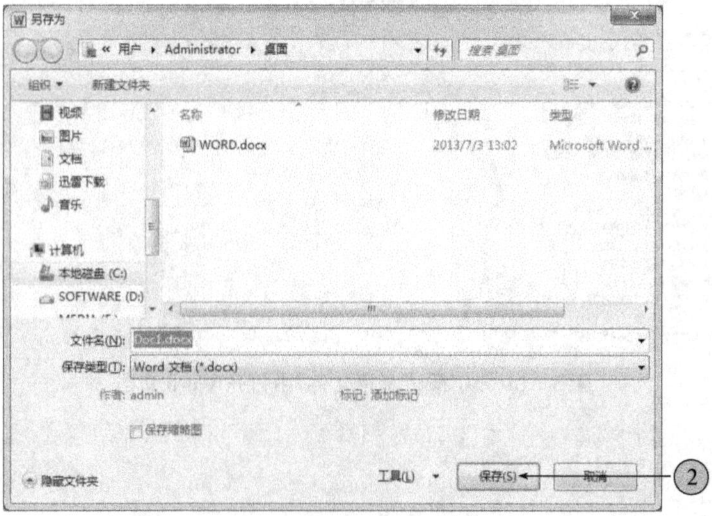

图 3-15 “另存为”对话框

另外，还可以单击“快速访问工具栏”上的“保存”按钮，在弹出的“另存为”对话框中设置相关参数并进行保存。

2. 保存已有的文档

保存已有的文档将不弹出“另存为”对话框，其保存的文件路径、文件名、文件类型与第一次保存文档时的设置相同。

要保存已有的文档，可单击“文件”选项卡中“保存”命令即可，或单击“快速访问工具栏”上的“保存”按钮。

3. 设置自动保存

当发生断电现象、系统受恶意程序影响而变得不稳定或者应用程序本身出现问题时，都可能造成数据丢失现象。因此，可以更改系统保存恢复信息的时间间隔，来设置 Word 文档自动保存的时间。

选择“文件”选项卡，单击左侧窗格内的“选项”选项，打开“Word 选项”对话框，如图 3－16 所示。

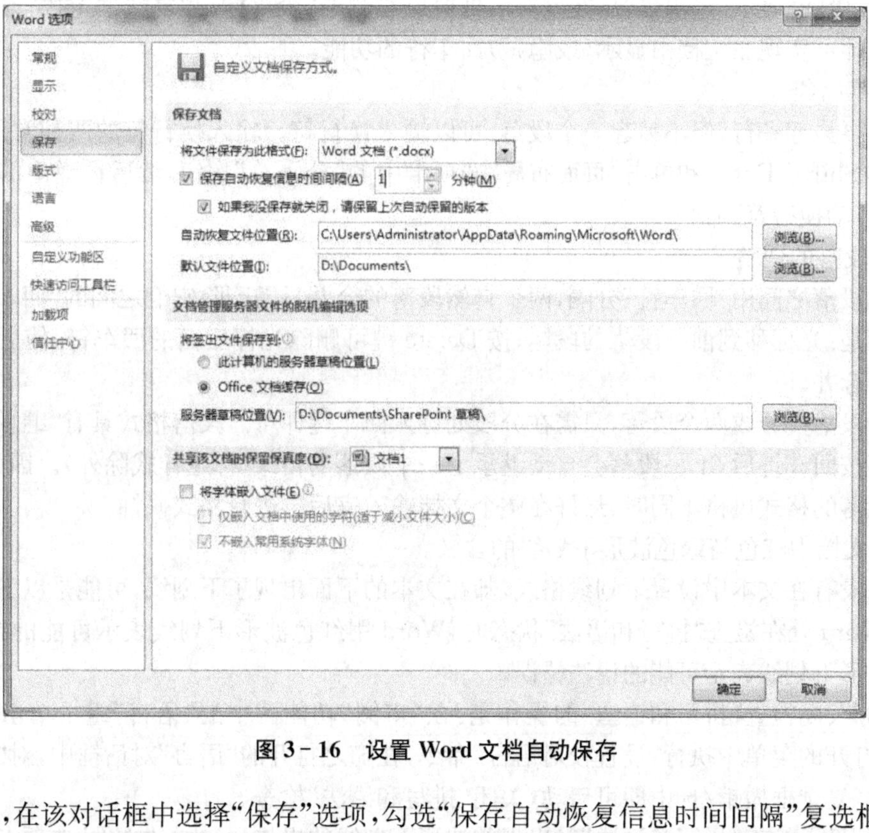

图 3－16　设置 Word 文档自动保存

然后，在该对话框中选择“保存”选项，勾选“保存自动恢复信息时间间隔”复选框，修改其后方文本框内的时间，例如，修改为 1 分钟。单击“确定”按钮即可。

3.2.4　文本输入

新建一个空白文档后，就可输入文本了。在窗口工作区的左上角有一个闪烁着的黑色竖条“｜”称为插入点，它表明输入字符将出现的位置。输入文本时，插入点自动后移。

Word 有自动换行的功能,当输入到每行的末尾时不必按 Enter 键,Word 就会自动换行,当要设一个新段落时才需按 Enter 键。按 Enter 键标识一个段落的结束,新段落的开始。

1. *即点即输*

用"即点即输"功能,可以在文档空白处的任意位置处快速定位插入点和对齐格式设置,插入文字、表格、图片和图形等内容。

输入时应注意如下方面问题:

(1) 空格

空格在文档中占的宽度不但与字体和字号大小有关,也与"半角"或"全角"输入方式有关。"半角"方式下空格占一个字符位置,"全角"方式下空格占两个字符位置。

(2) 回车符

文字输入到行尾继续输入,后面的文字会自动出现在下一行,即文字输入到行尾会自动折行显示。为了有利于自动排版,不要在每行的行末尾键入回车键,只在每个自然段结束时键入回车键即可。键入回车键后显示回车符为"↵"。

显示(或隐藏)回车符的操作是:执行"文件"选项卡中"选项"命令,打开"Word 选项"对话框,单击其中的"显示"选项,然后在该对话框窗口右侧的"段落标记"复选框上执行选中(或取消)操作,即可实现在文档中显示(或隐藏)回车符的功能。

(3) 换行符

如果要另起一行,但不另起一个段落,可以输入换行符。输入换行符的两种常用方法是:按组合键 Shift+Enter 和单击"页面布局"选项卡中的"分隔符"按钮,然后在弹出的下拉列表中单击"自动换行符"命令。

(4) 段落的调整

自然段落之间用"回车符"分隔,两个自然段落的合并只需删除它们之间的"回车符"即可。操作步骤是:光标移到前一段落的段尾,按 Delete 键可删除光标后面的回车符,使后一段落与前一段落合并。

一个段落要分成两个段落,只需在分段处键入回车键即可。段落格式具有"继承性",结束一个段落按回车键后,下一段落会自动继承上一个段落的格式(标题样式除外)。因此,如果文档各个段落的格式风格不同时,最好在整个文档输入完后再进行格式修饰。

(5) 文档中红色与绿色波形下划线的含义

如果没有在文本中设置下划线格式,却在文本的下面出现了下划线,可能是以下原因:

当 Word 处在检查"拼写和语法"状态时,Word 用红色波形下划线表示可能的拼写错误,用绿色波形下划线表示可能的语法错误。

启动/关闭检查"拼写和语法"的操作是:在"审阅"功能区中的"语言"组中单击"语言"按钮,并在打开的菜单中执行"设置校对语言"命令,在随之打开的"语言"对话框中,对"不检查拼写或语法"复选框撤销/选中即可启动/关闭"拼写和语法"检查。

隐藏/显示检查"拼写和语法"时出现的波形下划线的操作是:执行"文件"选项卡"选项"命令,在打开的"Word 选项"对话框中,单击"校对"选项,然后对"只隐藏此文档中的拼写错误"复选框和"只隐藏此文档中的语法错误"这两个复选框执行选中/撤销操作。

(6) 注意保存文档

正在输入的内容通常在内存中。如果不小心退出 Word、计算机死机或断电,输入的内容会丢失。最好经常做文档保存操作。

2. 插入符号

如果需要输入符号，可以切换到“插入”选项卡，在“符号”组内单击“公式”按钮、“符号”按钮或“编号”按钮，可输入特殊编号、运算公式、符号等。比如要插入符号，可单击“符号”按钮，如图 3－17 所示。

另外，单击“符号”组中的“符号”按钮后，执行“其他符号”命令，在弹出的“符号”对话框选择“特殊字符”选项卡，可输入更多的特殊符号。

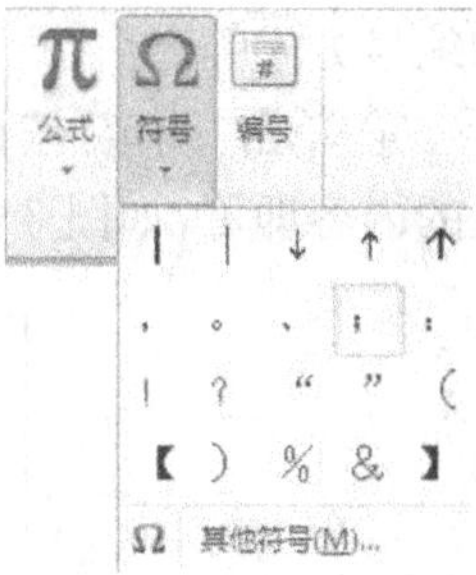

图 3－17　插入符号

3. 插入日期和时间

Word 提供了一些快速输入文本的方法。如要输入当前日期和时间，可选择“插入”选项卡并单击“文本”组中的“日期和时间”按钮，打开“日期和时间”对话框，如图 3－18 所示。

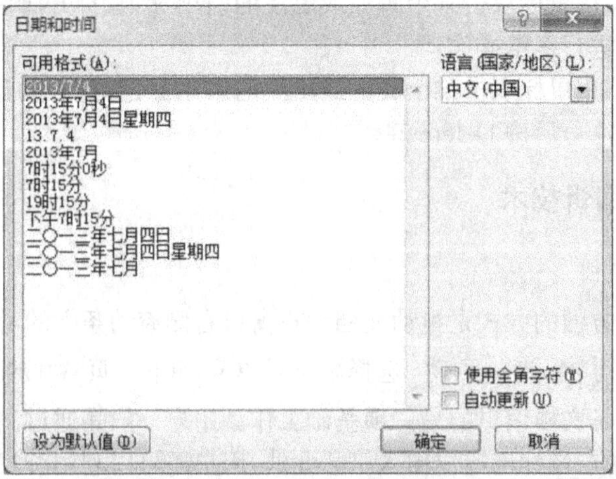

图 3－18　“日期和时间”对话框

然后，在该对话框中选择一种要使用的日期格式，单击“确定”按钮即可。

4. 插入脚注和尾注

脚注和尾注是对文档中的引用、说明或备注等附加注解。

在编写文章时，常常需要对一些从别人的文章中引用的内容、名词或事件附加注解，这称为脚注或尾注。Word 提供了插入脚注和尾注的功能，可以在指定的文字处插入注释。脚注和尾注都是注释，脚注一般位于页面底端或文字下方。尾注一般位于文档结尾或节的结尾。插入脚注或尾注的方法如下：

① 将插入点定位在需要添加脚注或尾注的文字之后；

② 切换到“引用”选项卡，单击“脚注”组中的“脚注和尾注”命令（注：这个操作可通过单击“引用”选项卡“脚注”组中右下角的“箭头”来实现），打开如图 3－19 所

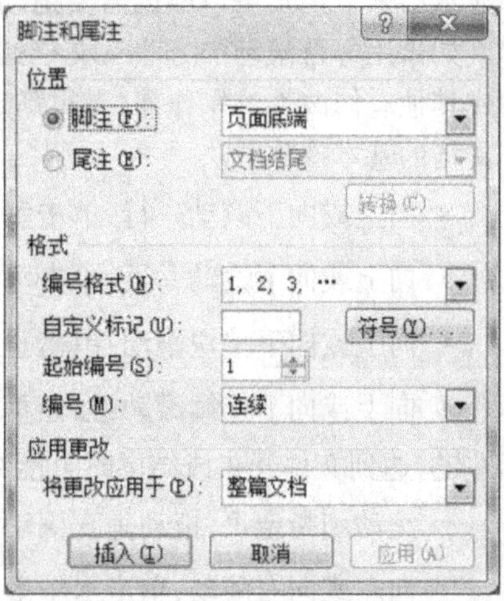

图 3－19　脚注和尾注对话框

示的“脚注和尾注”对话框;

③ 在对话框中选定“脚注”或“尾注”单选项,设定注释的编号格式、自定义标记、起始编号和编号方式等;

④ 单击“确定”按钮。这时插入点自动移动到注释窗格处,在注释窗格输入相关脚注和尾注的内容即可,如图 3-20 所示。

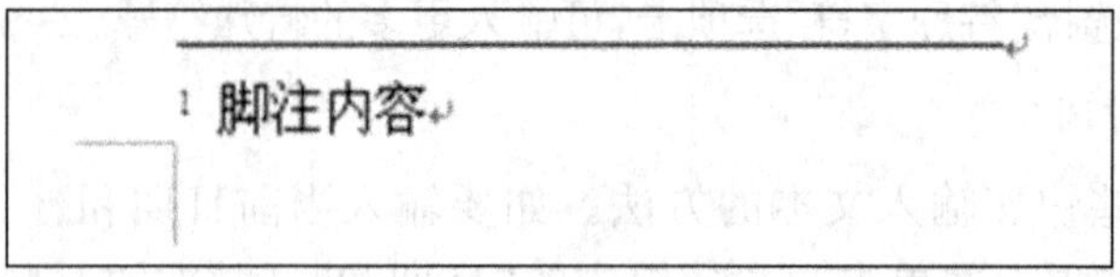

图 3-20 编辑脚注内容

编辑脚注或尾注:用鼠标双击某个脚注或尾注的引用标记,打开脚注或尾注窗格,然后在窗格中对脚注或尾注进行编辑操作。

删除脚注或尾注:用鼠标双击某个脚注或尾注的引用标记,打开脚注或尾注窗格,然后在窗格中选定脚注或尾注号后按 Delete 键。

3.2.5 文档基本编辑技术

1. 浏览与定位文档

浏览整篇文档最方便的方式是拖动文档编辑窗口右侧滚动条上的滑块。滚动条包括向上方移动、向下方移动、前一页、选择游览对象和下一页按钮。

快速定位插入符是文档编辑的另一项基础工作。用户一般是通过浏览文档找到自己需要位置,然后在该位置单击鼠标来定位插入符。此外,用户还可以利用查找和定位方法来定位插入符。Word 不仅能够根据文档内容来查找和定位,还可根据格式(如字体、段落和样式等)和文档元素(如批注、脚注、尾注和图形等)来定位。

(1) 使用垂直滚动条快速浏览文档

由于文档窗口只能排列一定行数的文字,一般内容多的文档都不能在一个文档窗口内全部显示出来。用户可以根据需要拖动垂直或水平滚动条来浏览文档。

如果用屏幕滚动的方法从文档的一处移向另一处,插入符不会同时移动。在进行输入、粘贴或其他有修改性的操作前,需重新定位及查看插入符。下面介绍用鼠标进行屏幕滚动来浏览文档的基本操作方法。

- 向上或向下滚动一行:单击垂直滚动条中的或。
- 向上或向下滚动一页:单击垂直滚动条下方的或。
- 向上或向下按块滚动:单击垂直滚动滑块的滚动条。
- 向上或向下连续滚动:按住垂直滚动条中的或,文档就会连续滚动,直至松开鼠标左键、遇到文件开头或结尾时方能结束。
- 滚动到指定页:拖动垂直滚动条中的滚动滑块,直到指定页。
- 向左或向右滚动:单击水平滚动条中的或。

拖动滚动滑块可以大范围地快速在文档中上下或左右移动。如果要将滚动滑块拖动到文档的准确位置是很困难的。那么,用户可以把滚动滑块拖动到所选区的附近,再用其他滚动工具进行准确定位。

(2) 利用键盘快速定位插入符

Word 提供了许多键盘快捷键用于定位插入符。在文档中可以使用键盘快捷键滚动屏幕,也可以在滚动屏幕时移动插入符。比如,利用光标定位,使用键盘中的"←"、"→"、"↑"、"↓"箭头键可以移动插入符,利用 PageUp 键向前翻页、PageDown 键向后翻页等,利用 Home 键移至行首、End 键移至行尾,按 Ctrl＋Home 键移至文档首,按 Ctrl＋End 键移至全文档尾。

在使用键盘对文档进行浏览时,可参考表 3-1 所示进行操作。

表 3-1　使用键盘浏览文档

按键	执行操作
←	左移一个字符
→	右移一个字符
Shift＋Tab 键	在表格中左移一个单元格
Tab	在表格中右移一个单元格
↑	上移一行
↓	下移一行
End 键	移至行尾
Home 键	移至行首
Alt＋Ctrl＋Page Up 键	移至窗口顶端
Alt＋Ctrl＋Page Down 键	移至窗口底端
Page Up 键	上移一屏
Page Down 键	下移一屏
Ctrl＋Page Up 键	移至上页顶端
Ctrl＋Page Down 键	移至下页顶端
Ctrl＋End 键	移至文章结尾
Ctrl＋Home 键	移至文章开头
Shift＋F5	移至上一次修改的地方
Alt＋A 键	选定整个文档

2. 文本的选定

(1) 使用鼠标拖动法进行选择

使用鼠标拖动的方法选择文本时,应首先把鼠标的 I 形指针置于要选定的文本之前,然后按下鼠标左键,向前或向后拖动鼠标,直到到达要选择的文本末端,再松开鼠标左键,如图 3-21所示。

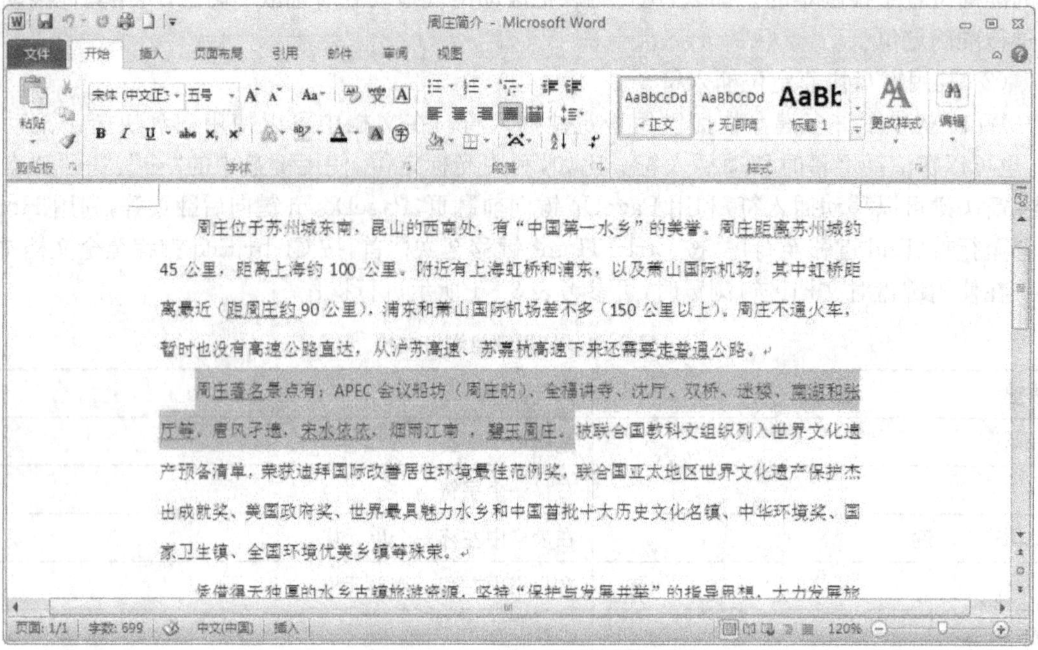

图 3-21 鼠标拖动选择文本

用户还可以将鼠标指针定位在文档选择行的左侧(此时鼠标指针呈形状),然后拖动进行选择,此时可选定若干连续行。

(2) 用键盘选择文档

将鼠标的 I 指针置于要选定的文本之前,按住 Shift 键,然后按下“↑”、“↓”键或 Page Up、Page Down 键,则在移动插入符的同时选中文本。

(3) 其他选择方法

除上述方法外,Word 2010 还提供了一些选中文本的其他方法。

- 一个英文单词或任意两个分隔符之间的一个句子:双击该单词或在两个分隔符之间双击鼠标,可以选中该单词或该句子。
- 插入符后面的英文单词:使用 Ctrl+Shift+→键,可选中插入符之后的单词及其后面的空格。
- 选中一句话:按住 Ctrl 键,单击句子中的任何位置,可选中两个句子中间的一个完整句子。
- 行中插入符后的文本:将插入符移至插入位置后,按住 Shift+End 键,即可选中插入符后的文字。
- 行中插入符前的文本:将插入符移至插入位置后,按住 Shift+Home 键,即可选中插入符前的文字。
- 整行文字:将鼠标指针移到该行的最左边,当鼠标指针变为后,单击击鼠标左键。
- 连续多行文本:将鼠标指针移到要选择的文本首行最左边,当鼠标指针变为后,单击鼠标左键,然后向上或向下拖动鼠标。到达所要选择的文本末端时,松开鼠标。
- 一个段落:将鼠标指针移到本段任何一行的最左端,当鼠标为后双击鼠左键或在该段内的任意位置，连击三次鼠标左键，即可选中一个段落。

- 多个段落：将鼠标指针移到本段任何一行的最左端，当鼠标指针变为后，单击鼠标左键，并向上或向下拖动鼠标。
- 选择矩形文本区域：将鼠标指针置于文本的一角，然后按住 Alt 键，拖动鼠标指针到文本块的对角，即可选定一块文本。
- 整篇文档：在“开始”选项卡中单击“编辑”组中“选择”按钮，在弹出的下拉列表中选择“全选”命令或按住 Ctrl＋A 组合键。

3. 插入和删除文本

(1) 插入文本

在文本的某一位置中插入一段新的文本的操作是非常简单的，唯一要注意的是：当前文档处在“插入”方式还是“改写”方式，如果自定义状态栏中的相应信息项是“插入”，表示当前处于“插入”方式下；否则是在“改写”方式下。

插入方式下，只要将插入点移到需要插入文本的位置，输入新文本就可以了。插入时，插入点右边的字符和文字随着新的字符和文字的输入逐一向右移动。如在改写方式下，则在插入点右边的字符或文字将被新输入的字符或文字所替代。

(2) 删除文本

删除一个字符或汉字的最简单的方法是：将插入点移到此字符或汉字的左边，然后按 Delete 键可逐字删除；或者将插入点移到此字符或汉字的右边，然后按 Backspace 键可逐字删除。

删除几行或一大块文本的快速方法是：首先选定要删除的该块文本，然后按 Delete 键。

如果删除之后想恢复所删除的文本，那么只要单击“快速访问工具栏”的“撤销”按钮即可。

4. 移动和复制文本

(1) 用剪贴板移动文本和复制文本

用剪贴板移动文本和复制文本的工作原理大致相同，不同的是，复制文本是将选中的文本信息复制到剪贴板中，并不删除所选中的内容。移动文本则是将选中的文本内容复制到剪贴板的同时，删除所选内容，形成所选内容被“剪切”的效果。

移动文本和复制文本的操作步骤基本相同，下面仅介绍复制文本的操作步骤。要移动文本，只需将以下步骤中的“复制”变成“剪切”即可。利用 Office 剪贴板复制文本的操作步骤如下。

① 选中自己想要复制的文本内容；

② 选择“开始”选项卡下的“剪贴板”组，如图 3－22 所示，单击“复制”按钮，或者在所选文本上单击鼠标右键，在弹出的快捷菜单中选择“复制”命令；

③ 移动插入符至要插入文本的新位置；

④ 选择“开始”选项卡，在“剪贴板”组中单击“粘贴”按钮，或单击鼠标右键，在弹出的快捷菜单中选择“粘贴”命令，即可将刚刚复制到剪贴板上的内容粘贴到插入符所在的位置。

图 3－22　剪贴板组

重复步骤 4 的操作，可以在多个地方粘贴同样的文本。

(2) 用鼠标拖动实现移动文本和复制文本

当用户在同一个文档中进行短距离的文本复制或移动时，可使用鼠标拖动的方法。由于使用鼠标拖动方法复制或移动文本时不经过“剪贴板”，因此，这种方法要比通过剪贴板交换数据简单一些。用拖动鼠标的方法移动或复制文本的操作步骤如下：

① 选择需要移动或复制的文本；

② 鼠标指针移到选中的文本内容上，鼠标指针变成形状；

③ 按住鼠标左键拖动文本，如果把选中的内容拖到窗口的顶部或底部，Word 将自动向上或向下滚动文档，将其拖动到合适的位置上后释放鼠标，即可将文本移动到新的位置；

④ 如果需要复制文本，在按住 Ctrl 键的同时单击鼠标左键并拖动鼠标，将其拖到合适的位置上后松开鼠标，即可复制所选的文本。

6. 查找和替换

查找与替换是文档处理中一个非常有用的功能。Word 允许对文字甚至文档的格式查找和替换，使查找与替换的功能更加强大有效。Word 强大的查找和替换功能，使得在整个文档范围内进行枯燥的修改工作变得十分迅速和有效。

(1) 查找文本

查找功能只用于在文本中定位，而对文本不做任何修改。在文档中进行查找操作如下：

① 单击“开始”选项卡中的“编辑”按钮，在弹出的下拉菜单中单击“查找”右侧的下三角按钮，选择其中的“高级查找”选项，打开“查找和替换”对话框，如图 3-23 所示；

② 在“查找和替换”对话框中选择“查找”选项卡，可直接在“查找内容”编辑框中输入文字或通配符来进行查找。单击“更多”按钮，会显示出更多搜索选项。此时“不限定格式”按钮呈暗灰色禁用状态，而“格式”和“特殊格式”按钮可用。

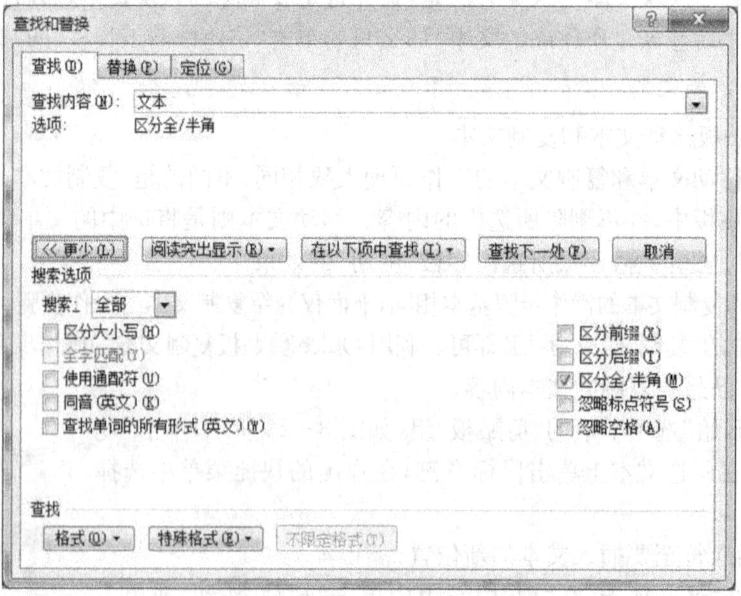

图 3-23　查找和替换对话框

③ 设定搜索内容和搜索规则后，单击“查找下一处”按钮，Word 将按搜索规则查找指定的文本，并用蓝色底纹显示找到的一个符合查找条件的内容。

如果想继续查找，可重复单击“查找下一处”按钮。若想终止查找工作，单击“取消”按钮，关闭“查找和替换”对话框，并返回到原文档中。

（2）替换

替换操作的思路是先找到需要替换的内容并删除它，再输入想要的新内容，以新内容替代之前内容。最简单快捷的替换操作是选中需要修改的内容，然后直接输入新内容，不过这样的操作方式一次就能替换一个对象。要想一次替换多个相同的内容，就要使用 Word 的替换功能。查找并替换的基本操作步骤如下：

① 切换到“开始”选项卡中的“编辑”组，单击“替换”按钮，打开“查找和替换”对话框；

② 在“查找和替换”对话框中单击“更多”按钮，会显示出更多搜索选项。在“搜索选项”下指定搜索范围；

③ 在“查找内容”中输入要查找的文本内容，在“替换为”中输入要替换的文本内容，如图 3-24所示；

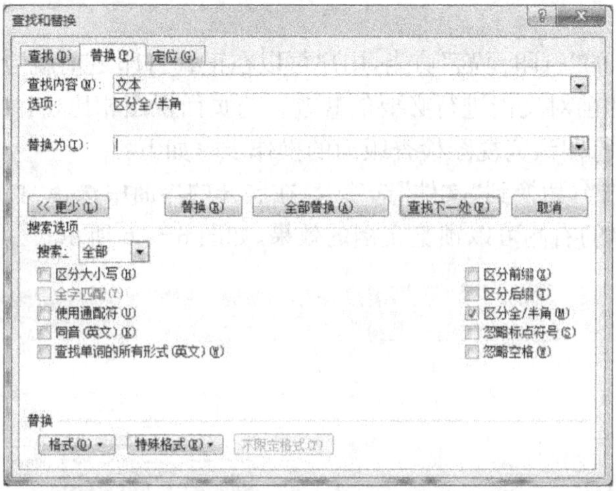

图 3-24　查找和替换对话框

④ 单击“替换”或“全部替换”按钮后，Word 按照搜索规则开始查找和替换。如果单击“全部替换”按钮，则 Word 自行查找并替换符合查找条件的所有内容，直到完成全部替换操作；如果单击“替换”按钮，则 Word 用蓝色底纹逐个显示符合查找条件的内容，并在替换时让用户确认。用户可以有选择地进行替换，对于不需要替换的文本，可以单击“查找下一处”按钮，跳过此处。

⑤ 替换完毕后，Word 会出现一个对话框，如图 3-25 所示，表明已经完成文档的替换，单击“确定”按钮，关闭对话框。

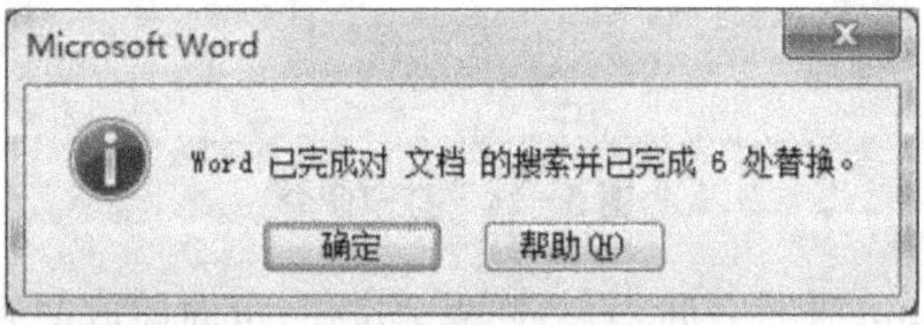

图 3-25　替换结束信息提示窗

7. 撤销和恢复

快速访问工具栏（位于标题栏左端）中，有一个“撤销”按钮和一个“重复”（有时是“恢复”）

按钮。对于编辑过程中的误操作(例如误删了不应删除的文本),可单击快速访问工具栏中的"撤销"按钮来挽回。单击"撤销"按钮右端图标▼的按钮可以打开记录了各次编辑操作的列表框,最上面的一次操作是最近的一次操作,单击一次"撤销"按钮撤销一次操作。如果选定撤销列表中的某次操作,那么这次操作上面的所有操作也同时被撤销。同样,所撤销的操作可以按"恢复"按钮重新执行。

3.2.6　文档的打印

文档创建整理完之后,常常需要通过打印机打印到纸张上,为了得到最终的打印效果,常在打印之前要对页面进行设置,并预览打印效果。如果符合要求就可以确定打印输出。在 Word 中,用户可以只打印文档内容,亦可连同文档的相关信息一起打印。

1. 打印预览

利用 Word 2010 的"打印预览"功能,用户可以在正式打印之前就看到文档被打印后的效果,以方便用户在打印前对文档进行必要的修改。与页面视图相比,打印预览视图可以更真实地表现文档外观。用打印预览视图检查版面的操作步骤如下:

① 打开 Word 文档,切换到"文件"选项卡,在展开的界面中选择"打印"菜单;

② 在"打印"菜单的右侧可以预览文档的效果,如图 3-26 所示;

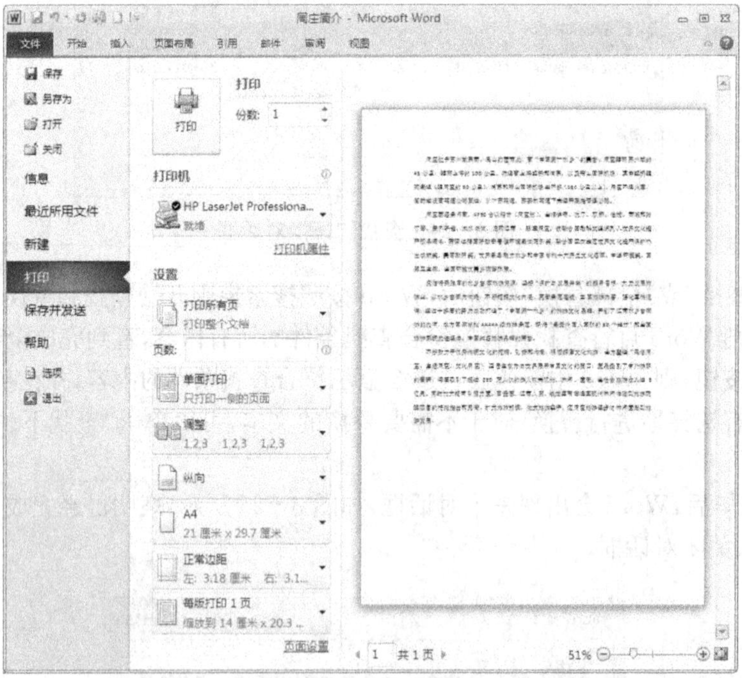

图 3-26　打印命令

③ 在打印预览区中,包括上一页、下一页两个按钮,可向前或向后翻页。

2. 打印文档

如果要打印文档,需要将文档编辑好之后,切换到"文件"文件选项卡并选择"打印"。

打开的打印面板中单击"打印"按钮,进行打印。一情况下,如果要对打印选项进行调整,可在“打印”面板中进行设置。如果使用默认设置不满意，可以返回重新设置。用户可在打印预览区中查看设置的效果。

课堂实训一

1. 打开 Word 2010 软件，然后新建一个空白 Word 文档。
2. 输入标题“周庄简介”。
3. 在 Word 文档正文中录入以下文本：

周庄位于苏州城东南，昆山的西南处，有“中国第一水乡”的美誉。周庄距离苏州城约 45 公里，距离上海约 100 公里。附近有上海虹桥和浦东，以及萧山国际机场，其中虹桥距离最近（距周庄约 90 公里），浦东和萧山国际机场差不多(150 公里以上)。周庄不通火车，暂时也没有高速公路直达，从沪苏高速、苏嘉杭高速下来还需要走普通公路。

4. 为文中“萧山国际机场”插入脚注，脚注内容为“萧山国际机场位于浙江省杭州市东部”。
5. 在文档尾部插入当前日期。
6. 将新建的 Word 文档的文件名改为“周庄介绍”，默认文件类型，保存在 C 盘下。

3.3　Word 的排版技术

3.3.1　文字格式的设置

设置字符的基本格式是 Word 对文档进行排版美化的最基本操作。其中包括对文本的字体、字号、字形、字体颜色和字体效果等字体属性的设置。

1. 字体和字号设置

Windows 操作系统为用户提供了一些常用的中、英文字体。不同的字体有不同的外观形态，一些字体还可带有自己的符号集。

如果需要设置字体，先选中文本内容，然后单击“开始”选项卡的“字体”组右下角的按钮 ▼，弹出如图 3 - 27所示的“字体”对话框。

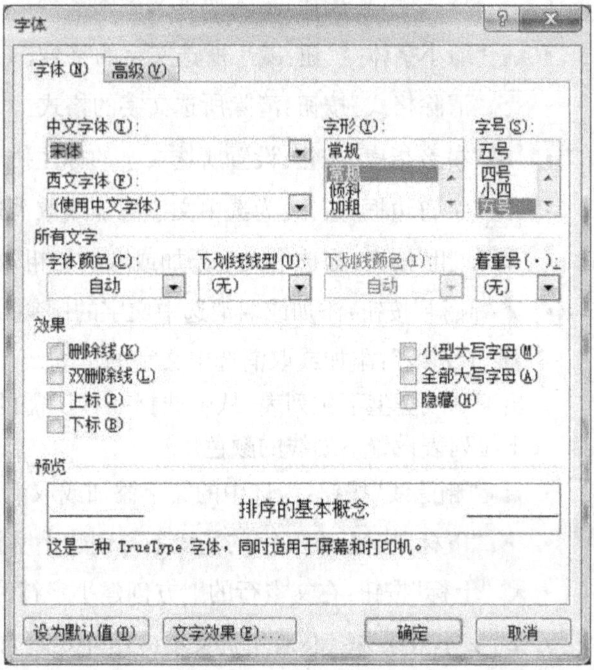

图 3 - 27　字体对话框

如果用户需要设置中文字体，单击“字体”选项卡中的“中文字体”右侧的按钮 ▼，用户可以根据自己的需要选择一种中文字体。选择字体后，在对话框下方的“预览”框中可以看到字体设置后的预览效果。设置西文字体的步骤同上。

字号设置决定文字字体的大小。

在 Word 中，一般都是用“号”和“磅”两种单位来度量字体的大小。当以“号”为单位时，数值越小，字体越大。当以“磅”为单位时，磅值越小，字体越小。一般情况下，字体的磅值是通过测量字体的最低部到最高部来确定的。字号大小的设置同字体的设置方法类似。另外，字体和字号的设置可以在“开始”选项卡下“字体”组中的相应按钮快速设置，如图 3－28 所示。

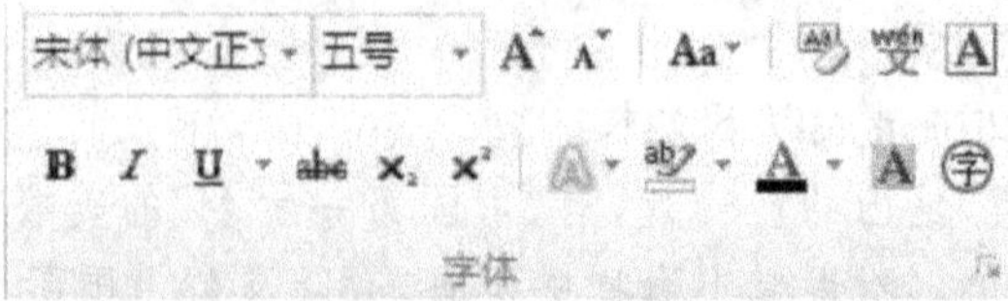

图 3－28　字体组

2. 字形和效果的设置

如果用户需要使文字或文档更加美观、突出和引人入目。在 Word 中可以为文字添加些附加属性来改变文字的形态。改变字形就是指给文字添加粗体、斜体等强调效果，或阴影、空心、下画线、删除线、底纹和边框等特殊效果。可以为一个词、一句话或一段文字设置强调效果或特殊效果。

文字的各种字形和效果都是通过“字体”对话框来设置的，如果用户需要改变字形和效果，应先选中要改变字形和效果的文本，然后在“字体”对话框进行设置。另外，字形和部分效果也可以通过“开始”选项卡的“字体”组中的相应按钮来设置。“字体”组中各个按钮的含义如下：

- 宋体 (中文正) “字体”按钮：设置所选文字的字体。
- 五号 “字号”按钮：设置选定文字的字号。
- “增大字体”按钮：增大所选文字的字号。
- “缩小字体”按钮：减小所选文字的字号。
- “清除格式”按钮：清除所选文字的格式。
- “拼音指南”按钮：设置所选文字的标注拼音。
- “字符边框”按钮：为选中文字添加或取消边框。
- B“加粗”按钮：为选中文字添加或取消加粗效果。
- I“倾斜”按钮：添加或取消选中文字的倾斜效果。
- U“下划线”：添加或取消选中文字的下划线。同样，单击按钮右侧的下三角按钮会弹出下划线类型下拉列表，从中选择一种所需的下划线。此外，用户还可利用该工具的下拉列表设置下划线的颜色。
- abc“删除线”按钮：为选中的文字添加或取消删除线。
- X_2“下标”按钮：在文字的基线下方创建小字符。
- X^2“上标”按钮：在文本行的上方创建小字符。
- “文本效果”按钮：对所选文本应用外观效果。如阴影、发光和映像等。
- Aa“更改大小写”按钮：将选中的所有文字改为全部大写、全部小写或其他常见的大小写形式。

- “以不同颜色突出显示文本”按钮：使文字看上去像是用荧光笔作了标记一样。单击右侧的下三角按钮，可在弹出的列表中设置所需的颜色。
- “字体颜色”按钮：更改文字的颜色。单击右侧的下三角按钮可以在弹出的颜色下拉列表中选择颜色。
- “字符底纹”按钮：对整个行添加底纹背景。
- “带圈字符”按钮：在字符周围放置圆圈或边框，加以强调。

3. 字符间距、缩放和位置的设置

如果要对字符间距、字符缩放比例和字符位置进行调整，可单击“开始”选项卡中“字体”组的右下角按钮，弹出“字体”对话框，在其中单击“高级”选项卡，在“字符间距”选项区域中进行设置，如图 3-29 所示。

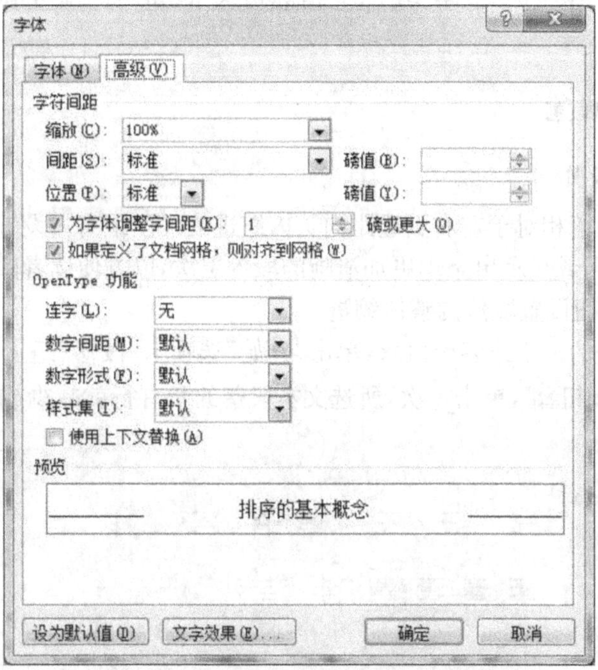

图 3-29 字体高级设置对话框

在没有设置的情况下，字符的间距为“标准”间距。如果需要调整相邻字符的间距，可以在“间距”选项中进设置，包括标准、加宽和紧缩三种，用户可根据实际情况进行调整。

如果用户想让一些文本突出，或者区别于其他文本，可以单击“缩放”右侧的按钮，在下拉列表选择自己需要的缩放比例。不过，缩放字符只能在水平方向进行缩小或放大。一般情况，字符是以行基线为中心，处于“标准”位置。用户可以根据需要单击“位置”右侧的按钮，在下拉列表中选择“提升”或“降低”来设置字符的位置。

4. 文本格式的复制和清除

一部分文字设置的格式可以复制到另一部分的文字上，使其具有同样的格式。设置好的格式如果觉得不满意，也可以清除它。使用“开始”选项卡下“剪贴板”组中的“格式刷”按钮格式刷可以实现格式的复制。

(1) 复制格式

① 选定已设置格式的文本。

② 单击"开始"选项卡下"剪贴板"组中的"格式刷"按钮格式刷,此时鼠标指针变为刷子形。

③ 将鼠标指针移到要复制格式的文本开始处,按下鼠标左键,拖动鼠标直到要复制格式的文本结束处,放开鼠标左键就完成格式的复制。

(2) 格式的清除

如果对于所设置的格式不满意,那么可以清除所设置的格式,恢复到 Word 默认的状态。格式的清除具体步骤如下:

① 选定需要清除格式的文本。

② 单击"开始"选项卡下"字体"组上的"清除格式"按钮,即可清除所选文本的所有样式和格式,只留下纯文本。

3.3.2 段落格式设置

1. 段落缩进的设置

段落缩进是指段落相对于左右页边距向页内缩进的一段距离。设置段落缩进可以将一个段落与其他段落分开,或显示出条理更加清晰的段落层次,以方便读者阅读。

(1) 使用缩进按钮设置段落的整体缩进

选中要设置缩进的一个或多个段落,单击"开始"选项卡"段落"组上的"减少缩进量"按钮或"增加缩进量"按钮,单击一次,所选文本段落的所有行就减少或增加一个汉字的缩进量,如图 3-30 所示。

图 3-30 段落组

(2) 使用"段落"对话框调整段落缩进

上面设置缩进的方法都不能精确地确定缩进的位置,如果用户需要精确地设置段落文本缩进量,应先选择"开始"选项卡,单击"段落"组右下角的按钮,弹出"段落"对话框。在"段落"对话框中选择"缩进和间距"选项卡,在"缩进"选项区域进行设置。

"缩进"选项区域各选项的含义如下:

"左侧"框中可以设置段落与左页边的距离:输入一个正值表示向右缩进,输入一个负值表示向左缩进。

"右侧"框中可以设置段落与右页边的距离:输入一个正值表示向左缩进,输入一个负值表示向右缩进。

"特殊格式"列表框中可以选择"首行缩进"或"悬挂缩进",然后在"磅值"框中确定缩进的具体数值。

2. 设置段落对齐方式

在 Word 中，段落对齐包括两端对齐、左对齐、居中对齐、右对齐和分散对齐等对齐方式，在“开始”选项卡的“段落”组中设置相应的对齐按钮。

除了上述设置对齐方式的方法外，用户还可以按以下步骤设置段落的对齐方式：选择“开始”选项卡，单击“段落”组右下角的按钮，弹出“段落”对话框，如图 3 - 31 所示，在“缩进和间距”选项卡的“对齐方式”下拉列表中进行设置即可。

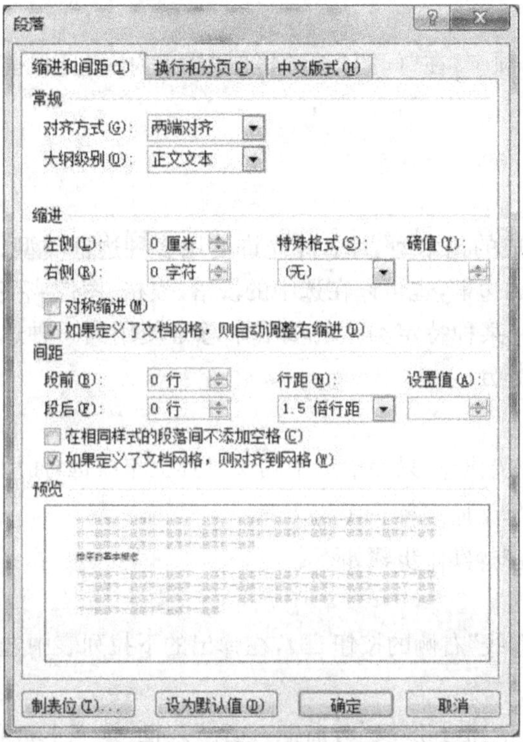

图 3 - 31　段落对话框

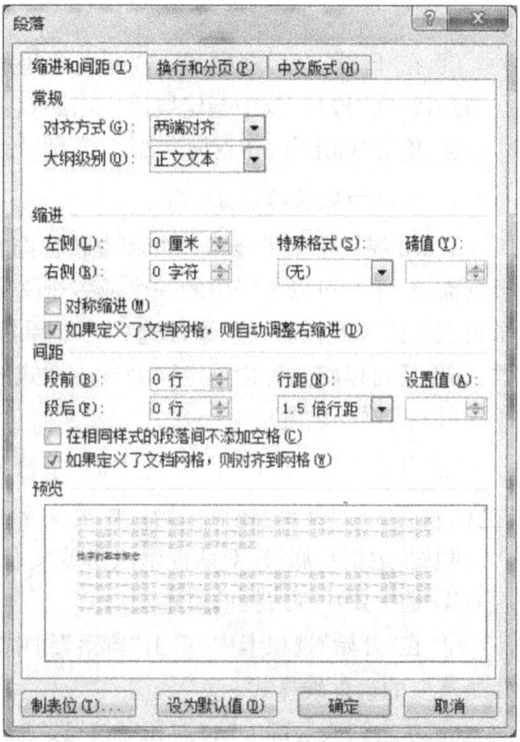

图 3 - 32　段落对话框

3. 行间距与段间距的设定

行间距是指行与行之间的距离，段间距是两个相邻段落之间的距离。用户可以根据需要来调整文本的行间距和段间距。

(1) 行间距的设置

在用户没有设置行间距时，Word 自动设置段落内文本的行间距为一行，即单倍行距。在平常情况下，当行中出现图形或字体变化时，Word 会自动调节行距以容纳较大的图形或字体。只有当行间距设置为固定值时，增大图形或字体时行间距保持不变。在这种情况下，当增大字体时，较大的文本可能会显示不完整。

如果用户要设置行间距，先选中单行或多行文本，然后选择“开始”选项卡，单击“段落”组右下角的按钮。

弹出“段落”对话框，在“段落”对话框中选择“缩进和间距”选项卡，然后在“间距”选项区中单击“行距”右侧的按钮，在弹出的下拉列表中进行选择。此外，用户还可以通过在“开始”

选项卡中单击“段落”组中的“行和段落间距”按钮，在弹出的下拉列表中选择段落行距，如图3-33所示。

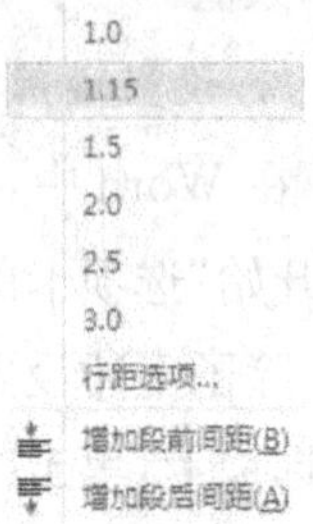

图3-33 行间距设置

(2) 段间距的设置

用户对段间距的设置可以有效地改善版面的外观效果。设置段间距的操作步骤如下：

① 插入符放置在要设置段间距的段落内，或选中要设置段间距的段落。

② 在“开始”选项卡中，单击“段落”右下角的按钮，弹出“段落”对话框。

③ 在“段落”对话框中，单击“缩进和间距”选项卡，在“间距”选项区的“段前”中指定段前空白距离，在“段后”框中指定段后空白距离。

④ 单击“确定”按钮返回文档。

4. 边框和底纹的设置

Word提供了多种线型边框和由各种图案组成的艺术型边框，并允许使用多种边框类型。根据需要，用户可以为选中的一个或多个文字添加边框，也可以在选中的段落、表格、图像或整个页面的四周或任意一边添加边框。如果用户在某种特定类型的段落中总是使用同一种边框，那么还可以将这种边框定义为段落样式的一部分。

(1) 边框的设置

用“开始”选项卡下“字体”组中的“字符边框”按钮A只能给选中的文字加上单线框，而用“边框和底纹”对话框，还可以给选中的文字或段落添加多种样式的边框。

利用“边框和底纹”对话框给段落或文字加边框，操作步骤如下：

① 选中要添加边框的文本。

② 在“开始”选项卡中，单击“段落”组中“下框线”右侧的按钮，在弹出的下拉列表中选择所需要的边框线样式。

③ 单击列表底部的“边框和底纹”选项，弹出“边框和底纹”对话框，选择“边框”选项卡，如图3-34所示。

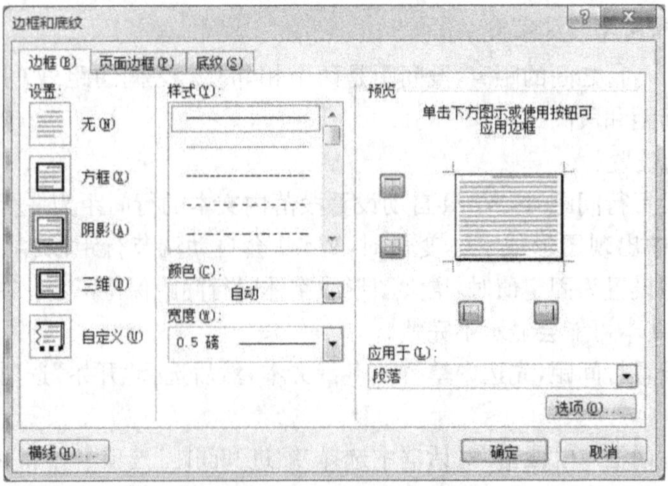

图3-34 边框和底纹对话框

④ “设置”选项区中，选中一种边框类型，在“预览”区中浏览文字或段落添加边框后的效果。设置选项的内容如下。

⑤ “样式”列表框中，可选择需要的边框样式。

⑥ “颜色”和“宽度”列表框中，可设置边框的颜色和宽度。

⑦ “应用于”列表框中，可选择添加边框的应用对象。

选择“文字”：在选中的一个或多个文字的四周添加封闭的边框。如果选中的是多行文字，则给每行文字加上封闭边框。

选择“段落”：给选中的所有段落加边框。

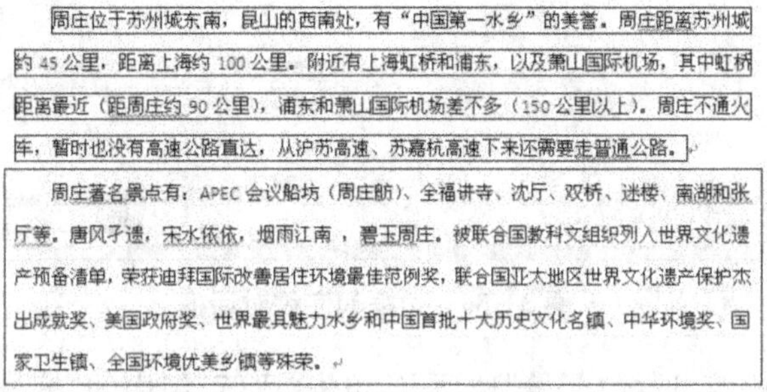
周庄位于苏州城东南，昆山的西南处，有“中国第一水乡”的美誉。周庄距离苏州城约 45 公里，距离上海约 100 公里。附近有上海虹桥和浦东，以及萧山国际机场，其中虹桥距离最近（距周庄约 90 公里），浦东和萧山国际机场差不多（150 公里以上）。周庄不通火车，暂时也没有高速公路直达，从沪苏高速、苏嘉杭高速下来还需要走普通公路。

周庄著名景点有：APEC 会议船坊（周庄舫）、全福讲寺、沈厅、双桥、迷楼、南湖和张厅等。唐风孑遗，宋水依依，烟雨江南，碧玉周庄。被联合国教科文组织列入世界文化遗产预备清单，荣获迪拜国际改善居住环境最佳范例奖，联合国亚太地区世界文化遗产保护杰出成就奖、美国政府奖、世界最具魅力水乡和中国首批十大历史文化名镇、中华环境奖、国家卫生镇、全国环境优美乡镇等殊荣。

图 3－35　文字和段落加边框的对比

图 3－35 给出了文字和段落加边框的区别。第一段是给文字加边框，第二段是给段落加边框。

⑧ 设置完成后，单击“确定”按钮即可。

(2) 底纹的设置

如果用户需要给文本、段落或选中文字添加底纹，首先选中要添加底纹的文本，在“开始”选项卡中，单击“字体”组中的“字符底纹”按钮 A，即可给选中的一个或多个文字添加默认底纹。用“边框和底纹”对话框，可以给段落或选中文字添加多种样式的底纹。

文字或段落添加底纹的步骤如下：

① 选中要添加底纹的文字或段落，如果仅给一个段落添加底纹，直接将插入符放在该段中即可。

② 在“开始”选项卡中，单击“段落”组中的“下框线”右侧的按钮，在弹出的下拉列表中选择“边框和底纹”选项，弹出“边框和底纹”对话框，在其中选择“底纹”选项卡，如图 3－36 所示。

③ 在“底纹”对话框中的“填充”下拉列表中选择底纹的填充色，从“样式”下拉列表中选择底纹的式样，从“颜色”下拉列表中选择底纹内填充点的颜色。在“预览”区可浏览到设置的底纹效果。

④ 在“底纹”对话框中的“应用于”列表框中选择“段落”选项，可给选中的段落添加底纹，选择“文字”则给选中的文字添加底纹。

5. 项目符号和编号

在 Word 中，用户在编辑文档的时候经常需要用到项目符号和编号功能。编号分为行编号与段编号两种，都是按照大小顺序为文档中的行或段落加编号。项目符号则是在一些段落的前面加上完全相同的符号。

(1) 项目编号

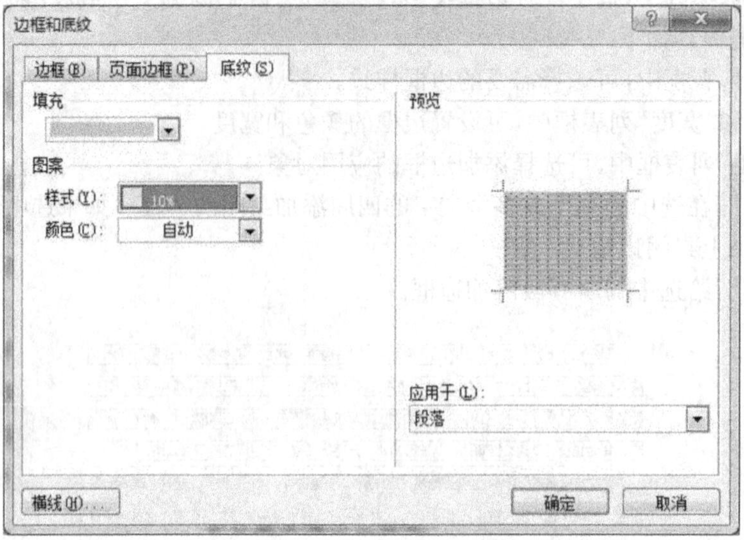

图 3-36　边框和底纹对话框

选中要加编号的段落,选择“开始”选项卡,单击“段落”组中的“编号”按钮。如图 3-21 所示,即可给已经存在的段落按默认的格式加编号。这时如果选定段落已加了编号,Word 将接着上一段落的编号顺序为选中的段落添加编号,并且,使添加的编号具有与上面段落相同的字符格式和分隔符。如果上一段落没有编号,则 Word 会根据上下文自动选择一种编号格式为段落加编号。

(2) 项目符号

项目符号与段落编号是相对段落而言的。在“项目符号”样式列表中,同样有 Word 预设的一些项目符号格式,给段落添加默认的或预设的项目符号的操作和给段落添加默认的或预设的编号的方法和操作步骤类似。

3.3.3 文档版面设置

1. 页面设置

(1) 设置纸张大小

根据印刷排版的需要,一般需要对 Word 文档进行纸张大小设置。根据不同情况使用不同的纸张,并选择不同的打印方向。设置纸张大小步骤如下:

选择“页面布局”选项卡,在“页面设置”组中单击“纸张大小”下拉按钮,执行“其他页面大小”命令,弹出“页面设置”对话框,如图 3-37 所示。然后单击“纸张大小”下拉按钮,选择纸张大小,例如选择“自定义大小”选项,分别在“宽度”和“高度”文本框中设置纸

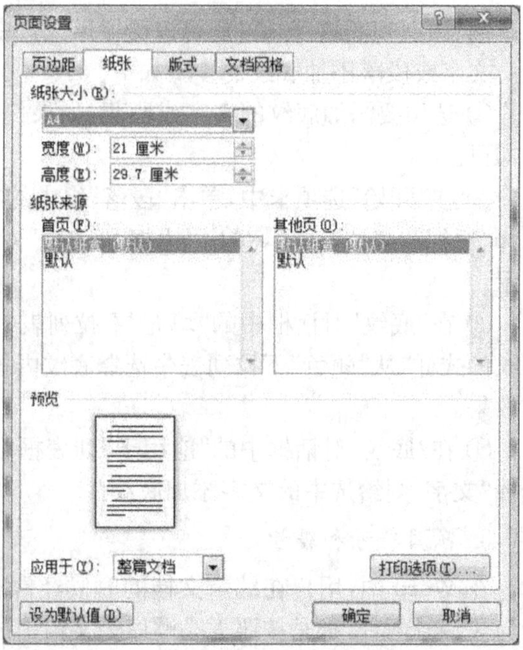

图 3-37　页面设置对话框

张大小。

另外，在“纸张大小”下拉列表中，提供了 12 种常用的纸张大小选项。用户可以根据需要进行选择。

(2) 设置纸张方向

纸张方向主要包括纵向和横向两种方式。用户只需要单击“页面设置”组中的“纸张方向”下拉按钮，然后在弹出的下拉列表中选择合适的纸张方向即可，如图 3-38 所示。

(3) 设置页边距

页边距是指文档页面四周的空白区域。默认情况下，新创建的 Word 文档，顶端和底端各留有 2.54 cm 的页边距，左右各留有 3.17 cm 的页边距。设置页边距的步骤如下：

选择“页面布局”选项卡，单击“页边距”下拉按钮，执行“自定义边距”命令，打开“页设置”对话框。然后，在“上”、“下”、“左”、“右”框内分别指定页边距的数值。

另外，选择“页面布局”选项卡下“页面设置”组下的“页边距”下拉按钮，在其下拉列表中为用户提供了 6 种常用的页边距选项，用户可以选择相应的选项。

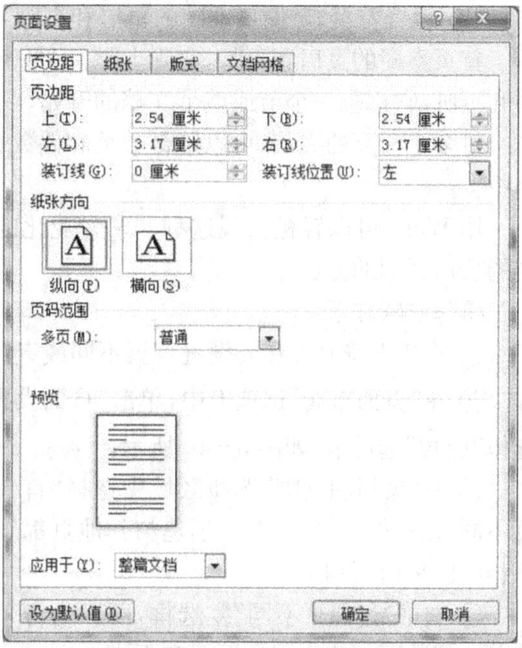

图 3-38　页面设置对话框

2. *页眉和页脚*

页眉是位于版心上边缘与纸张边缘之间的图形或文字，而页脚则是版心下边缘与纸张边缘之间的图形或文字。页眉和页脚常常用来插入标题、页码、日期等文本，或公司徽标等图形、符号。用户可以根据自己的需要，对页眉和页脚进行设置。比如插入页码，插入图片，对奇数页和偶数页进行不同的页眉和页脚设置，还可以将首页的页眉或页脚设置成与其他页不同的效果等。

(1) 创建页眉页脚

页眉和页脚与文档的正文处于不同的层次上，因此，在编辑页眉和页脚时不能编辑文档正文。同样，在编辑文档正文时也不能编辑页眉和页脚。

对一篇文档进行页眉、页脚的编辑有两种情况，一种是首次进入页眉、页脚进行编辑，另一种是对已经存在的页眉、页脚进行编辑。若文档已经存在页眉、页脚，则只要双击页面的顶端或底部就可以直接进入页眉、页脚的编辑状态。

下面这种方法对于首次进入页眉、页脚进行编辑或者是对已经存在的页眉、页脚进行编辑都适用。

在“插入”选项卡中的“页眉和页脚”组中单击“页眉”或“页脚”按钮。在弹出的下拉列表中选择一种页眉或页脚样式，或选择“编辑页眉“或“编辑页脚”选项，进入页眉和页脚编辑状态，并显示“页眉和页脚工具”选项卡下的“设计”子选项卡，如图 3-39 所示。

用户可以直接在页眉或页脚区输入相应的内容，输入完成后，单击选项卡中的“关闭页眉和页脚”按钮即可。

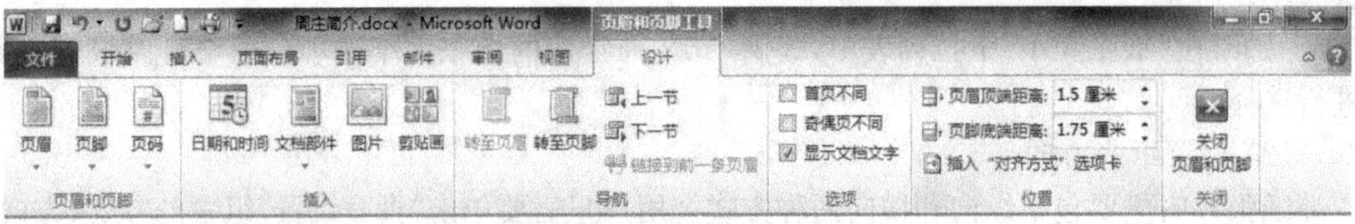

图 3-39 设计选项卡

(2) 设置首页、奇偶页不同的页眉和页脚

首页不同的页眉和页脚,实际上是一个只出现在文档或节的首页并且与其他页不同的页眉和页脚,它标志一个节或整个文档的开始。

对多于两页的文档,可以给奇数页和偶数页设置各自不同的页眉或页脚,特别是在双面文档中。

用 Word 可以轻松实现这种非常专业化的设计,下面就介绍制作首页、奇数页、偶数页不同的页眉页脚的方法。

操作步骤如下:

① 将插入符放置在要设置首页不同或奇偶页不同的节或文档中。

② 在"页面布局"选项卡中,单击"页面设置"组右下角的按钮,在"页面设置"对话框中选择"版式"选项卡,如图 3-40 所示。

③ 在"页眉和页脚"选项区域中选择"首页不同"复选框,可以为首页创建与其他页都不相同的页眉页脚。

④ 选中"奇偶页不同"复选框,可以为奇数页和偶数页创建不同的页眉和页脚。

⑤ 在"版式"选项卡中还可以设置边界距离。

⑥ 设置完成后,单击"确定"按钮,即可设置奇偶页不同或首页不同的页眉或页脚。

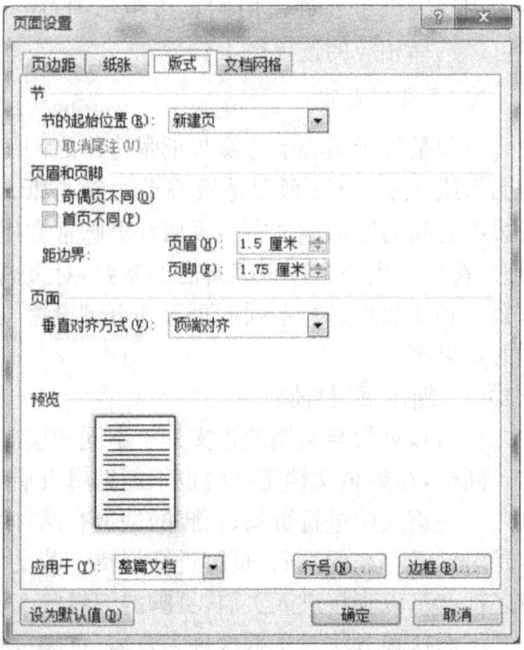

图 3-40 页面设置对话框

3. 插入页码

页码是一种内容最简单,但使用最多的页眉或页脚。Word 可以自动、迅速地编排和更新页码。

页码是文档格式的一部分,打印文档时往往需要页码来区别不同的页,用户也可以给文档分节来设置不同的页码格式。文档很长的时候,为了防止文档出现混乱,可以给文档加上页码。设置页码之后,Word 可以在后续的所有页上自动添加页码。

插入页码的操作步骤如下。

① 单击要插入页码的文档或节。

② 在"插入"选项卡中的"页眉和页脚"组中单击"页码"按钮,在弹出的下拉列表中选

择页码类型，如"页面底端"选项，再在弹出的列表中选择页码样式，如"普通数字 2"样式，如图 3－41 所示，执行操作后，即可在文档中插入页码。

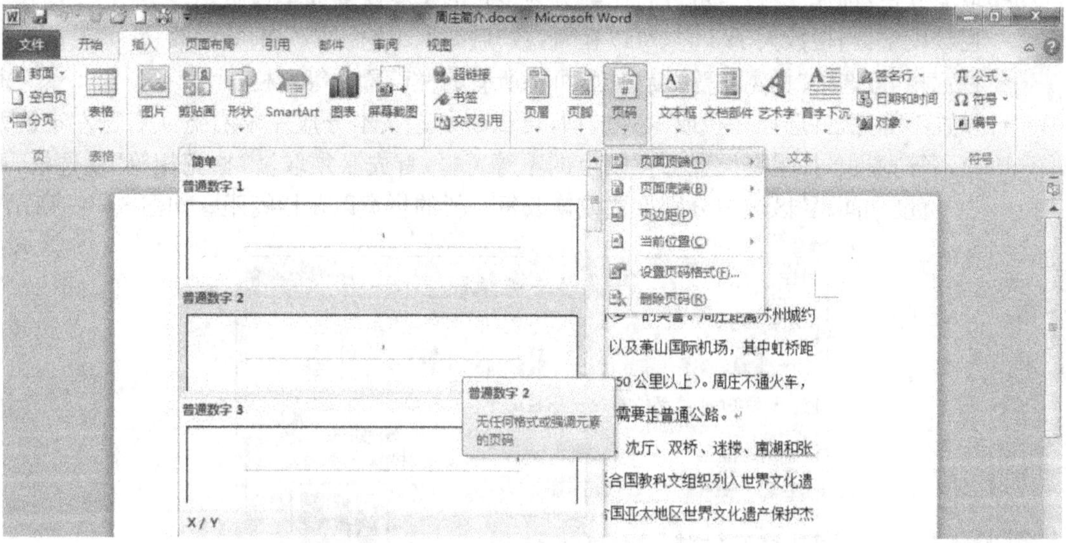

图 3－41　插入页码

5. 分栏排版

利用 Word 2010 的分栏排版功能，用户可以根据不同需求轻松在文档中建立不同数量或不同版式的分栏。在分栏的外观设置上，Word 2010 具有很大的灵活性，用户可以根据需要设置栏数、栏宽以及栏间距，还可以设置分栏长度。

设置不多于 4 栏的等宽栏时使用"分栏"按钮就可以很方便地操作。在某些时候，要按照特殊要求设置不等宽栏或设置栏数大于 4 的分栏，这时就要用到"分栏"对话框。其操作步骤如下。

① 选中要设置的文本。

② 在"页面布局"选项卡中的"页面设置"组中单击"分栏"按钮，在弹出的下拉列表中选择"更多分栏"选项，弹出如图 3－42 所示的"分栏"对话框。

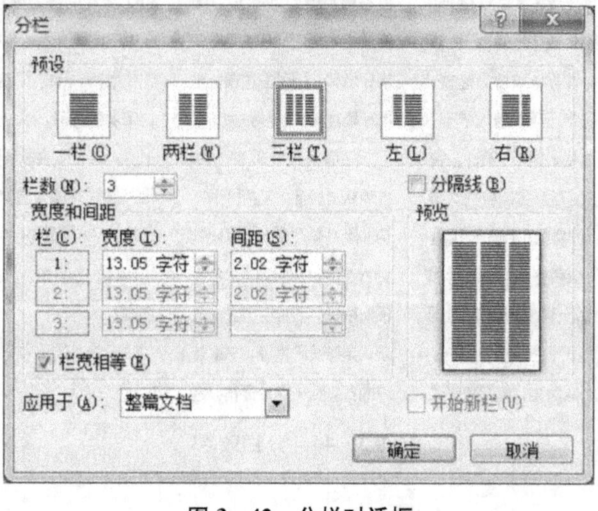

图 3－42　分栏对话框

在“预设”选项区中，有“一栏”、“两栏”、“三栏”、“左”和“右”五种格式可供选择。

在“分栏”对话框中可以设置的选项如下。

- 取消分栏：选择“一栏”，可以将已经分为多栏的文本恢复成单栏版式。
- 栏数设定：当栏数大于 3 时，可以在“栏数”微调框中输入要分割的栏数。
- 栏宽相等：选中“栏宽相等”复选框，可将所有的栏设置为等宽栏。
- 设置不等宽栏：选择“左”或“右”选项，可以将所选文本分成左窄右宽或右宽左窄的两个不等宽栏。如果要设置三栏以上的不等宽栏，首先必须取消“栏宽相等”复选框，并在“宽度和间距”区域中分别设置或修改每一栏的栏宽以及栏间距。如图 3-43 所示。

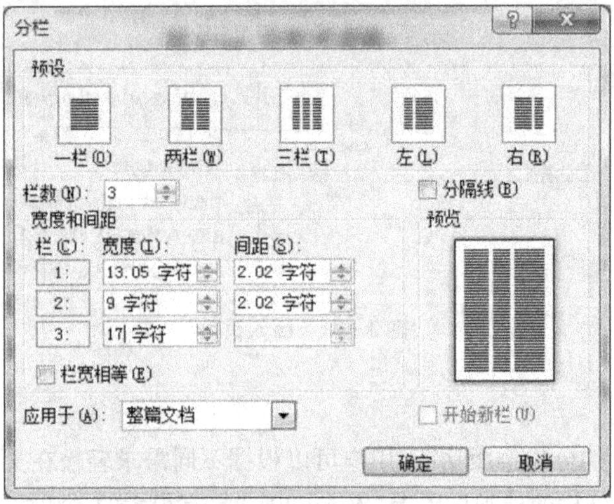

图 3-43　分栏对话框

- 设置分隔线：如果要在各栏之间加分隔线，使各栏之间的界线更加明显，选中“分隔线”复选框。

在“分栏”对话框中设置完参数后，单击“确定”按钮即可看到分栏的效果，如图 3-44 所示。

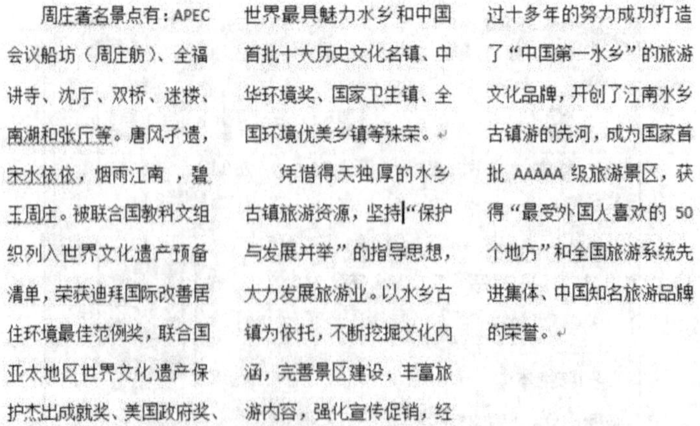

周庄著名景点有：APEC 会议船坊（周庄舫）、全福讲寺、沈厅、双桥、迷楼、南湖和张厅等。唐风孑遗，宋水依依，烟雨江南，碧玉周庄。被联合国教科文组织列入世界文化遗产预备清单，荣获迪拜国际改善居住环境最佳范例奖，联合国亚太地区世界文化遗产保护杰出成就奖、美国政府奖、世界最具魅力水乡和中国首批十大历史文化名镇、中华环境奖、国家卫生镇、全国环境优美乡镇等殊荣。

凭借得天独厚的水乡古镇旅游资源，坚持“保护与发展并举”的指导思想，大力发展旅游业。以水乡古镇为依托，不断挖掘文化内涵，完善景区建设，丰富旅游内容，强化宣传促销，经过十多年的努力成功打造了“中国第一水乡”的旅游文化品牌，开创了江南水乡古镇游的先河，成为国家首批 AAAAA 级旅游景区，获得“最受外国人喜欢的 50 个地方”和全国旅游系统先进集体、中国知名旅游品牌的荣誉。

图 3-44　分栏效果

5. 首字下沉

首字下沉在平常的情况下用于文档的开头，主要用这个方法来修饰文档，使得这段话在这个文档中突出、美观。用户可以将段落开头的第一个或若干个字母、文字变为大号字，并以下沉或悬挂的方式改变文档的版面样式。被设置成首字下沉的文字实际上已成为文本框中的一个独立段落。为了更加美观，也可以给它加上边框和底纹。

创建首字下沉的操作步骤如下：

① 将插入符放在需要设置首字下沉的段落中或选中段落开头的多个字母。

② 在"插入"选项卡中，单击"文本"组中的"首字下沉"按钮  。然后在下拉列表中选择所需要的选项，如图 3－45 所示。

如果在"插入"选项卡中单击"文本"组中的"首字下沉"按钮  ，在下拉列表中选择"首字下沉"选项，将会弹出"首字下沉"对话框，如图 3－46 所示。

图 3－45　首字下沉命令

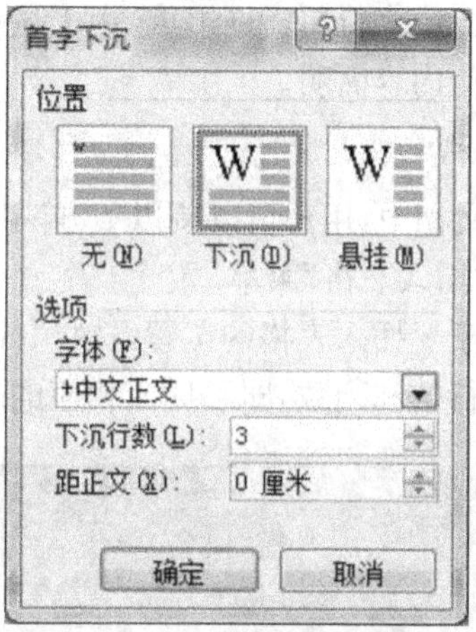

图 3－46　"首字下沉"对话框

用户可以在"首字下沉"对话框中设置下沉文字的样式，在"下沉行数"框中设置"首字下沉"后下拉的行数，在"距正文"框中设置首字与左侧正文的距离，最后单击"确定"按钮，即可看到首字下沉的效果，如图 3－47 所示。

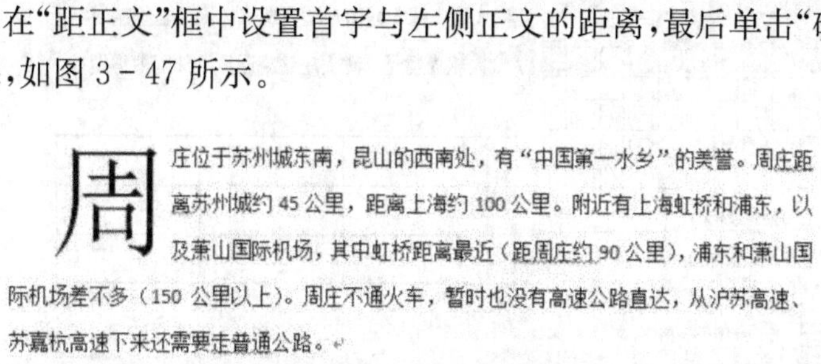
周庄位于苏州城东南，昆山的西南处，有"中国第一水乡"的美誉。周庄距离苏州城约 45 公里，距离上海约 100 公里。附近有上海虹桥和浦东，以及萧山国际机场，其中虹桥距离最近（距周庄约 90 公里），浦东和萧山国际机场差不多（150 公里以上）。周庄不通火车，暂时也没有高速公路直达，从沪苏高速、苏嘉杭高速下来还需要走普通公路。

图 3－47　首字下沉的效果

课堂实训二

1. 打开"素材文件夹"下"Word 素材"中的 Word 文档"ED2. docx"。

2. 为该文档增加一个标题“乒乓球运动介绍”,然后设置标题字体为“黑体”,字号为一号,对齐方式为水平居中。

3. 设置第一段首字下沉两行。

4. 设置除标题和第一段外,其他所有段落首行缩进两字符,段前 0.5 倍行距,行距为 1.2 倍行距。

5. 为第三段加蓝色方框。

6. 为第四段加茶色底纹。

7. 将第 5、6 两段分为栏宽相等的两栏,栏间加分割线。

8. 将修改过的文档以文件名“乒乓球运动介绍”保存到“Word 素材”文件夹中。

3.4　Word 表格的制作

3.4.1　表格的创建

表格由一行或多行单元格组成,用于显示数字和其他项以便快速引用和分析。在文档中插入表格可以使内容简明。

1. 插入表格

在 Word 文档中,用户可以按以下方法插入表格。

(1) 利用“插入表格”菜单

将光标置于要插入表格的位置,选择“插入”选项卡,单击“表格”组中的“表格”下拉按钮,拖动鼠标选择行数和列数,即可插入相应的表格,如图 3-48 所示。

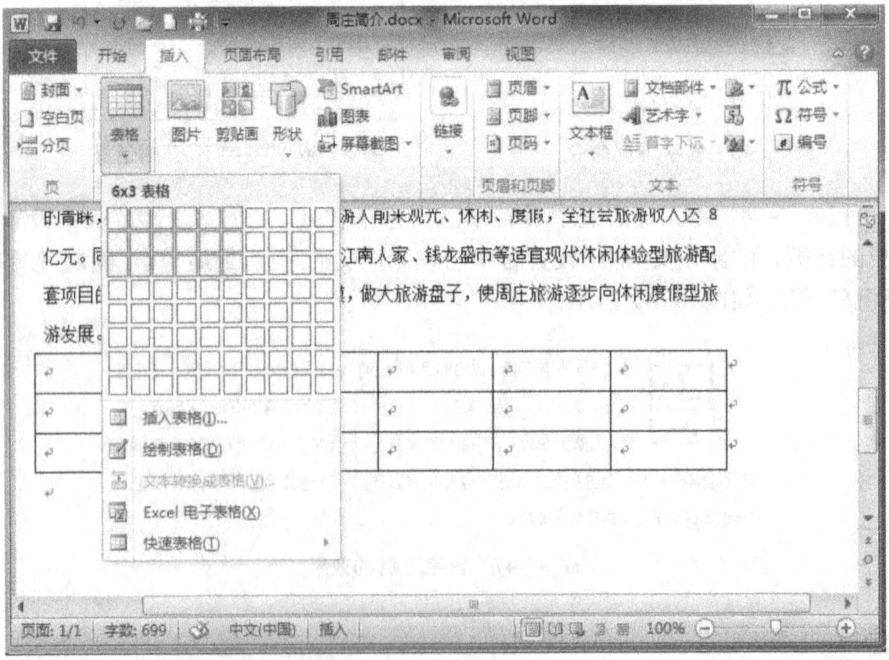

图 3-48　手动创建表格

插入表格后，会自动弹出“表格工具”选项卡，用户可选择它对表格进行设置。

(2) 执行“插入表格”命令

选择“插入”选项卡，单击“表格”组中的“表格”下拉按钮，执行“插入表格”命令打开“插入表格”对话框，如图 3-49 所示。

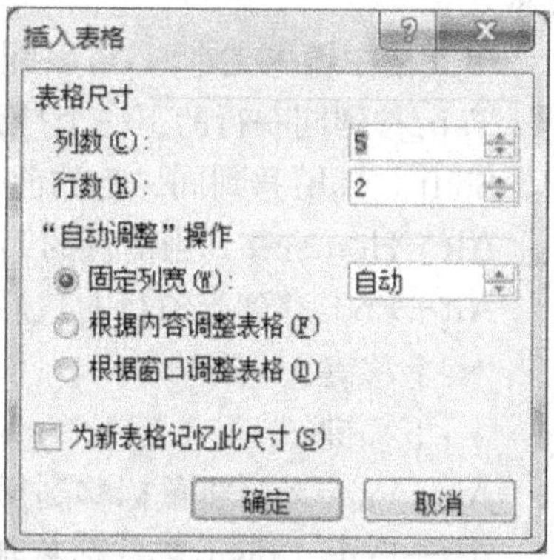

图 3-49　插入表格对话框

在“表格尺寸”区域中设置表格的“列数”、“行数”，也可进行其他设置。然后，单击“确定”按钮即可。

2. 绘制表格

选择“插入”选项卡，单击“表格”组中的“表格”下拉按钮，执行“绘制表格”命令，当光标变成笔状时，在工作区中拖动鼠标绘制表格。

3. 快速表格

选择“插入”选项卡，单击“表格”组中的“表格”下拉按钮，执行“快速表格”命令，在其级联菜单中选择要应用的表格样式。例如，选择“带副标题 1”选项，如图 3-50 所示。

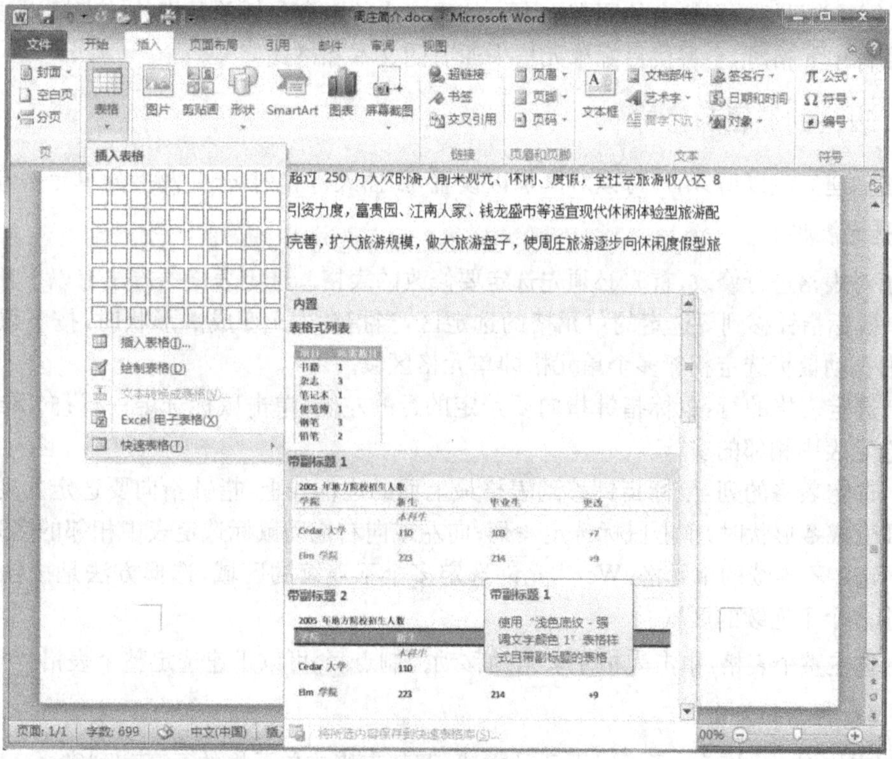

图 3-50　快速表格

3.4.2　向表格中输入和编辑文本

表格制作完成后，就需要向表格中输入内容。向表格中输入内容也就是指向单元格中输入内容，输入完内容后，根据需要，可以对输入的内容进行编辑。

单元格中输入文本与在文档中输入文本的方法是一样的,都是先指定插入符的位置,然后在表格中单击要输入文本的单元格,即可将插入符移到要输入文本的单元格中。最后再输入文本。

单元格中输入文本时,可以配合下面的快捷键在表格中快速地移动插入符:

Tab:移到同一行的下一个单元格中。

Shift+Tab:移到同一行的前一个单元格中。

Alt+Home:移到当前行的第一个单元格中。

Alt+End:移到当前行的最后一个单元格中。

↑:上移键。

↓:下移键。

Alt+Page Up:将鼠标移到插入符所在的列的最上方的单元格中。

Alt+Page Down:将鼠标移到插入符所在的列的最下方的单元格中。

输入完成后,可以对文本进行移动和复制等操作,在单元格中移动或复制文本的方法与文档中移动或复制文本的方法基本相同,使用鼠标拖动、命令按钮或快捷键等方法来移动复制单元格、行或列中的内容。

选择文本时,如果选择的内容不包括单元格的结束标记,那么当内容移动或复制到目标单元时,不会覆盖目标单元格中的原有文本。如果选中的内容包括单元格的结束标记,则当内容复制到目标单元格时,会替换目标单元格中原有的文本和格式。

3.4.3 表格的编辑和修饰

表格创建完成以后,用户可以对其加以设置,如插入行和列,合并及拆分单元格等设置。

1. 选定表格

为了对表格进行修改,首先必须先选定要修改的表格。选定表格的方法有以下几种:

(1) 鼠标指针移到要选定的单元格的选定区,当指针由 I 变成⬆形状时,按下鼠标向上、下、左、右移动鼠标选定相邻多个单元格即单元格区域。

(2) 选定表格的行:鼠标指针指向要选定的行的左侧,单击鼠标选定一行;向下或向上拖动鼠标选定表中相邻的多行。

(3) 选定表格的列:鼠标指针移到表格最上面的边框线上,指针指向要选定的列,当鼠标指针由 I 变成⬇形状时,单击鼠标选定一列;向左或向右拖动鼠标选定表中相邻的多列。

(4) 选定不连续的单元格:Word 允许选定多个不连续的区域,选择方法是按住 Ctrl 键,依次选中多个不连续的区域。

(5) 选定整个表格:单击表格左上角的移动控制点⊞可以迅速选定整个表格。

2. 调整行高和列宽

使用表格时,用户可以通过以下几种方法,调整表格或单元格的行高和列宽:

(1) 使用"自动调整"命令按钮

选中要调整行高和列宽的表格,切换到"表格工具"下的"布局"选项卡中,单击"单元格大小"组中的"自动调整"下拉按钮,执行"根据内容自动调整表格"命令,即可实现调整表格行高和列宽的目的,如图 3-51 所示。

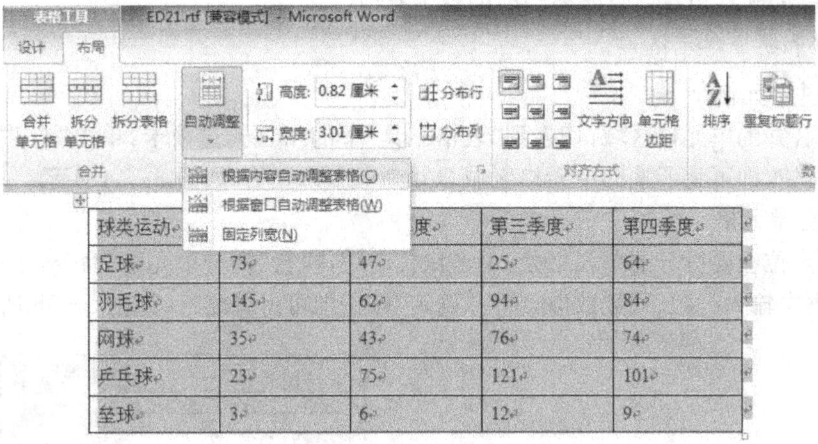

图 3－51　自动调整表格大小

(2) 使用“单元格大小”组

将光标置于要设置大小的单元格中，切换到“表格工具”下的“布局”选项卡中，在“单元格大小”组的“行高”和“列宽”微调框中输入数值，即可更改单元格大小，如图 3－52 所示。

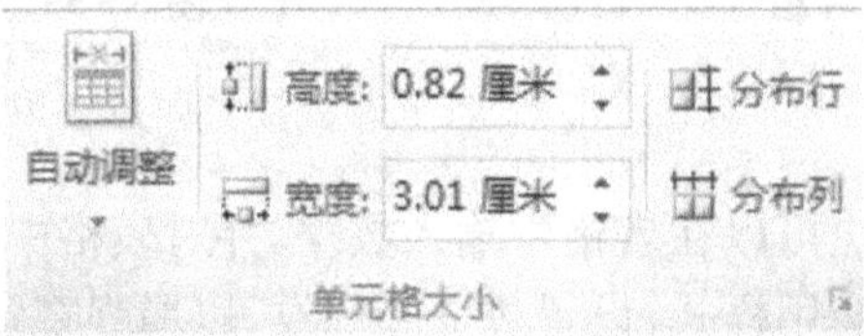

图 3－52　单元格大小组

3. 插入行或列

光标定位在要插入行和列的位置，切换到“表格工具”下的“布局”选项卡中，在“行和列”组上如果单击“在右侧插入”按钮，即可在所选单击格的右侧插入一列；如果单击“在上方插入”按钮，即可在所选单击格的上方插入一行，如图 3－53 所示。

图 3－53　行和列组

4. 删除行、列或表格

① 将光标置于要删除行、列所在的单元格中。

② 切换到“表格工具”下的“布局”选项卡，在“行和列”组中单击“删除”按钮，在弹出的下拉列表中选择所需的选项。

- 选择“删除列”选项：删除当前单元格所在的整列。
- 选择“删除行”选项：删除当前单元格所在的整行。

- 选择“删除表格”选项：删除当前的整个表格。

5. 合并和拆分单元格

(1) 合并单元格

选择要合并的单元格区域，切换到“表格工具”下的“布局”选项卡，单击“合并”组中的“合并单元格”按钮，即可将所选的单元格区域合并为一个单元格，如图 3－54 所示。

(2) 拆分单元格

将光标定位在要拆分的单元格处，单击鼠标右键，执行“拆分单元格”命令，在打开的“拆分单元格”对框中输入行数、列数数值，单击“确定”按钮即可拆分元格，如图 3－55 所示。

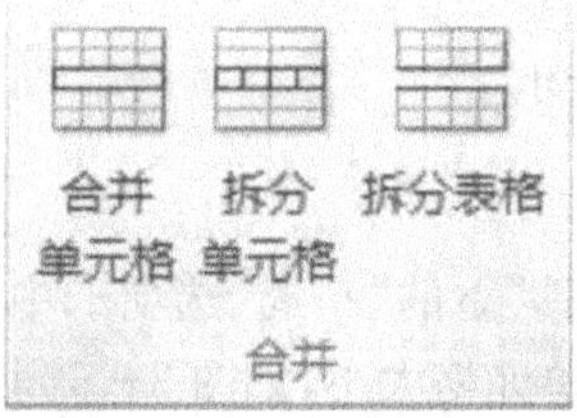

图 3－54　合并组

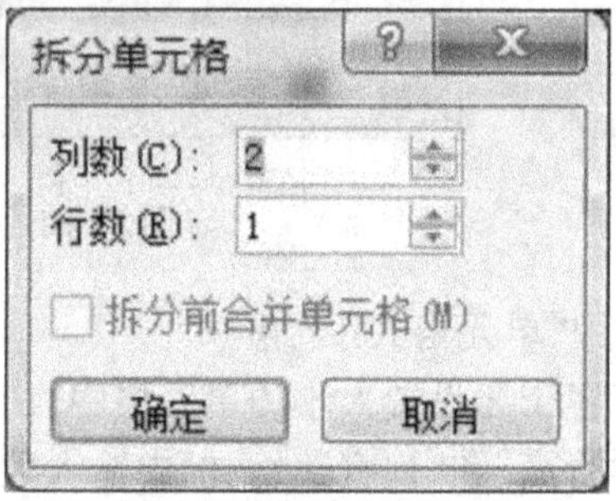

图 3－55　拆分单元格

6. 表格格式的设置

表格创建完成以后，用户可以在表格中输入数据，并对表格中的数据格式及对齐方式等进行设置。同样，也可对表格套用样式，设置边框和底纹，以增强视觉效果，使表格更加美观。

(1) 设置字体格式

将鼠标移动至表格上方时，表格左上角会出现按钮，单击该按钮，选中整张表格。然后在“开始”选项卡下的“字体”组中设置其字体、字号、字体颜色、加粗、下划线等属性。

(2) 设置表格对齐方式

将鼠标移动至表格上方时，表格左上角会出现按钮，单击该按钮，选中整张表格。然后选择“表格工具”下“布局”选项卡，单击“对齐方式”组中的相应按钮，来设置文字对齐方式，如图 3－56 所示。

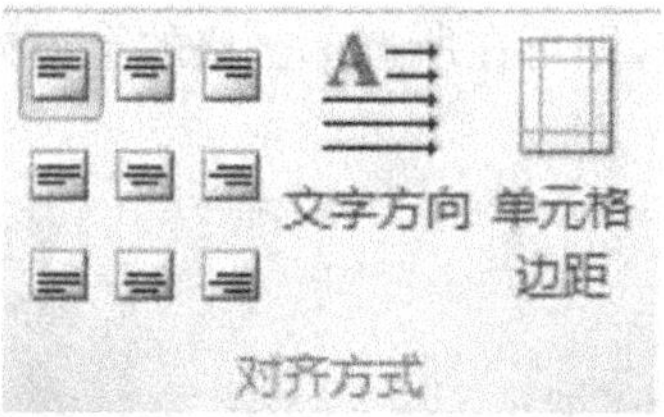

图 3－56　对齐方式组

(3) 添加边框

在 Word 中，提供了很多种表格边框样式，用户可根据需要选择适合自己的边框。

将鼠标移动至表格上方时，表格左上角会出现按钮，单击该按钮，选中整张表格。然后选择“表格工具”下“设计”选项卡，在“表格样式”组中单击“边框”下拉按钮，执行“边框和底纹”命令，在弹出的“边框和底纹”对话框中进行设置。

(4) 添加底纹

要为表格添加底纹，首先，选择要添加底纹的表格区域。然后选择“表格工具”下“设计”选项卡，单击“表格样式”组中的“底纹”下拉按钮，选择一种颜色，如选择“橙色”。或者可以选中要添加底纹的表格区域，单击鼠标右键，执行“边框和底纹”命令，选择“底纹”选项卡，单击“填充”下拉按钮，选择一种颜色，也可为表格添加底纹。

(5) 套用表格样式

在表格的任意单元格内单击鼠标，然后切换到“表格工具”下的“设计”选项卡，在“表格样式”组中选择一种表格样式效果。

3.4.4　表格与文本相互转换

1. 将文本转换成表格

① 可以使用同样的符号分隔文本中的数据项，例如选用段落标记、半角逗号、制表符、空格等。

② 选中 Word 中需要转换成表格的文本。

③ 在“插入”选项卡上的“表格”组中，单击“表格”，然后单击“文本转换成表格”，如图 3-57所示。

④ 在“文本转换成表格”对话框的“文字分隔位置”下，单击要在文本中使用的分隔符对应的选项，如图 3-58 所示。

图 3-57　文本转换成表格

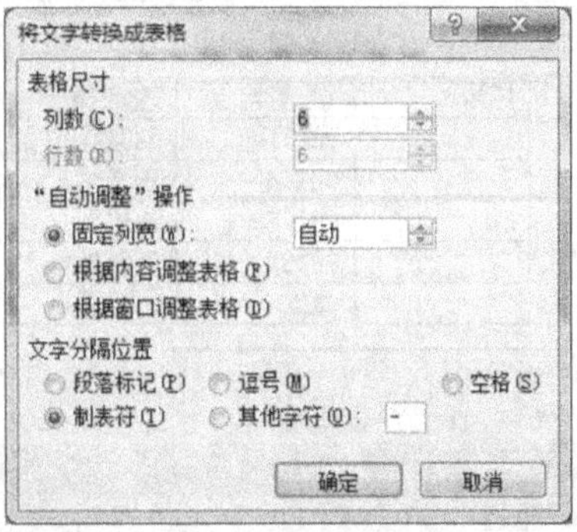

图 3-58　将文字转换成表格对话框

⑤ 在“列数”框中，选择列数。如果未看到预期的列数，则可能是文本中的一行或多行缺少分隔符。

⑥ 选择需要的其他选项。最后单击“确定”按钮即可。

2. 表格转换为文本

在 Word 2010 文档中，用户可以将 Word 表格中指定单元格或整张表格转换为文本内容(前提是 Word 表格中含有文本内容)，操作步骤如下所述：

① 打开 Word 2010 文档窗口，选中需要转换为文本的单元格。如果需要将整张表格转换为文本，则只需单击表格任意单元格。切换到“表格工具”下的“布局”选项卡，然后单击“数据”组中的“转换为文本”按钮。

② 在打开的“表格转换成文本”对话框中，如图 3-59 所示，选中“段落标记”、“制表符”、“逗号”或“其他字符”单选框。选择任何一种标记符号都可以转换成文本，只是转换生成的排版方式或添加的标记符号有所不同。最常用的是“段落标记”

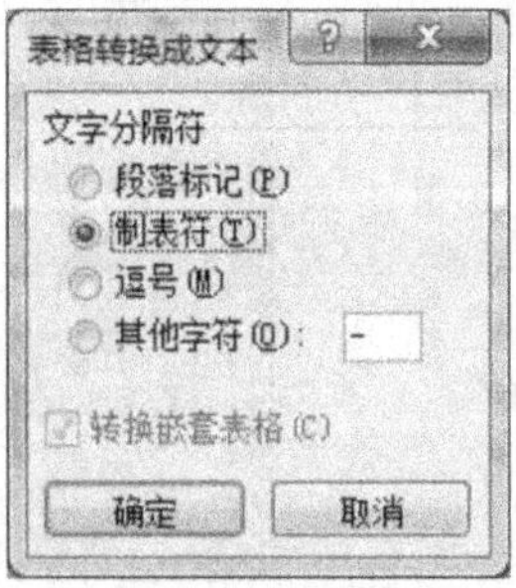

图 3-59　表格转换成文本对话框

和“制表符”两个选项。选中“转换嵌套表格”可以将嵌套表格中的内容同时转换为文本。

③ 设置完毕单击“确定”按钮即可。

3.4.5 表格内数据的排序和计算

1. 数据排序

对数据进行排序并非 Excel 表格的专利,在 Word 2010 中同样可以对表格中的数字、文字和日期数据进行排序操作,操作步骤如下所述:

① 打开 Word 2010 文档窗口,在需要进行数据排序的 Word 表格中单击任意单元格。在“表格工具”功能区切换到“布局”选项卡,并单击“数据”分组中的“排序”按钮,如图 3-60 所示。

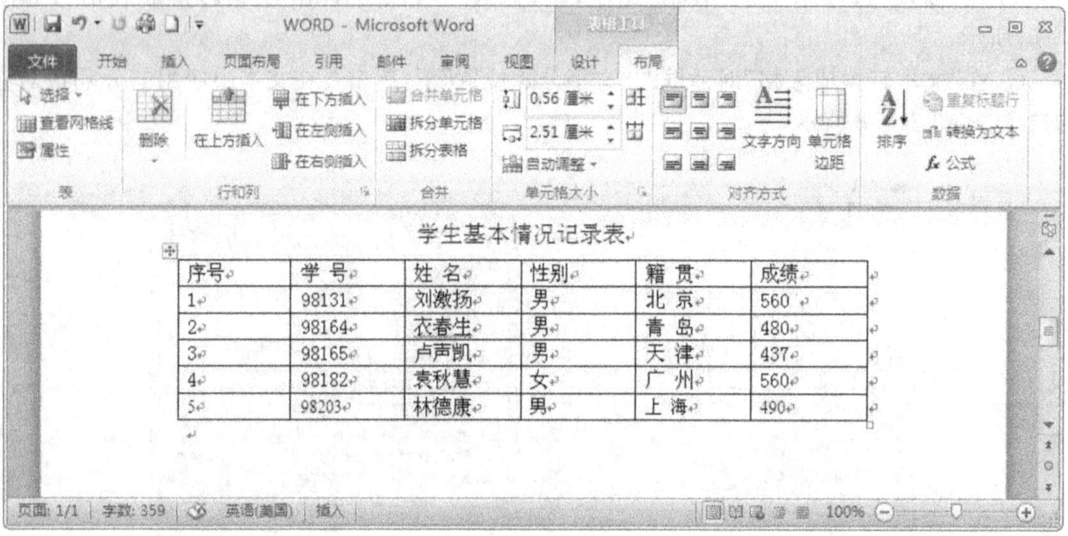

图 3-60 单击“排序”按钮

② 打开“排序”对话框,在“列表”区域选中“有标题行”单选框,如图 3-61 所示。如果选中“无标题行”单选框,则 Word 表格中的标题也会参与排序。

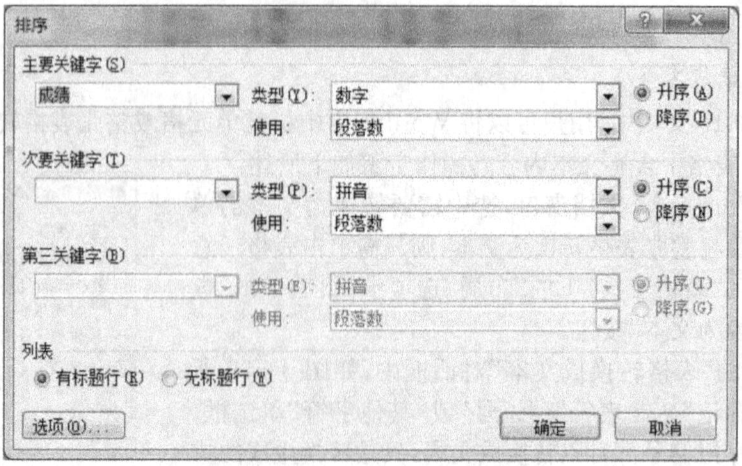

图 3-61 选中“有标题行”单选框

③ 在“主要关键字”区域，单击关键字下拉三角按钮选择排序依据的主要关键字。单击“类型”下拉三角按钮，在“类型”列表中选择“笔画”、“数字”、“日期”或“拼音”选项。如果参与排序的数据是文字，则可以选择“笔画”或“拼音”选项；如果参与排序的数据是日期类型，则可以选择“日期”选项；如果参与排序的只是数字，则可以选择“数字”选项。选中“升序”或“降序”单选框即可设置排序的顺序类型。

④ 在“次要关键字”和“第三关键字”区域进行相关设置，并单击“确定”按钮对 Word 表格数据进行排序。

2. 数据计算

Word 提供了对表格数据一些诸如求和、求平均值等常用的统计计算功能。利用这些计算功能可以对表格中的数据进行计算。操作步骤：

① 打开 Word 2010 文档窗口，将插入点移到存放数据计算结果的单元格中；切换到“表格工具”下“布局”选项卡，并单击“数据”分组中的“公式”按钮，打开“公式”对话框，如图 3 - 62 所示。

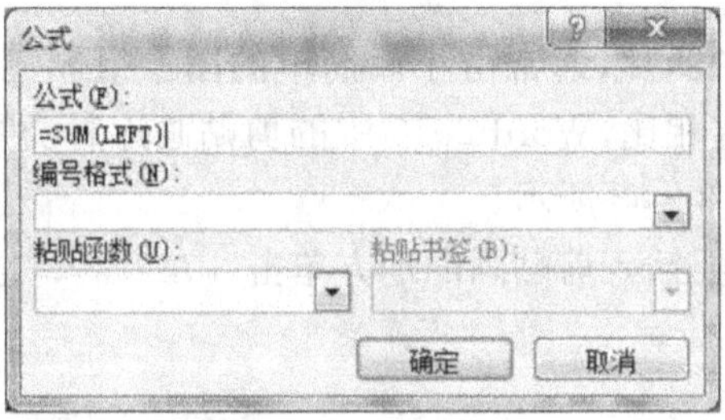

图 3 - 62　公式对话框

② 在“公式”列表框中显示“＝SUM(LEFT)”，表明要计算左边各列数据的总和，SUM(ABOVE)就表示对本列上面所有数据求和。如果要计算其平均值，应将其修改为“＝AVERAGE(LEFT)”，公式名可以在“粘贴函数”列表框中选定。

表 3 - 2　“公式”对话框常用的函数

函数	返回结果
SUM( )	返回一组数值的和
ABS(X)	返回 X 的绝对值
AVERAGE( )	返回一组数值的平均值
COUNT( )	返回列表中的项目数

③ 在“数据格式”列表框中选定“0”格式，表示没有小数。

④ 最后，单击“确认”按钮，即可得出计算结果。

课堂实训三

1. 打开“素材文件夹”下“Word 素材”中的 Word 文档“ED3. docx”。

2. 将除标题的其他文本转换成表格。

3. 在表格最右侧增加一列，并在增加的一列最上方单元格内输入文本“合计”，然后分别计算各球类的销售合计。

4. 设置单元格内文字水平居中对齐。

5. 设置表格的表格样式为“浅色网格-强调文字颜色 5”。

6. 将表格内容数据以“合计”为主关键字进行降序排序。

7. 将修改过的文档以文件名“运动器材销售统计”保存到“Word 素材”文件夹中。

3.5 Word 的图文混排功能

在 Word 中,可以实现对各种图形对象的绘制、缩放、插入和修改等多种操作,还可以把图形对象与文字结合在一个版面上,实现图文混排,从而轻松地设计出图文并茂的文档。本节将介绍如何在文档中插入与编辑图形对象,并讲解绘制图形的方法。

3.5.1 插入图片和艺术字

1. 插入剪贴画

贴画是一种特殊类型的图片,通常由小而简单的图像组成。Word 附带了一个非常丰富的剪贴画库。与以前的版本相比,Word 2010 中的剪贴画库种类更齐全,内容更丰富,画面更漂亮,操作也更方便。如图 3-63 所示。

① 打开 Word,鼠标在要插入剪贴画的地方单击。在“插入”选项卡上的“图像”组中,单击“剪贴画”按钮。

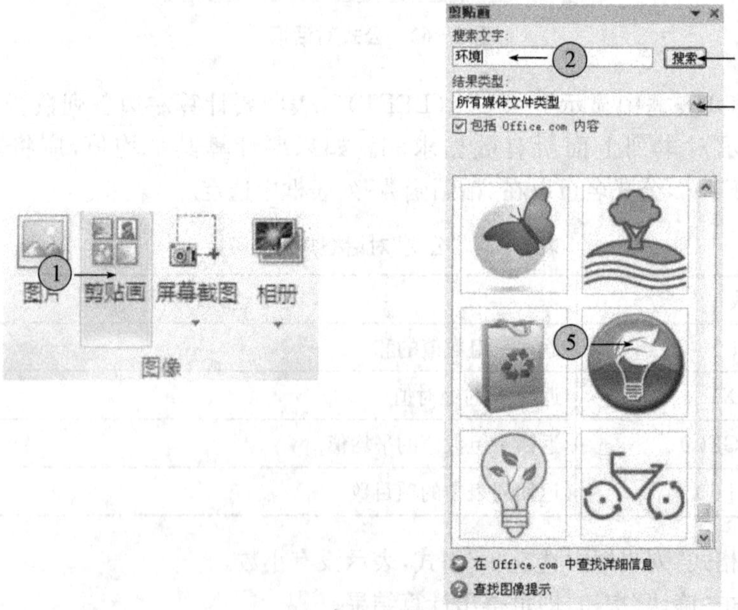

图 3-63 插入剪贴画

② 在“剪贴画”任务窗格(任务窗格:Office 程序中提供常用命令的窗口。它的位置适宜,尺寸又小,用户可以一边使用这些命令,一边继续处理文件)中的“搜索”文本框中,键入用于描述所需剪贴画的字词或短语,或键入剪贴画的完整或部分文件名。

③ 若要缩小搜索范围,请在“结果类型”列表中选中“插图”、“照片”、“视频”和“音频”旁边

的复选框。

④ 单击"搜索"按钮。

⑤ 在结果列表中,单击剪贴画以将其插入。

2. 插入图片

① 打开 Word 文件,在要插入图片的位置单击鼠标。在"插入"选项卡上的"图像"组中,单击"图片"命令,如图 3 - 64 所示。

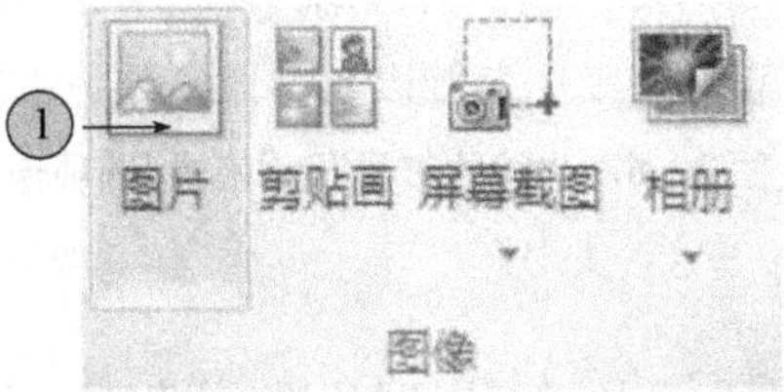

图 3 - 64　插入图片

② 在弹出的"插入图片"对话框中,找到要插入的图片,然后双击该图片,如图 3 - 65 所示。

图 3 - 65　选择图片文件

③ 若要添加多张图片,请在按住 Ctrl 的同时单击要插入的图片,然后单击"插入",图片即出现在 Word 中。

3. 调整图片或剪贴画的大小

插入的图片或剪贴画的大小和位置可能不合适,可以用鼠标来调节图片的大小。

调节图片大小的方法:选择图片,按下左键并拖动左右(上下)边框的控点可以在水平(垂直)方向缩放。若拖动四角之一

图 3 - 66　手动调整图片大小

的控点,会在水平和垂直两个方向同时进行缩放,如图 3-66 所示。

也可以精确定义图片的大小。首先选择图片,在"图片工具"→"格式"选项卡"大小"组输入图片的高和宽,如图 3-67 所示。

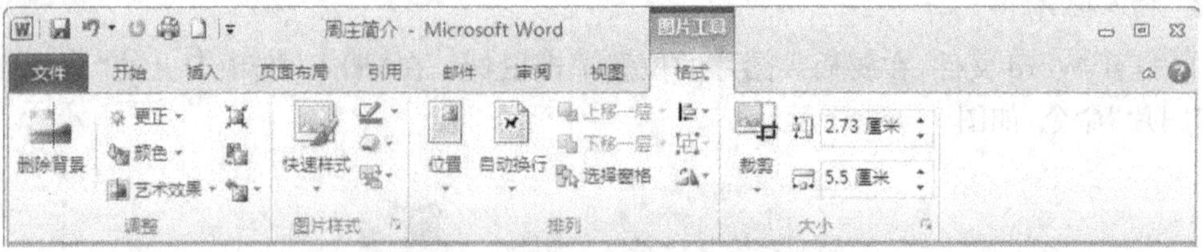

图 3-67 "图片工具"→"格式"选项卡

4. 图片的剪裁

在 Word 中,用户可以根据自己的需要对图片进行裁剪。通过使用裁剪工具,可以将图片上不需要的部分裁剪掉,具体的操作步骤如下:

① 选中需要裁剪的图片。

② 切换到"图片工具"下的"格式"选项卡,在"大小"组中单击"裁剪"按钮,此时图片周围会出现 8 个方向的黑色裁剪控制柄,如图 3-68 所示。

图 3-68 裁剪图片

③ 鼠标拖动黑色控制柄,对图片进行调整,直至满意为止。

④ 在空白位置单击鼠标左键,即可完成裁剪图片。

5. 设置图文混排

① 选择需要设置的图片。

② 选择"图片工具"下的"格式"选项卡,在"排列"组中单击"自动换行"按钮,在弹出的下拉列表中选择图文混排方式,如图 3-69 所示。

③ 再次单击"排列"组中的"自动换行"按钮,在弹出的下拉列表中选择"其他布局选项",打开"布局"对话框,在该对话框中选择"位置"选项卡,在此可对图片的水平位置及垂直位置进行编辑,如图 3-70 所示。

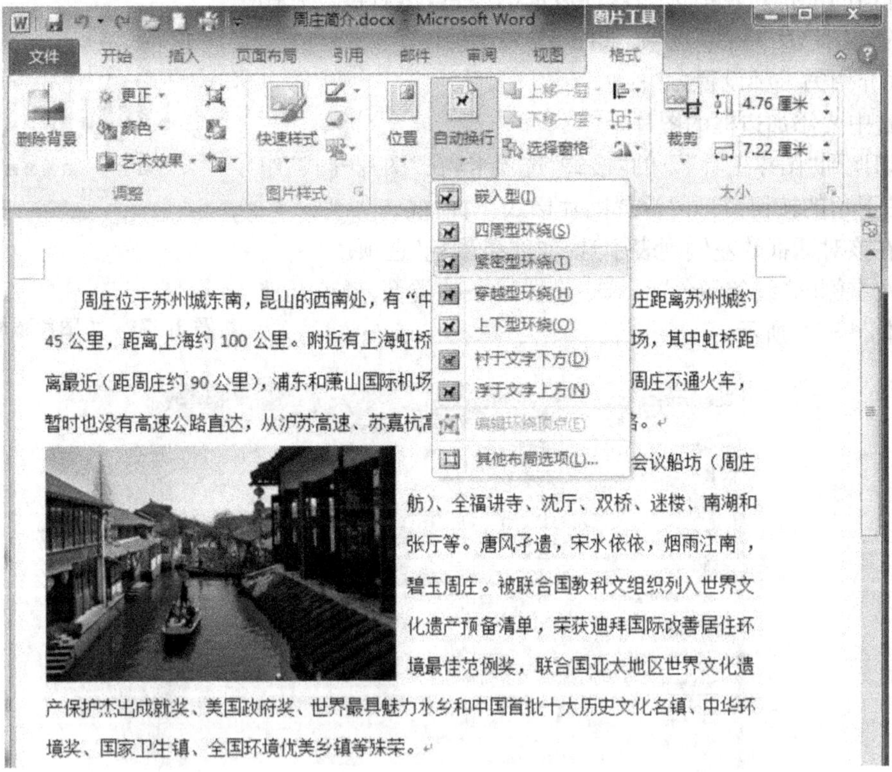

图 3－69　设置图文混排

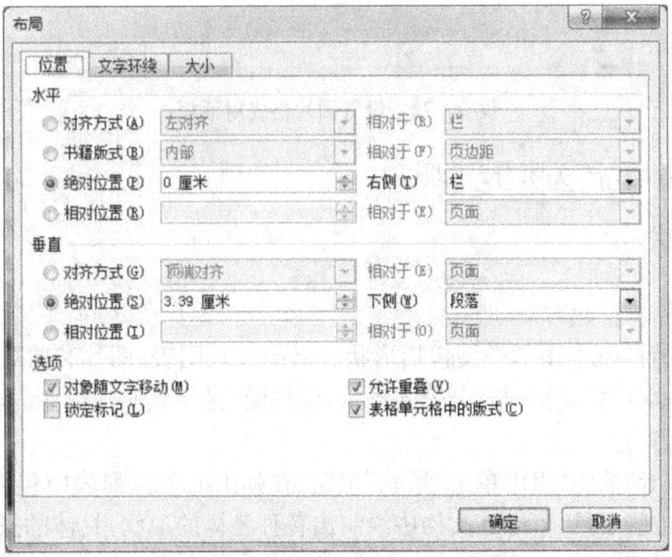

图 3－70　布局对话框

6. 为图片添加边框

通过为图片添加边框，可以美化图片。为图片添加边框的方法有两种：一种是选中要添加边框的图片，然后选择“图片工具”下的“格式”选项卡，在“图片样式”组中单击“图片边框”按钮。在弹出的下拉列表中选择一种边框的颜色,然后再设置图片边框的"粗细"及"虚线"选项,如图 3-71 所示。

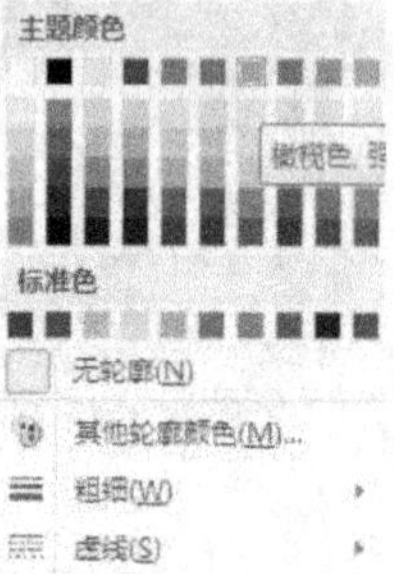

图 3-71 为图片添加边框

下面介绍另一种设置方法:

① 选中要添加边框的图片。

② 切换到"图片工具"下的"格式"选项卡,在"图片样式"组中单击右下角的按钮,打开"设置图片格式"对话框。

③ 在该对话框的左侧列表中选择"线条颜色"选项。

④ 在右侧的"线条颜色"区域中设置线条的类型、颜色及透明度,如图 3-72 所示。

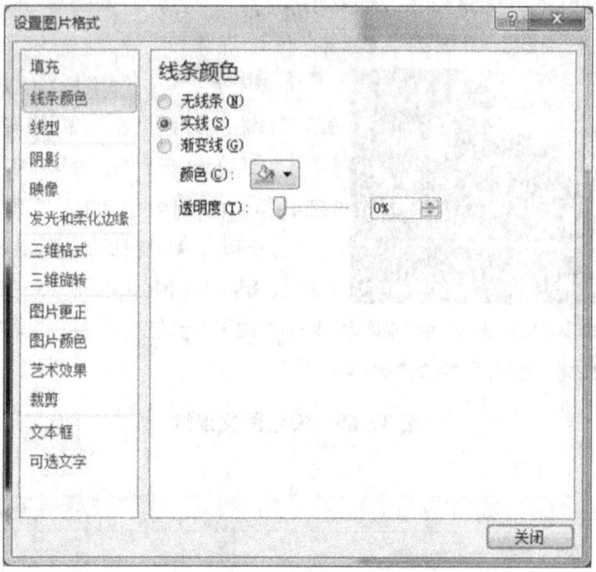

图 3-72 设置图片格式对话框

⑤ 设置完成后,单击"关闭"按钮即可。

3.5.2 绘制形状

1. 形状的创建

Word 文档支持的基本图形类型包括形状、SmartArt、图表、图片和剪贴画。其中,形状又包括线条、矩形、基本形状、箭头总汇、公式形状、流程图、星与旗帜和标注。这些图形对象都是 Word 文档的组成部分。

在"插入"选项卡"插图"组中单击"形状"按钮,在弹出的下拉列表中包含了上百种自选图形工具,通过使用这些工具,可以在文档中绘制出各种各样的形状,具体的操作步骤如下:

① 选择"插入"选项卡,在"插图"组中单击"形状"按钮 

,在弹出的下拉列表中选择一种形状,如图 3-73 所示。

② 此时鼠标指针变成十形状,在需要插入形状的位置按住鼠标左键并拖动,直至对形状的大小满意后松开鼠标左键,绘制的形状如图 3-74 所示。

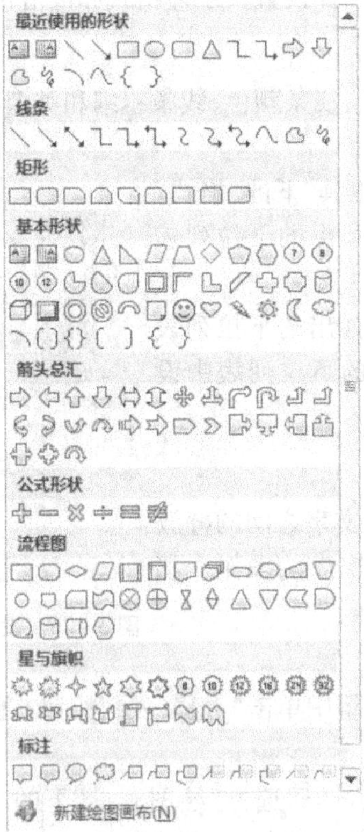

图 3-73　插入形状

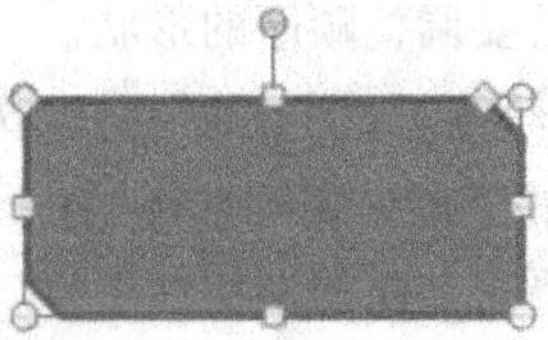

图 3-74　调整形状大小

③ 绘制完成一个形状后，该形状呈选定状态，其四周出现几个小圆形，称为顶点。图形中黄色小菱形称为控制点。鼠标拖动控制点可以改变形状的外观。

在绘制形状时按住 Shift 键：绘制直线时，可以画出水平直线、竖直直线及与水平成 15°、30°、45°、60°、75°、90°的直线；绘制圆时，可以画出标准的形状；绘制矩形时，可以画出正方形。

拖动对象时按住 Shift 键：对象只能沿水平竖直方向移动。

选择形状对象时按住 Shift 键：可同时选中多个形状对象。

2. 在形状中添加文字

除了直线、箭头等线条形状外，其他所有的形状都允许向其中添加文字。要在形状中添加文字需选中形状，然后右击鼠标，在弹出的快捷菜单中选择“添加文字”命令，然后输入文字即可，如图 3-75 所示。

图 3-75　在形状中添加文字

对于在形状中输入的文字,可以像设置文档正文一样设置其字体格式和段落格式。

3. 形状的颜色、线条、三维效果

用户可以根据自己的需要来设置形状的填充颜色、线条颜色、线条粗细和类型等。操作步骤如下:

① 选择要设置颜色的形状对象,然后选择“绘图工具”下的“格式”选项卡,在“形状样式”组中单击“形状填充”按钮,在弹出的下拉列表中选择相应的颜色。

② 在“形状样式”组中,单击“形状轮廓”按钮,在弹出的下拉列表中选择相应颜色,再次单击“形状轮廓”按钮,在弹出的下拉列表中设置“粗细”下相应的磅值,如图 3-76 所示。

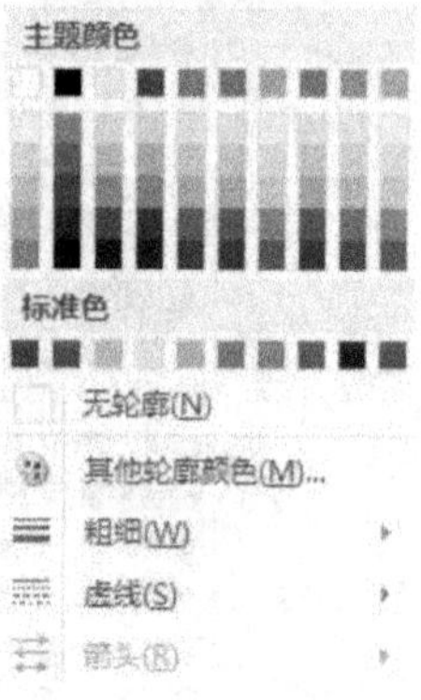

图 3-76 设置形状颜色

4. 调整形状的叠放次序

用户可以在 Word 文档中调整形状之间和形状与文字之间的叠放次序,从而获得更为灵活的效果。调整形状之间叠放次序的操作步骤如下:

① 选择需要调整顺序的形状。

② 选择“绘图工具”下的“格式”选项卡,在“排列”组中单击“上移一层”按钮右侧的下三角按钮,在弹出的下拉列表中选择“置于顶层”选项。

③ 如果要将上面的形状往下移,同样先选择形状,然后选择“绘图工具”下的“格式”选项卡,在“排列”组中单击“下移一层”按钮右侧的下三角按钮,在弹出的下拉列表中选择叠放次序。

调整形状与文字之间的叠放次序同样使用上述方法。

5. 形状的组合

组合形状对象是指将绘制的多个形状对象组合在一起,以便把它们作为一个新的整体对象来移动或更改。组合形状对象的操作步骤如下:

① 选中其中一个形状,然后按下键盘上的 Shift 键,再选中其他要组合的形状对象。

② 在选中的形状对象上右击鼠标,在弹出的快捷菜单中选择“组合”下的“组合”命令,如图 3-77 所示。

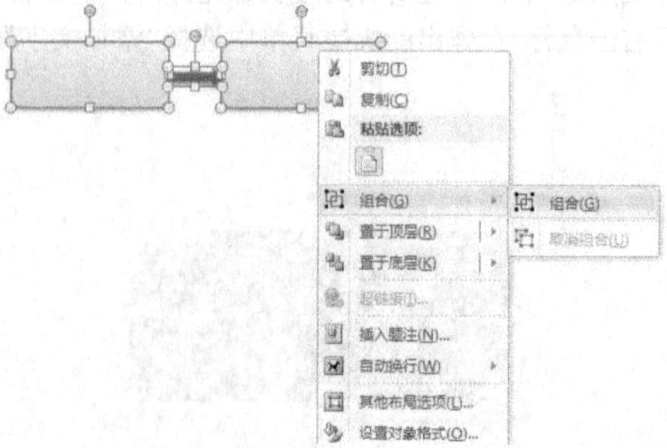

图 3-77 形状组合

③ 即可将选中的形状组合起来。组合后的形状是作为一个整体的，如图 3－78 所示。

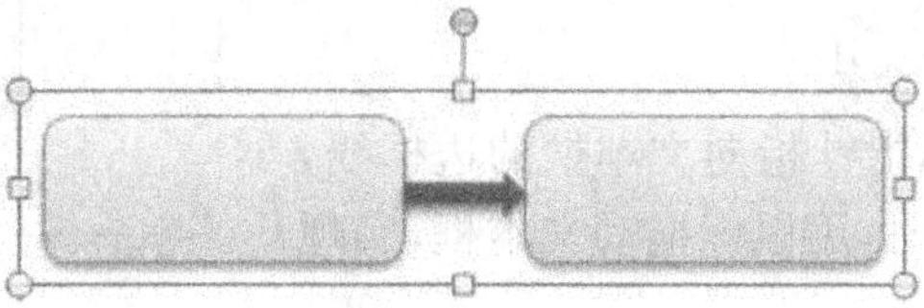

图 3－78　组合后的形状

如果用户想要取消组合，可右击组合图形对象，然后在弹出的快捷菜单中选择“组合”下的“取消组合”命令。

3.5.3　使用文本框

在编辑 Word 文档时，由于文档的需要，比如在介绍某一特定的概念时，为了让这一概念突出显示，我们需要将这一概念以文本框的形式插入文档。由于 Word 2010 强大的功能，它内置多种样式的文本框供我们选择，同时还可以自由的设置文本框格式和对齐方式。

通过使用 Word 2010 文本框，用户可以将 Word 文本很方便地放置到 Word 2010 文档页面的指定位置，而不必受到段落格式、页面设置等因素的影响。

1. 绘制文本框

Word 2010 内置有多种样式的文本框供用户选择使用。在 Word 2010 文档中插入文本框的步骤如下所述：

① 在 Word 2010 文档中将光标定位在需要插入文本框的位置。

② 切换到“插入”选项卡。在“文本”组中单击“文本框”按钮，如图 3－79 所示。

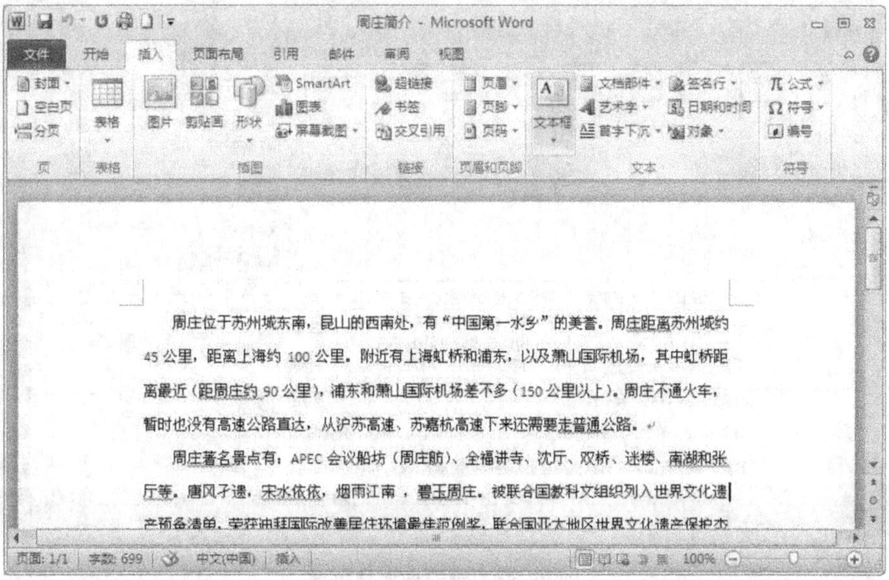

图 3－79　插入文本框

③ 在打开的内置文本框面板中选择合适的文本框类型，如图 3－80 所示。

④ 返回 Word 2010 文档窗口,所插入的文本框处于编辑状态,直接输入文本内容即可。

2. 调整文本框位置和大小

(1) 移动文本框:鼠标指针指向文本框的边框线,当鼠标指针变成十字形状时,用鼠标拖动文本框,实现文本框的移动。

(2) 复制文本框:选中文本框,按下键盘上 Ctrl 键的同时用鼠标拖动文本框,可实现文本框的复制。

(3) 改变文本框的大小:首先单击文本框,在该文本框四周出现 8 个控制大小的小方块,向外拖动文本框边框线上的小方块,可改变文本框的大小。

3. 文本框布局设置

所谓文字环绕方式就是指 Word 2010 文档文本框周围的文字以何种方式环绕文本框,默认设置为"浮于文字上方"环绕方式。用户可以根据 Word 2010 文档版式需要设置文本框文字环绕方式,操作步骤如下所述:

图 3-80 文本框样式

① 开 Word 2010 文档窗口,单击选中文本框。在打开的"文本框工具/格式"选项卡的"排列"组中单击"位置"按钮,如图 3-81 所示。

② 打开的位置列表中提供了嵌入型和多种位置的四周型文字环绕方式,如果这些文字环绕方式不能满足用户的需要,则可以单击"其他布局选项"命令。

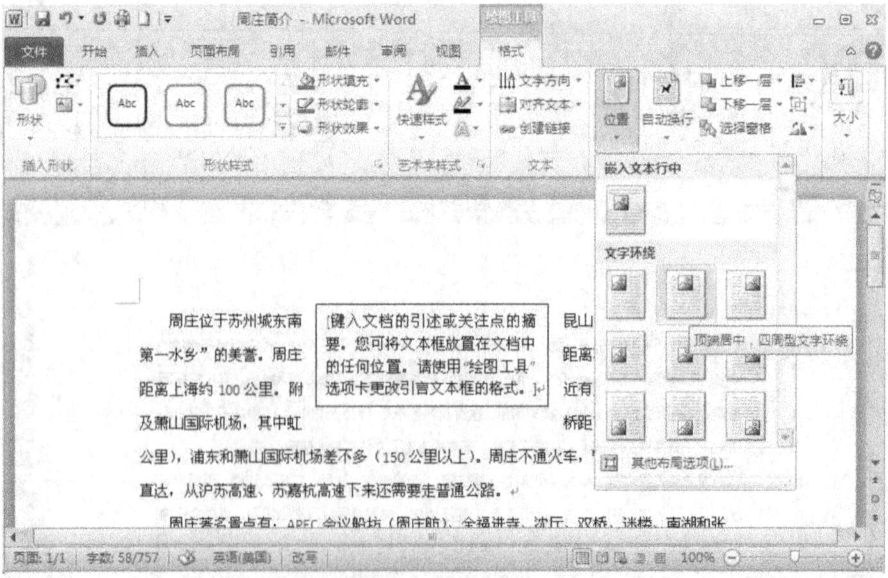

图 3-81 文本框布局设置

③ 打开"位置"对话框,切换到"文字环绕"选项卡。用户可以看到 Word 2010 提供了四周型、紧密型、衬于文字下方、浮于文字上方、上下型、穿越型等多种文字环绕方式。选择合适的

环绕方式，并单击“确定”按钮即可。

4. 文本框格式设置

如果想改变文本框边框线的颜色或给文本框填充颜色，则可采取如下步骤：

① 选中文本框，然后选择“绘图工具”下的“格式”选项卡，在“形状样式”组中可以为文本框选择一种样式，也可以设置文本框的填充颜色、轮廓颜色，或为文本框设置一些特殊效果，如图 3－82 所示。

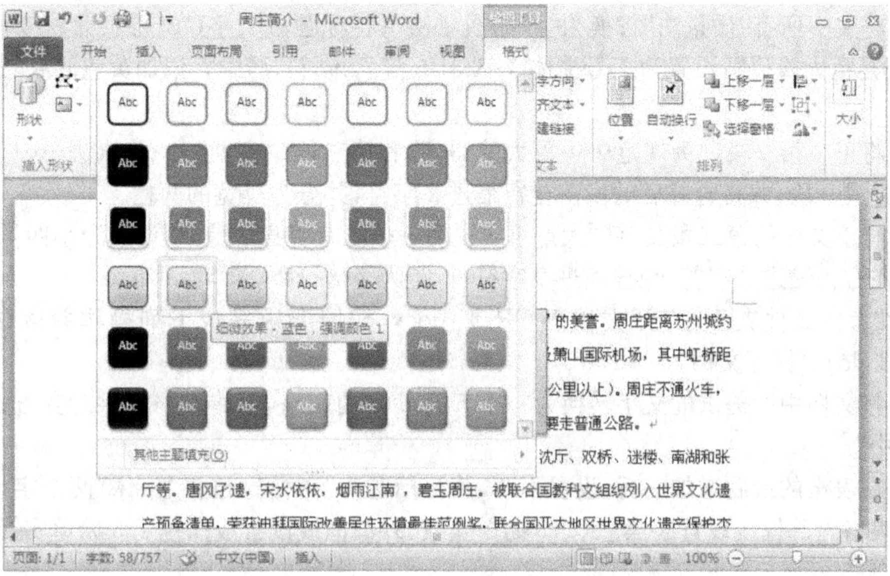

图 3－82　文本框格式设置

② 可以用另外一种方法设置文本框的格式，单击“形状样式”组中右下角的按钮，打开“设置形状格式”对话框，在该对话框中进行设置。在设置文本框格式里面，我们可以很方便的设置文本框的外边框、填充颜色、线型、阴影，文本框的精确位置以及文字版式等。

课堂实训四

1. 打开“素材文件夹”下“Word 素材”中的 Word 文档“ED4. docx”。

2. 将正文设置为小四号宋体、段落首行缩进 2 字符，行距为 1.5 倍行距。

3. 在标题处添加文本框，文本框内容为“日月潭介绍”，字体三号，加粗。然后设置文本框与文字的环绕方式为“上下型”。为文本框应用文本样式“细微效果-水绿色，强调颜色 5”。拖动文本框至标题的中间位置。并适当调整文本框的大小。

4. 在第一段中间位置插入“Word 素材”文件夹中的图片“日月潭. jpg”，然后设置图片与文字的环绕方式为“四周型环绕”。

5. 在文档尾部添加形状“新月形”。

6. 将修改过的文档以文件名“日月潭介绍”保存到“Word 素材”文件夹中。

3.6 综合实训

综合实训一

1. 在“素材文件夹”下的“PowerPoint 素材”中，打开文档 WORD1. docx，按照要求完成下列操作并以该文件名(WORD1. docx)保存文档。

(1) 将文中所有“质量法”替换为“产品质量法”；将标题段文字(“产品质量法实施不力地方保护仍是重大障碍”)设置为三号楷体_GB2312、蓝色、倾斜、居中并添加黄色底纹，设置段后间距为 1 行。

(2) 将正文第一段(“为规范……重大障碍。”)和第二段(“安徽的一些执法……打击打假者。”)合并成一段，并将合并后的段落首行缩进 2 字符，并分为等宽的两栏。

(3) 将正文中的第二段文字(“大量事实说明……没有容身之地。”)设置为小四号宋体、加粗，段落左右各缩进 2 字符，悬挂缩进 2 字符，行距为 2 倍行距。

2. 在考生文件夹下，打开文档 WORD2. docx，按照要求完成下列操作并以该文件名(WORD2. docx)保存文档。

(1) 将文档中所提供的文字转换为一个 5 行 6 列的表格，再将表格文字对齐方式设置为“水平居中”。

(2) 在表格的最后增加一行，设置不变，其行标题为“午休”，再将“午休”两个字设置成红色底纹，表格内部框线设置成黑色 0.75 磅单实线，外部框线设置成黑色 1.5 磅单实线。

综合实训二

在“素材文件夹”下的“PowerPoint 素材”中打开文档 WORD. docx，按照要求完成下列操作并以该文件名(WORD. docx)保存文档。

(1) 将标题段文字(“北京高考考生人数创新低”)设置为红色二号黑体，加粗、居中，并添加黄色底纹。

(2) 设置正文各段落(“12 月 7 日……最终出炉。”)左右各缩进 1 字符，首行缩进 2 字符，段前间距 0.5 行；将正文第四段(“根据工作安排……最终出炉。”)分为等宽两栏，栏间添加分隔线(注意：分栏时，段落范围包括本段末尾的回车符)。

(3) 在页面底端(页脚)居中位置插入页码，并设置起始页码为“Ⅳ”。

(4) 将文中后 6 行文字转换成一个 6 行 6 列的表格，设置表格居中，并使用“自动调整”功能根据内容调整表格；设置表格中第一行文字中部居中、其余各行文字中部右对齐。

(5) 在表格下方添加一行，其中“年份”列输入“平均”，其余各列计算相应列五年的平均数(其中“报名人数”、“文科人数”、“理科人数”列精确到整数；“文科比例”和“理科比例”列精确到小数点后 2 位，格式为百分数)；设置表格外框线和第一行与第二行间的内框线为 3 磅的绿色双窄线，其余内框线为 1 磅的绿色单实线。

综合实训三

1. 在“素材文件夹”下的“PowerPoint 素材”中，打开文档 WORD5. docx，按照要求完成下列操作并以该文件名(WORD5. docx)保存文档。

(1) 将文中所有错词“摹拟”替换为“模拟”；将标题段(“模/数转换”)文字设置为三号红色黑体、居中、字符间距加宽 2 磅。

(2) 将正文各段文字(“在工业控制……采样和量化。”)设置为小四号仿宋_GB2312；各段首行缩进 2 字符、段前间距 0.5 行。

(3) 将文档页面的纸型设置为“B5(18.2×25.7 厘米)”、左右边距各为 3 厘米；在页面顶端(页眉)右侧插入页码。

2. 在考生文件夹下，打开文档 WORD6.docx，按照要求完成下列操作并以该文件名(WORD6.docx)保存文档。

(1) 将表格标题(“c 语言 int 和 long 型数据的表示范围”)设置为三号宋体、加粗、居中；在表格第 2 行第 3 列和第 3 行第 3 列单元格中分别输入：

$$-2^{15}\text{到 }2^{15}-1\text{、}-2^{31}\text{到 }2^{31}-1$$

设置表格居中、表格中所有内容水平居中；表格中的所有内容设置为四号宋体。

(2) 设置表格列宽为 3 厘米、行高 0.7 厘米、外框线为红色 1.5 磅的双窄线、内框线为红色 0.75 磅单实线；设置第 1 行单元格为黄色底纹。

第4章 Excel 2010 的使用

Excel 2010 是美国微软公司发布的 Office 2010 办公套装软件家族中的核心软件之一，它具有强大的自由制表和数据处理等多种功能，是目前世界上最优秀、最流行的电子表格制作和数据处理软件之一。利用该软件，用户不仅可以制作各种精美电子表格，还可以用来组织、计算和分析各类数据以及制作复杂的图表和财务统计表。

本章首先以步骤化、图例化的方式向读者介绍 Excel 2010 各项功能的使用，然后对五个具有代表性的案例进行解析，最后安排了三个综合实训题供读者自我检验。通过本章的理论学习和实训，读者可以了解和掌握如下内容：

- 打开、关闭、创建、保存和打印工作簿
- 输入文本、数字、日期、批注和公式
- 设置工作表、单元格的格式
- 公式与函数
- 创建及编辑图表
- 数据的排序、筛选、分类汇总、数据合并、数据透视表
- 工作表中的超链接
- 保护和隐藏工作表

4.1 Excel 2010 基础

4.1.1 Excel 的主要用途

1. Excel 的基本功能

(1) 方便的表格操作。Excel 可以快捷地建立数据表格，输入和编辑工作表中的数据，方便、灵活地操作和使用工作表以及对工作表进行格式化设置。

(2) 强大的计算能力。Excel 提供了简单易学的公式和丰富的函数，利用自定义的公式和函数可以进行各种复杂的计算。

(3) 丰富的图表表现。Excel 提供便捷的图表向导，可以轻松建立和编辑出多种类型的、与工作表对应的统计图表，并可对图表进行精美的修饰。

(4) 快速的数据库操作。Excel 把数据表与数据库操作融为一体，利用 Excel 提供的选项卡和命令可以对以工作表形式存在的数据清单进行排序、筛选和分类汇总等操作。

(5) 数据共享。Excel 提供数据共享功能，可以实现多个用户共享同一个工作簿文件，建立超链接等。

2. Excel 的主要用途

Excel 界面友好、功能丰富、操作方便，因此，在金融、财务、单据报表、市场分析、统计、工

资管理、文秘处理、办公自动化等方面被广泛使用。

3. Excel 2007/2010 新增功能

(1) 新用户界面。Excel 2007/2010 与 Excel 2003 相比有了新的外观,它放弃了曾经长期使用的菜单和工具栏用户界面,使用全新的"选项卡和功能区"界面。

(2) 较大的工作表。在 Excel 2003 及以前的版本中,一个工作表最多可以有 65536 行、256 列;Excel 2007/2010 在此基础上作了较大的扩展,一个工作表最多可以有 1048576 行、16384 列,其单元格数相当于 Excel 2003 工作表的 1024 倍。

(3) 新文件格式。在过去的几年中,Excel 的 XLS 文件格式已成为行业标准。Excel 2007/2010 仍旧支持该格式,但它现在使用新的基于 XML(可扩展标记语言)的默认"打开"文件格式 XLSX。

(4) 其他。除了以上描述之外,Excel 2007/2010 在工作表表格、样式、主题、图表、页面布局视图、条件格式、合并选项、Smart Art、公式、协作功能、兼容性检查器、数据透视表等方面相对于 Excel 2003 等版本也有了较大的改进。

4.1.2 Excel 2010 启动和退出

1. Excel 2010 的启动

方法一:执行"'开始'菜单|所有程序|Microsoft office|Microsoft Excel 2010"命令启动 Excel,如图 4-1 所示。

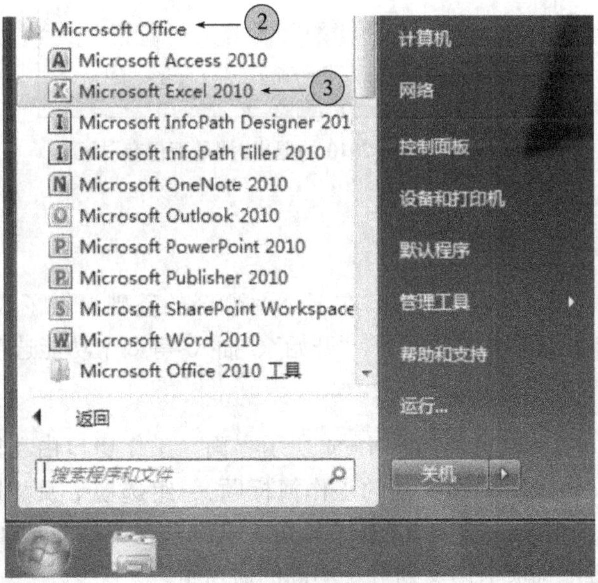

图 4-1　Excel 2010 的启动

方法二:双击已有 Excel 文件启动 Excel。除了执行命令来启动 Excel 外,在 Windows 桌面或文件资料夹视窗中双击 Excel 工作表的名称或图标,同样也可以启动 Excel 2010。

2. Excel 2010 的结束/退出

若想结束/离开 Excel,只要单击主视窗右上角的"关闭"按钮,或者单击"文件"选项卡的"退出"按钮,就可以结束/退出 Excel 了,如图 4-2 所示。

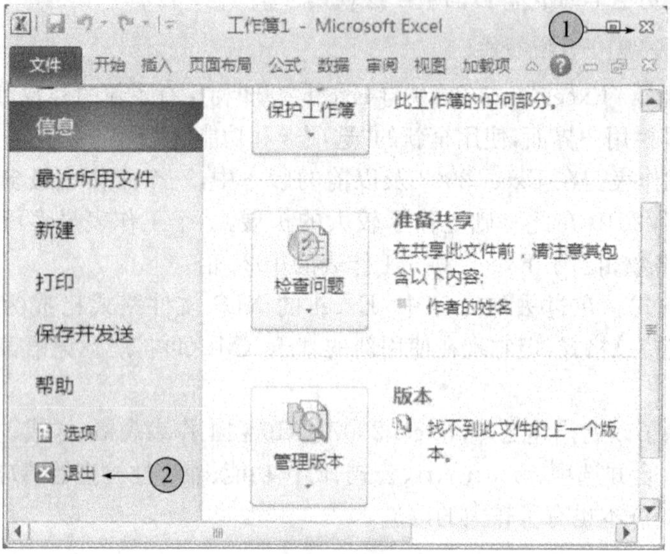

图 4-2 Excel 2010 的退出

如果曾在 Excel 视窗中做过输入或编辑的动作，关闭时会出现提示存档信息，按需求选择即可，如图 4-3 所示。

图 4-3 Excel 2010 的退出时“是否保存”提醒

4.1.3 Excel 的窗口及其组成

Excel 2010 窗口与 Excel 2007 相似，在 Excel 2003 的基础上做了较大的改变，主要体现为取消工具栏，将所有操作集中在“文件”、“开始”、“插入”等 8 个功能选项卡中集中显示。

1. Excel 窗口

启动 Excel 2010 后，可以看到如图 4-4 所示界面。工作窗口由功能区和工作表窗口组成，其中功能区(上部)包含所操作文档的工作簿标题、一组选项卡及相应命令；工作表区(下部)包括名称框、数据编辑区、状态栏、工作表区等。其中选项卡中集成了相应的操作命令，根据命令功能的不同，每个选项卡内又划分了不同的命令组。

2. Excel 工作簿、工作表和单元格

Excel 的基本元素包括工作簿、工作表、单元格和单元格区域等。

工作簿：Excel 是以工作簿为单位来处理和存储数据的，它由多个工作表组成。

工作表：工作表是单元格的集合，是 Excel 进行一次完整作业的基本单位。工作表通过工作表标签来标识，如 Sheet1、Sheet2、……

单元格：单元格是工作表中的小方格，它是工作表的基本元素，用户可以向单元格中输入

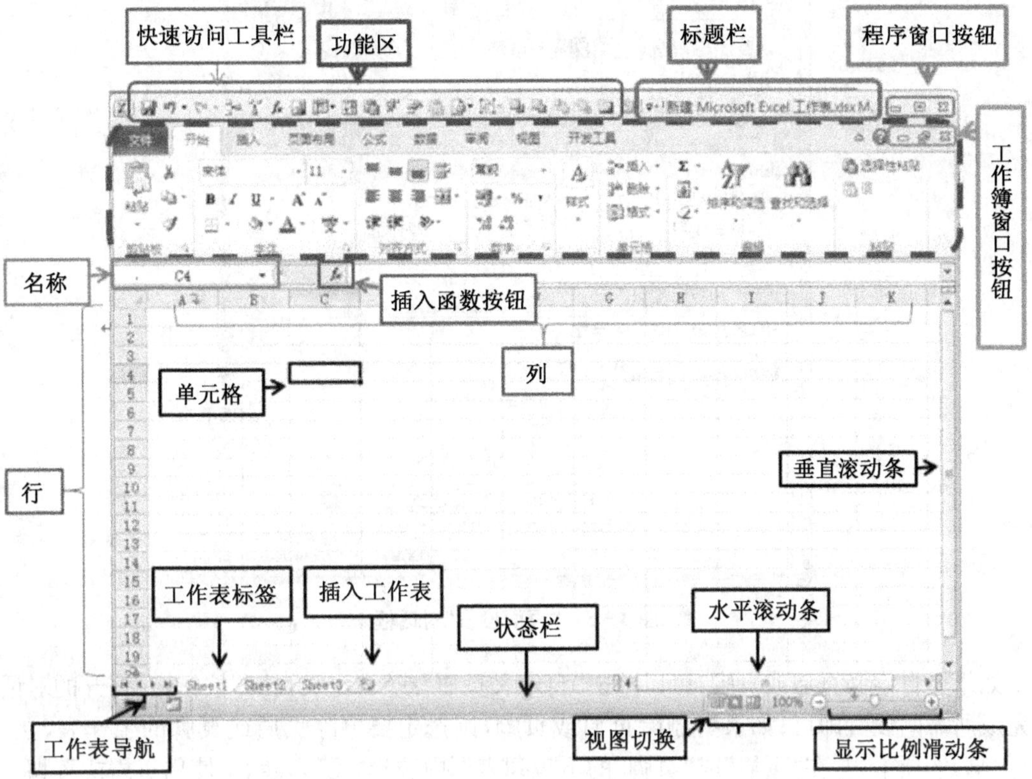

图 4-4　Excel 2010 窗口

文字、数据和公式，也可以对单元格中的文字、长度、颜色对齐方式等进行设置。每个单元格都有一个名字，通常可以在地址栏中显示。单元格的命名用列号加行号来表示的，列号用 A，B，C，D，E，F，G……行号用 1，2，3，4，5，6……来表示。例如：第二列第三行用 B3 表示。

单元格区域：一组被选中的相邻或不相邻的单元格都以高亮度显示。

4.1.4　工作表页面设置及打印

1. 工作表页面设置

对工作表进行页面布局，可以控制打印的工作表版面。页面布局是利用“页面布局”选项卡内的“页面设置”等命令组完成的，主要包括页面设置、页边距、页眉、页脚等操作。

(1) 页面设置。选择“页面布局”选项卡下的“页面设置”命令组中的命令或单击“页面设置”命令组右下方的小按钮（页面设置），利用弹出的“页面设置”对话框可以进行页面的打印方向、缩放比例、纸张大小以及打印质量的设置，如图 4-5 所示。

(2) 设置页边距。选择“页面设置”命令组的“页边距”命令，可以选择已经定义好的页边距；也可以利用“页面设置”对话框设置页面中正文与页面边缘的距离，如图 4-5 所示，在“上”、“下”、“左”、“右”数值框中分别输入所需的页边距数值即可。

(3) 设置页眉/页脚。页眉是指打印页顶部出现的文字，而页脚则是打印页底部出现的文字。利用“页面设置”对话框的“页眉/页脚”标签，打开“页眉/页脚”选项卡，可以在“页眉”/“页脚”的下拉列表框中选择内置的页眉格式或页脚格式。

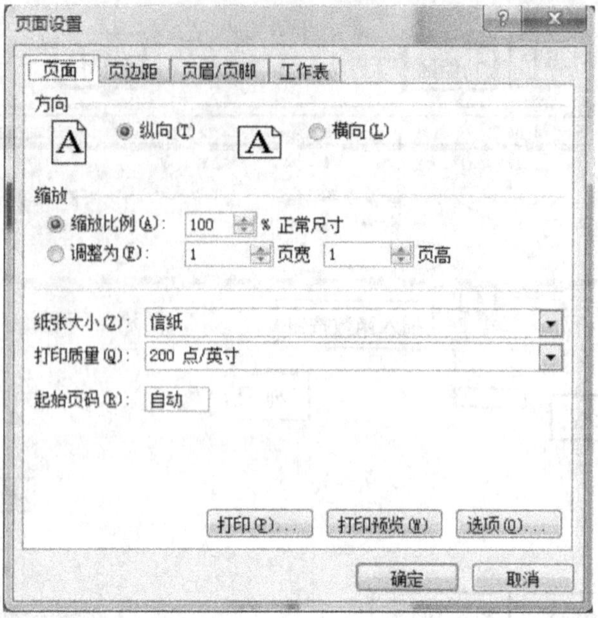

图 4-5　“页面设置”对话框

如果要自定义页眉或页脚,可以单击“自定义页眉”或“自定义页脚”按钮,在打开的对话框中完成所需的设置即可;如果要删除页眉或页脚,则选定要删除页眉或页脚的工作表,在“页眉/页脚”选项卡中,在“页眉”或“页脚”的下拉列表框中选择“无”,表示不使用页眉或页脚。

2. 工作表的打印预览及打印

在打印之前,最好先进行打印预览以观察打印效果,然后再打印。Excel 提供的“打印预览”功能在打印前能看到实际打印的效果。打印预览功能通过“页面设置”对话框的“工作表”标签右下方的“打印预览”命令实现。

页面设置和打印预览完成后,可以进行打印。单击“文件”选项卡下的“打印”命令,或单击“页面设置”对话框的“工作表”标签下的“打印”命令即可完成打印。

课堂实训一

1. 打开 Excel 2010 软件,新建一个“课堂实训 01. xlsx”工作簿,保存到桌面上。
2. 设置页边距为左右 1.5 厘米,上下 2.0 厘米,页眉、页脚 1.0 厘米。
3. 设置纸张方向为横向,纸张大小为 A5。
4. 将第 2 行设置为打印标题行,保存工作簿。

4.2　Excel 2010 基本操作

4.2.1　建立和保存工作簿

1. 建立新工作簿

启动 Excel 2010 软件后,系统会自动创建一个空白工作簿,该工作簿默认包含三个空白工作表 Sheet1、Sheet2、Sheet3;用户也可以通过选项卡命令“文件|新建”新建一个空白工作簿。

2. 保存工作簿

常见保存工作簿的方法主要有如下三种：

① 选择“文件”选项卡中的“保存”命令，如图 4-6 所示。

图 4-6　保存工作簿

② 单击窗口左上方标题栏上的保存按钮“”。

③ 使用快捷键 Ctrl＋S 保存文档。

如果新建工作簿还没有保存过，执行保存文件操作时会弹出“另存为”对话框，在该对话框中可以指定文件保存的位置及类型。

Excel 可以读取其他类型的文件，也可以将自己的文件保存为其他文件类型。当文件首次保存时，可以保存为其他类型，但要将一个已经保存过的文件存为其他类型，就必须使用“另存为”命令。

使用“保存”命令与“另存为”命令的区别是：“保存”操作是以最新的内容覆盖当前打开的工作簿，不产生新的文件；而“另存为”操作是将这些内容保存为另一个由用户指定的新文件，不会影响已经打开的文件。

4.2.2　输入和编辑工作表数据

Excel 数据输入和编辑前必须先选定某单元格使其成为当前单元格。输入和编辑数据要在当前单元格中进行，也可以在数据编辑区进行。

1. 输入数据

新工作簿默认有 3 个工作表，当前默认工作表是 Sheet1。

(1) 输入数字

输入的数字形式有：−2.5、￥88.00、36％、1.36E5、25.3、6 等。

默认情况下，数字在单元格中靠右对齐。

在输入有整数的分数时：如：$1\frac{1}{3}$，应输入 1 1/3（中间有一个空格隔开）；对于没有整数部分的分数，如 6/5，应输入 0　6/5（中间用空格隔开），否则 Excel 会将其视为 6 月 5 日。

注意：如果单元格中的数字被“＃＃＃＃＃＃”代替，说明单元格的宽度不够，增加单元格宽度即可；当前数据长度超过单元格宽度时，系统将自动转换成科学表示法，如输入 1234567891234，则显示为 1.23457E＋12。

(2) 输入文字

输入的文字形式有：汉字、英文字母、空格以及其他键盘能键入的符号。

默认情况下，文字在单元格中靠左对齐。如果把数字当作字符文本输入，应在数字字符串前加单引号,如'145,显示时隐藏单引号,只显示数字。

(3) 输入逻辑值

Excel 可以输入一种特殊的数据,即逻辑常量,它有两种取值:true 或 false,表示"真"或"假"。

(4) 输入日期和时间

由于不同人所使用的日期格式不同,在 Excel 中允许使用斜线、文字以及破折号与数字组合的方式来输入日期。

如输入 2012 年 8 月 8 日,常用的输入方式有:2012-08-08 或 2012/08/08 或 2012 年 8 月 8 日,如图 4-7 所示。

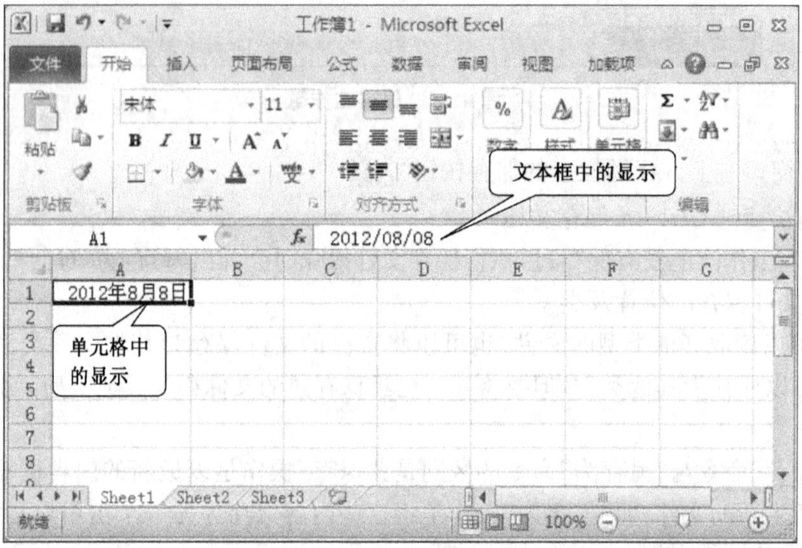

图 4-7 在单元格中输入日期

在单元格中显示的日期格式也可以不同,通过单击鼠标右键,选择"设置单元格格式|日期",在"设置单元格格式"对话框中进行设置,如图 4-8 所示。

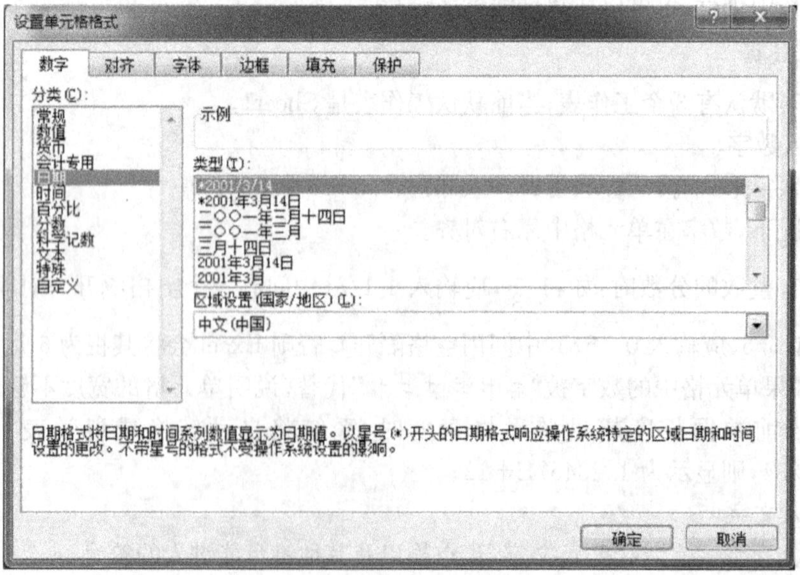

图 4-8 设置单元格格式

时间型数据格式:时:分:秒,如12:50:25。默认时间和日期型数据右对齐。

(5) 数据有效性

使用数据有效性可以控制单元格可接受数据的类型和范围,具体操作为"数据"选项卡|"数据工具"命令组|"数据有效性"命令,如图4-9所示。

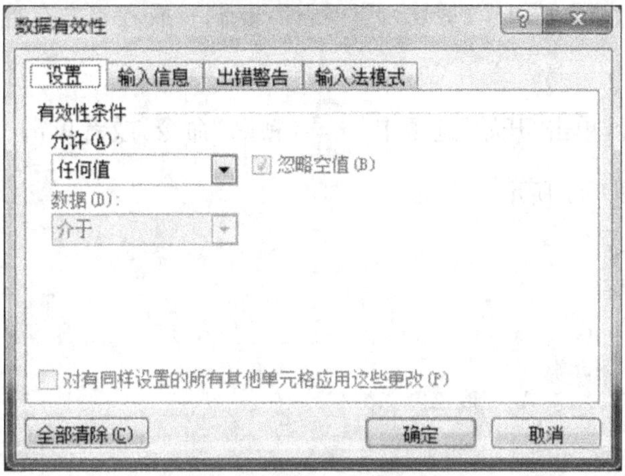

图4-9 数据有效性设置

2. 删除或修改单元格内容

(1) 删除单元格内容

选定要删除内容的单元格或按住Ctrl键移动鼠标选取要删除内容的单元格区域或单击行/列的标题选取要删除内容的整行/整列,按Delete键即可删除内容。

注意:使用Delete键只删除单元格中的内容,单元格的格式等其他属性仍然保留。如果要删除其他属性,可选择"开始"选项卡|"编辑"命令组|清除命令,进行"全部清除"、"清除格式"、"清除内容"、"清除批注"等操作,如图4-10所示。

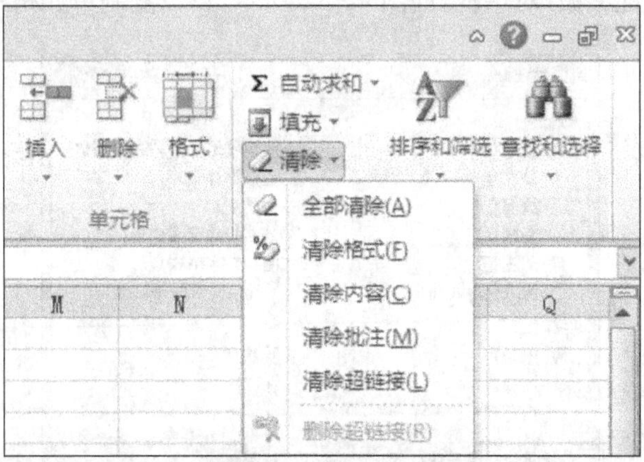

图4-10 清除单元格内容

(2) 修改单元格内容

单击单元格,输入数据后按Enter键即完成单元格内容的修改;或者在"数据编辑区"内修改,按Enter键确认。

3. 移动或复制单元格内容

移动或复制单元格的方法基本相同,通常会移动或复制单元格公式、数值、格式和批注等。

(1) 使用选项卡命令移动或复制单元格内容

① 选定需要被复制或移动的内容;

② 单击“开始”选项卡|“ ”(剪切)或“ ”(复制),或者单击右键,选择“剪切”/“复制”命令。

③ 单击目标位置,单击“开始”选项卡| 粘贴 (粘贴)命令,或者单击右键,选择“粘贴选项”下的相应按钮,如图 4 - 11 所示。

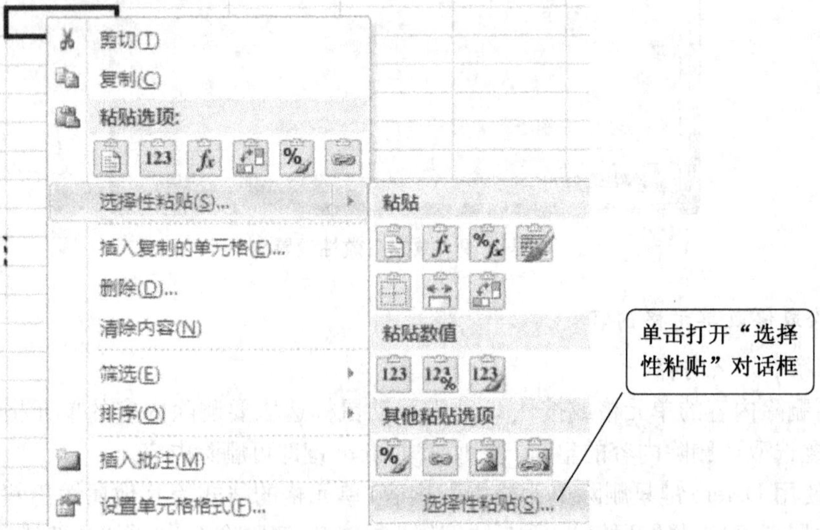

图 4 - 11　粘贴单元格

注意:利用“选择性粘贴”对话框,如图 4 - 12 所示,可以复制单元格中特定内容。

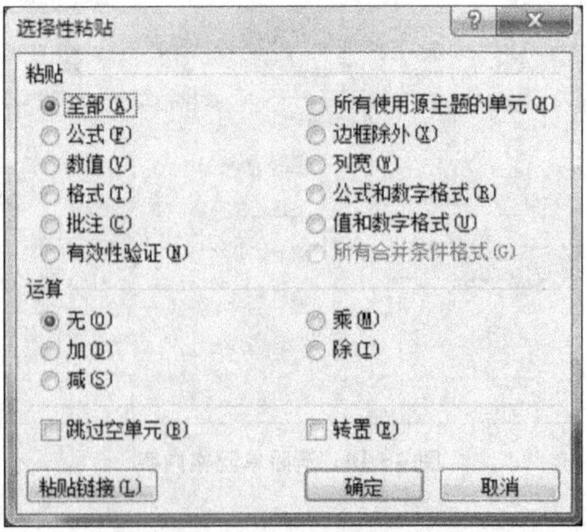

图 4 - 12　选择性粘贴

(2) 使用鼠标拖动实现单元格内容的移动或复制

选定需要被复制或移动的单元格区域，将鼠标指针指向选定区域的边框上，当指针变成十字箭头形状时，按住鼠标左键并拖动鼠标到目标位置，可移动单元格内容和格式等；在拖动鼠标的同时按住 Ctrl 键到目标位置，可复制单元格内容和格式。

4. 自动填充单元格数据序列

对于一些有规律或相同的数据，可以采用自动填充的功能。

(1) 利用填充柄填充数据序列

在工作表中选择一个单元格或单元格区域，在右下角会出现一个控制柄，当光标移动至控制柄时会出现"**+**"形状填充柄，拖动填充柄，可以实现快速自动填充。利用填充柄不仅可以填充相同的数据，还可以填充有规律的数据。

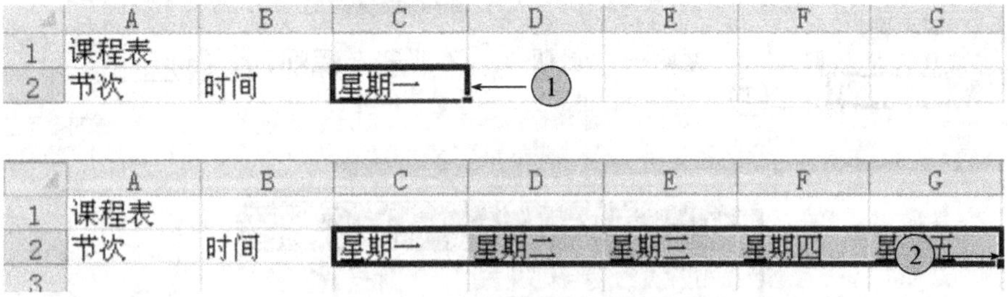

图 4-13　自动填充"星期"数据

如图 4-13 所示，在 C2 单元格输入"星期一"，选中 C2 单元格，移动光标到单元格右下角控制柄处，当光标变成"+"，向右拖动光标至 G2 单元格处，即可完成"星期"填充。

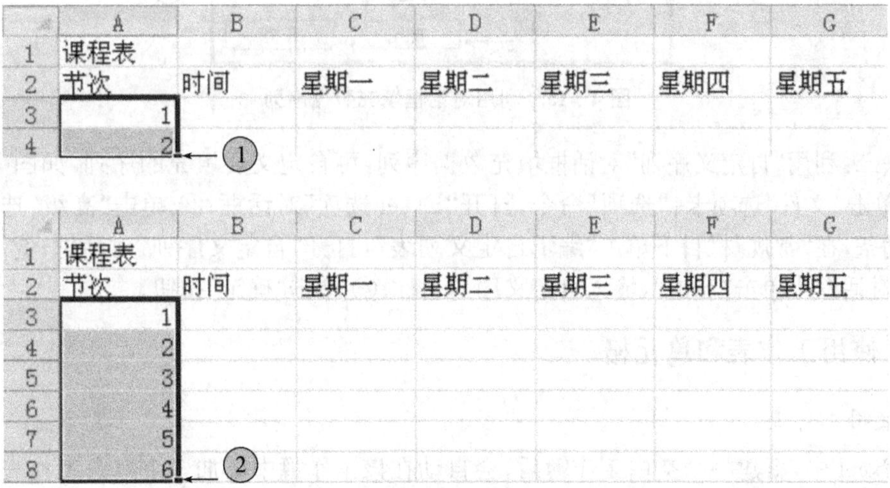

图 4-14　自动填充"节次"数据

如图 4-14 所示，在 A3、A4 单元格分别输入"1"、"2"，选中 A3～A4 单元格，移动光标到单元格右下角控制柄处，当光标变成"+"，向下拖动光标至 A8 单元格处，即可完成"节次"填充。

(2) 利用对话框填充数据序列

方法一：利用"开始"选项卡"编辑"命令组内的"填充"命令填充数据序列时，可进行已定义序列的自动填充,包括数值、日期和文本等类型,如图 4－15 所示。① 在 A2 单元格输入“1”;② 单击“开始”选项卡“编辑”“填充”;③ 在弹出的下拉菜单中选择“系列(S)”;④ 在弹出的“序列”对话框中选择“列”;⑤ 输入“步长值”、“终止值”;⑥ 单击“确定”,完成填充。

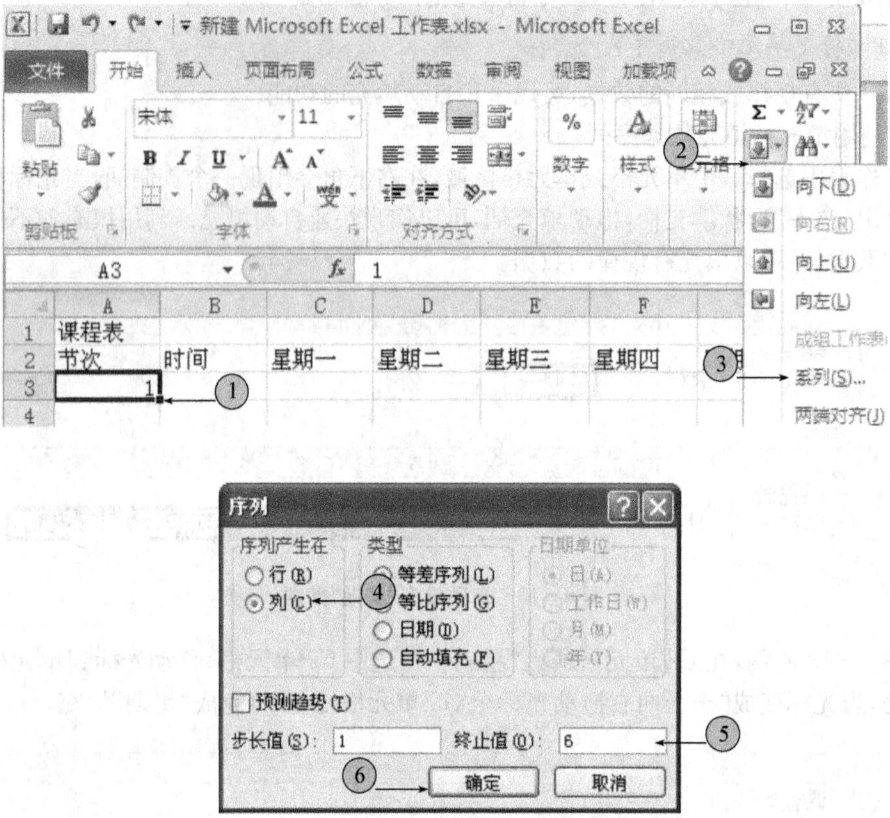

图 4－15 利用对话框填充数据序列

方法二:利用“自定义序列”对话框填充数据序列,可自定义要填充的序列,如图 4－16 所示。① 单击“文件”选项卡|“选项”命令,打开“Excel 选项”对话框;② 单击“高级”选项,向下拖动滚动条,在“常规”栏目下单击“编辑自定义列表”,打开“自定义序列”对话框;③ 在“自定义序列”对话框中单击“添加”,输入自定义序列名称;④ 单击“确定”按钮。

4.2.3 使用工作表和单元格

1. 使用工作表

在 Excel 中,新建一个空白工作簿后,会自动在该工作簿中添加 3 个空白工作表,并自动依次命名为 Sheet1、Sheet2 和 Sheet3。

(1) 选定工作表

单击工作表的标签,即可选定该工作表,该工作表成为当前活动工作表;单击第一个工作表的标签,按 Shift 键的同时单击最后一个工作表的标签,可以选定相邻的多个工作表;按 Ctrl 键的同时单击要选定的工作表标签,可以选定不相邻的多个工作表;鼠标右键单击工作表标签,选择“选定全部工作表”,可以选定全部工作表。

注意:如果同时选定了多个工作表,对其中一个工作表进行操作相当于对所有选定工作表

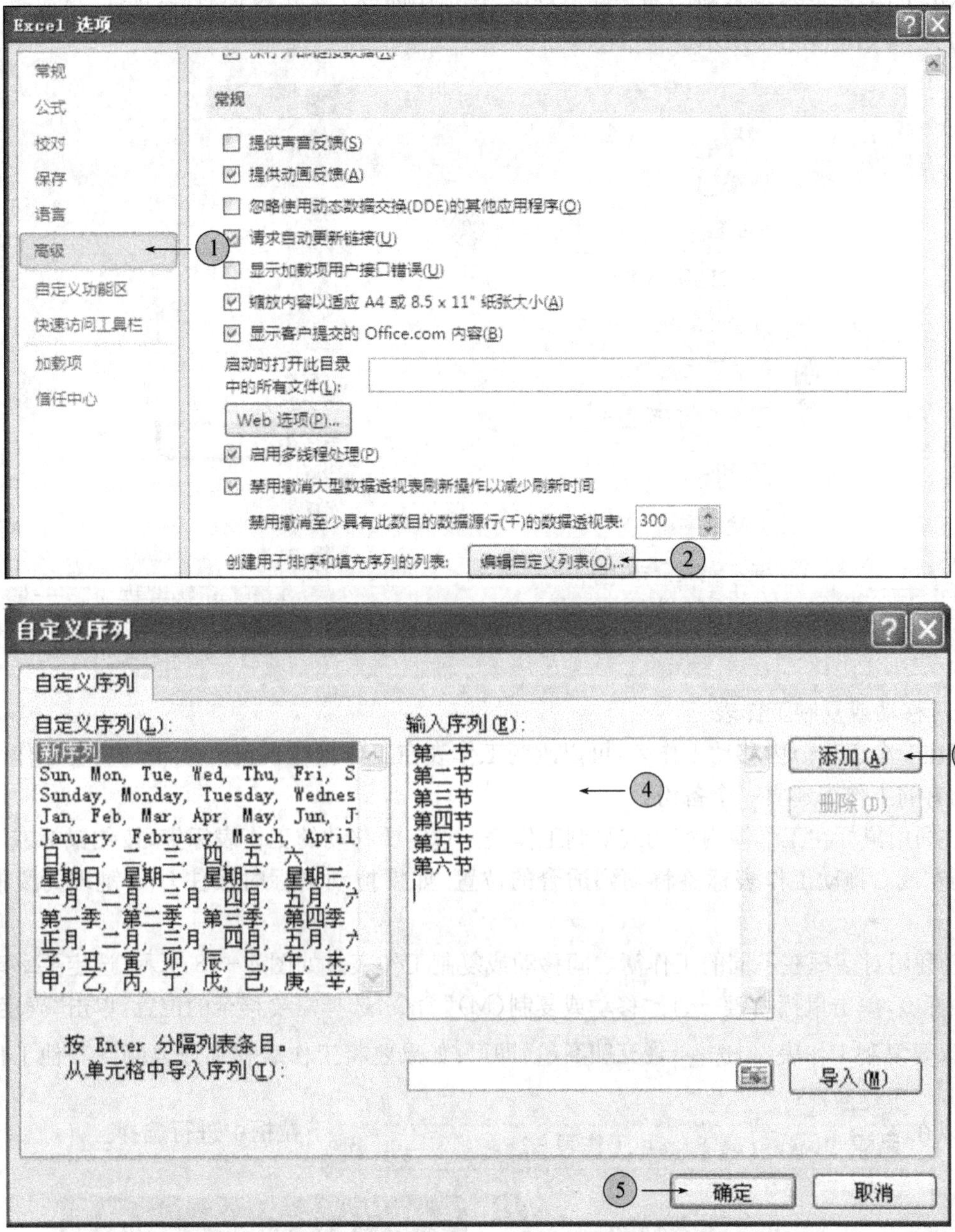

图 4-16　利用“自定义序列”自动填充数据

进行同样的操作。

(2) 插入新工作表

允许一次插入一个或多个工作表。选定一个或多个工作表标签，单击鼠标右键，选择“插入”，即可插入与所选定数量相同的新工作表。默认在选定的的工作表左侧插入新的工作表。

(3) 删除工作表

选定需要删除的工作表标签，单击鼠标右键，选择“删除”，即可删除当前工作表。通过“开始”选项卡|“单元格”命令组|“删除”命令也可以删除所选工作表。

(4) 重命名工作表

双击工作表标签,输入新的名字即可,或者在工作标签上单击鼠标右键,选择“重命名”,输入新的名字,如图 4-17 所示。

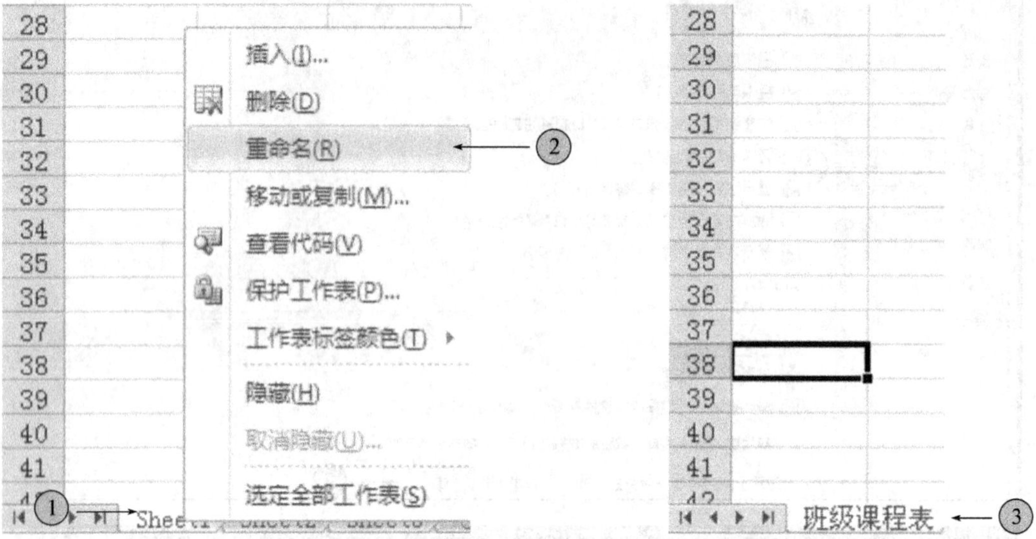

图 4-17 重命名工作表

(5) 移动或复制工作表

若在一个工作簿内移动工作表,可以改变工作表在工作簿中的先后顺序。复制工作表可以为已有的工作表建立一个备份。

① 利用鼠标在工作簿内移动或复制工作表。选定要移动的工作表标签,按住鼠标左键沿标签向左或右拖动工作表标签移动到适合的位置;如果拖动鼠标时按住 Ctrl 键即为复制工作表。

② 利用对话框在不同的工作簿之间移动或复制工作表。如图 4-18 所示,选定要移动的工作表标签,单击鼠标右键,选择“移动或复制(M)”命令,选择需要移至的位置,单击“确定”按钮;如果要复制工作表,勾选 

即可;如果要将工作表移动或复制到其他工作簿中,可以在 

下拉框中进行选择。

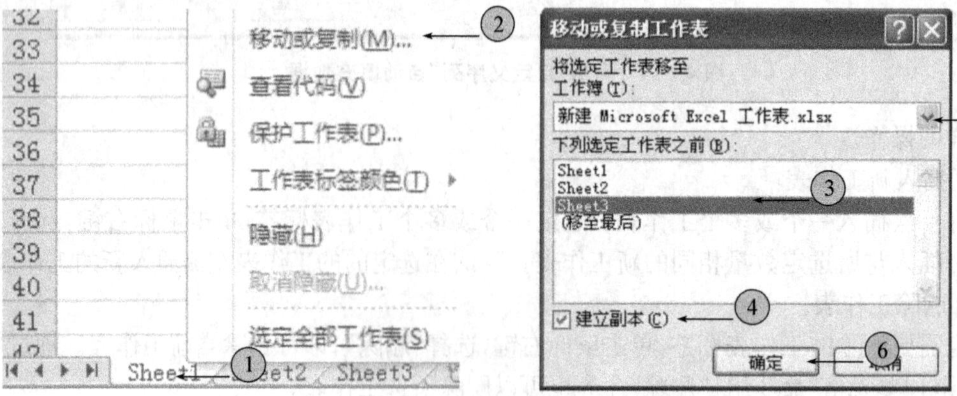

图 4-18 移动或复制工作表

（6）拆分和冻结工作表窗口

① 拆分窗口。一个工作表窗口可以拆分为“两个窗口”或“四个窗口”。窗口拆分后，可同时浏览一个较大工作表的不同部分。拆分窗口的具体操作如图 4－19 所示：将鼠标指针指向水平滚动条（或垂直滚动条）上的“拆分条”，当鼠标指针变成双箭头时，沿箭头方向拖动鼠标到适当的位置，放开鼠标即可；拖动分隔条，可以调整分隔后窗格的大小。

将拆分条拖回到原来的位置或单击“视图”选项卡|“窗口”命令组|“取消拆分”命令可取消窗口的拆分。

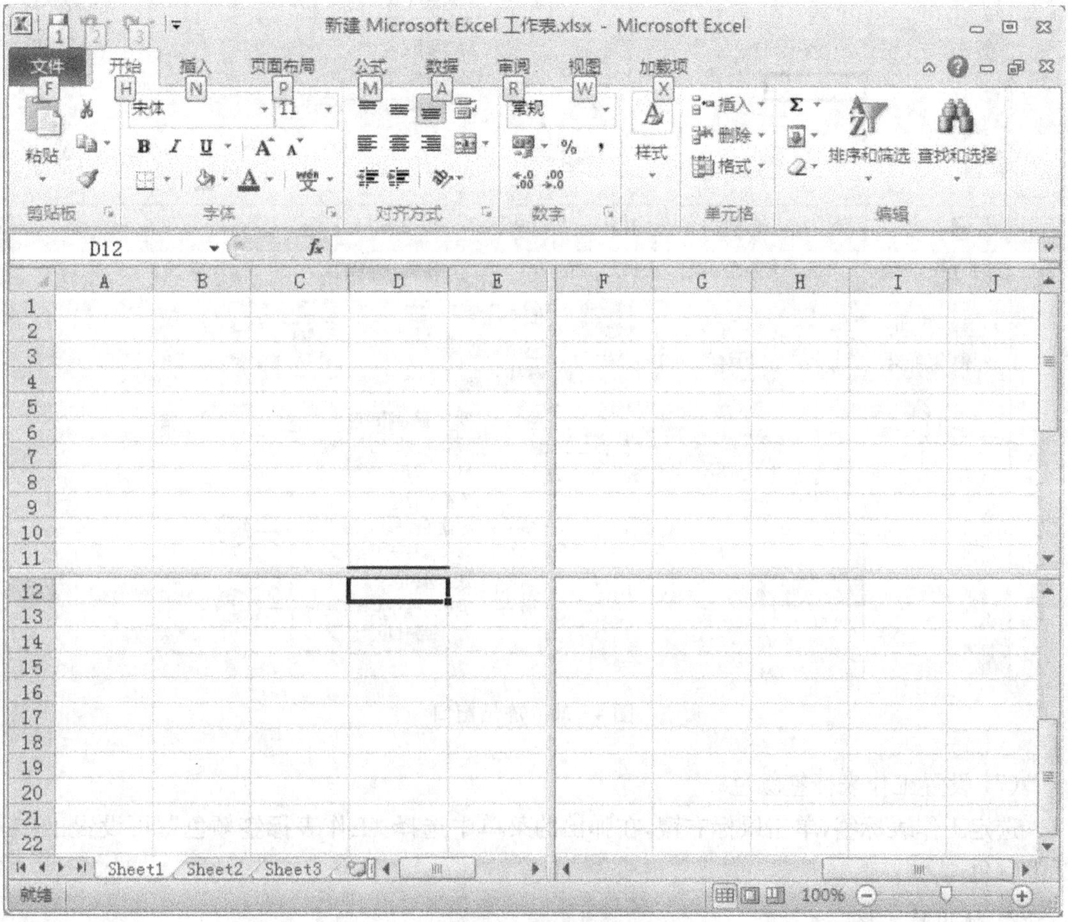

图 4－19　拆分窗口

② 冻结窗口。工作表较大时，采用“冻结”行或列的方法可以始终显示表的前几行或前几列，以便查看重要的信息。具体操作如图 4－20 所示：首先将鼠标选中要冻结窗口的右下方单元格（例如：若要冻结前三行和前一列，则将鼠标选中 B4 单元格），选择“视图”选项卡|“窗口”命令组|“冻结窗格”命令|“冻结拆分窗格”即可；选择“冻结首行”、“冻结首列”可以直接冻结窗口的第一行、第一列；选择“取消冻结窗格”可以取消冻结。

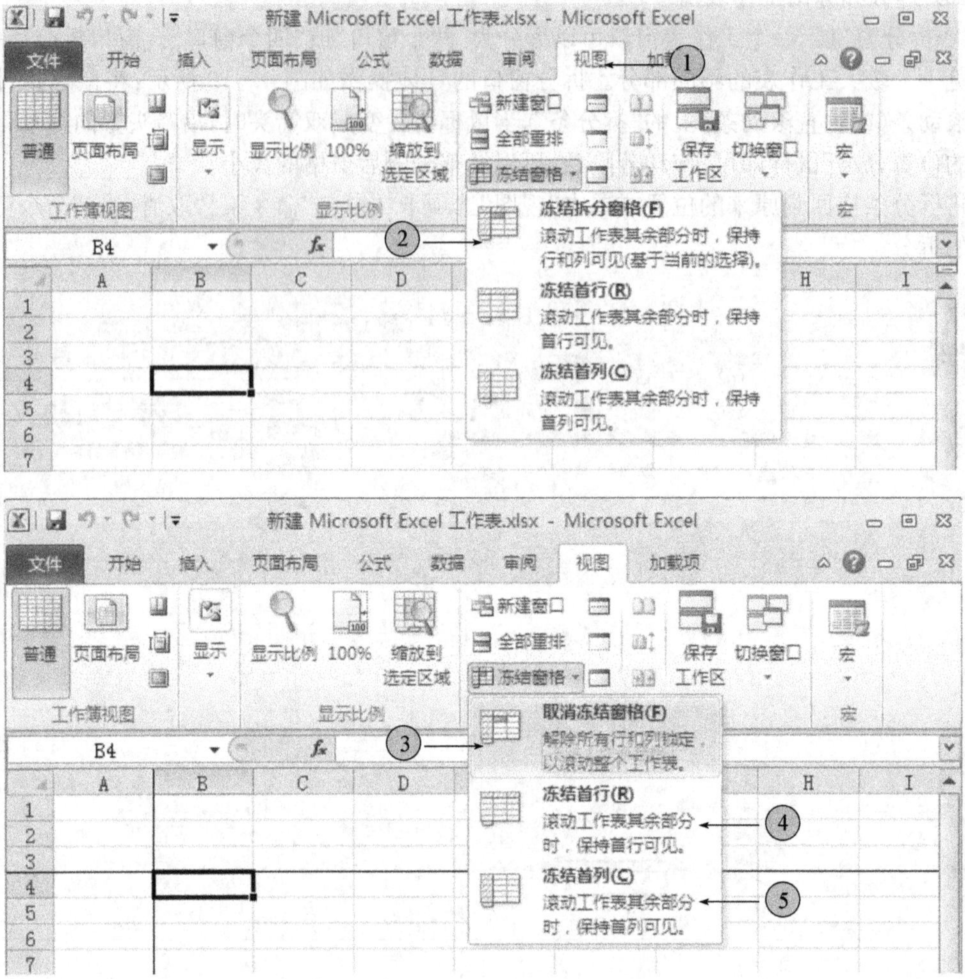

图 4-20 冻结窗口

(7) 设置工作表标签颜色

选定工作表标签，单击鼠标右键，在弹出的菜单中选择“工作表标签颜色”，可设置工作表标签颜色。

2. 使用单元格

工作表的基本单元是单元格，工作表中的绝大多数操作是针对单元格的操作。

① 选定单元格

将鼠标指针移至需选定的单元格上，单击鼠标左键，该单元格即被选定为当前单元格；或者在单元格名称栏“ D3 ”输入单元格地址，单元格指针可直接定位到该单元格，如 D3。

② 选定一个单元格区域

将鼠标左键单击要选定单元格区域左上角的单元格，按住鼠标左键并拖动鼠标到区域的右下方单元格，然后放开鼠标左键即选中单元格区域，或者在单元格名称栏“ A1:B5 ”输入“左上方单元格地址:右下方单元格地址”(如“A1:B5”)。

单击工作表行号可以选中整行，单击工作表列标可以选中整列，单击工作表左上角行号和列标交叉处（即全选按钮）可以选中整个工作表；单击工作表行号或列标，并拖动行号或列标可以选中相邻的行或列；在工作表中单击任一单元格即可取消原先的选择。

③ 选定不相邻的单元格区域

单击并拖动鼠标选定第一个单元格区域之后按住 Ctrl 键，使用鼠标选定其他单元格区域即可；单击工作表行号或列标，按住 Ctrl 键，再单击工作表其他行号或列标，可以选中不相邻的行或列。

④ 插入行、列与单元格

单击“开始”选项卡|“单元格”命令组|“插入”命令，选择其下的“插入工作表行”、“插入工作表列”、“插入单元格”可实现行、列、单元格的插入，新插入的行、列在选定单元格的上方、右方。

⑤ 删除行、列与单元格

选定要删除的行或列或单元格，选择“开始”选项卡|“单元格”命令组|“删除”命令，即可完成行或列或单元格的删除。此时，单元格的内容和单元格将一起从工作表中消失，其位置由周围的单元格补充。而按“Delete”键只能删除单元格的内容，单元格及格式仍保留在工作表中。

⑥ 单元格命名

为了使工作表的结构更加清晰，可以为单元格命名。选中需要命名的单元格或单元格区域，在单元格名称栏“A1:B5”输入相应的名称即可（如标题区）。

⑦ 批注

批注是为单元格加注释。一个单元格添加了批注后，会在单元格的右上角出现一个三角形标志，当鼠标指针指向这个标志时，显示批注信息。

添加批注的步骤如下：选定要添加批注的单元格，选择“审阅”选项卡|“批注”命令组|“新建批注”命令（或单击鼠标右键选择“插入批注”命令），在弹出的批注框中输入批注文字，完成输入后，单击批注框外部的工作表区域即可退出，如图 4-21 所示。

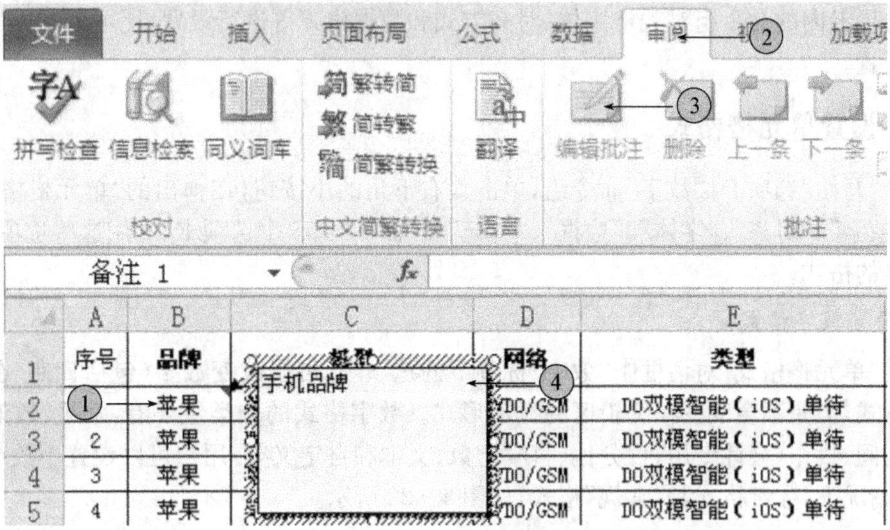

图 4-21　添加批注

选定有批注的单元格,单击鼠标右键,在弹出的菜单中选择"编辑批注"或"删除批注",即可对已有的批注信息进行编辑或删除。

课堂实训二

1. 打开 Excel 2010 软件,新建一个"课堂实训 02. xlsx"工作簿,保存到桌面上。

2. 将 Sheet1 工作表改名为"学生成绩表",工作表标签颜色设置为蓝色,并录入如下数据。录入前将 C3:F10 单元格设置范围为"1～100"。

	A	B	C	D	E	F
1	星光小学学生成绩表					
2	学号	姓名	语文	数学	英语	体育
3	1	钱海宝	88	98	85	86
4	2	张平光	100	98	100	97
5		郭建峰	97	94	45	90
6		张是字	48	76	98	96
7		徐飞	78	85	68	77
8		王伟	95	89	93	50
9		沈迪	87	56	78	96
10		宋国爱	94	84	98	89

3. 自动填充"学号"列。

4. 在"英语"成绩列后面增加"科学"成绩列。

5. 冻结前两行。

6. 将"学生成绩表"复制到 Sheet2 与 Sheet3 工作之间。

7. 保存工作簿。

4.3 格式化工作表

工作表建立后,还可以对表格进行格式化操作,使表格更加直观和美观。Excel 可利用"开始"选项卡内的命令组对表格字体、对齐方式和数据格式等进行设置,还可以完成工作表的格式化设置。

4.3.1 设置单元格格式

选择"开始"选项卡|"数字"命令组,单击其右下角的小按钮,在弹出的"单元格格式"对话框中有"数字"、"对齐"、"字体"、"边框"、"填充"和"保护"共 6 个选项卡,利用这些选项卡,可设置单元格的格式。

1. 设置数字格式

利用"单元格格式"对话框中"数字"标签下的选项卡,可以改变数字(包括日期)在单元格的显示形式,但是不会改变在编辑区的显示形式。数字格式的分类主要有:常规、数值、分数、日期和时间、货币、会计专用、百分比、科学记数、文本和自定义等,用户可以设置小数点后的位数;默认情况下,数字格式是"常规"格式,如图 4 - 22 所示。

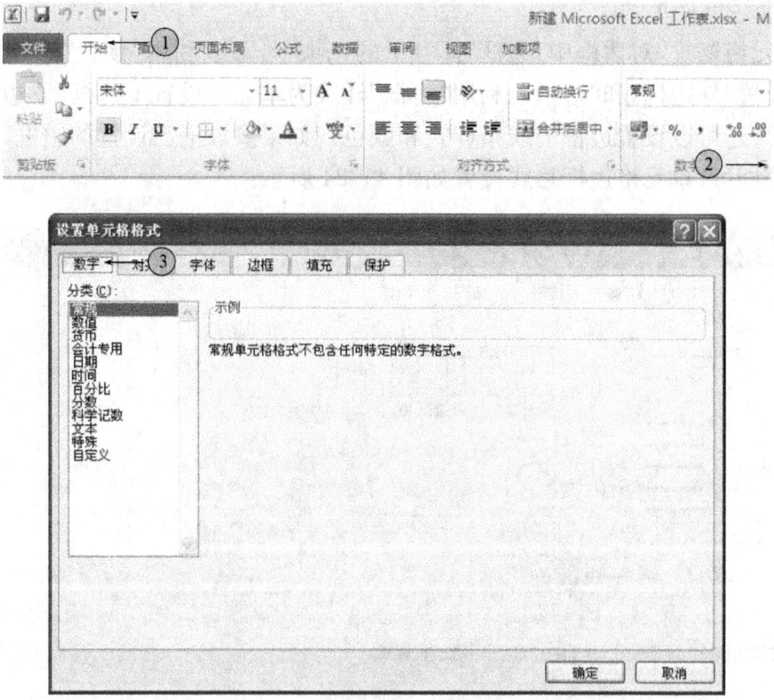

图 4 - 22　设置单元格格式

2. 设置对齐和字体方式

利用“单元格格式”对话框中“对齐”标签下的选项卡，可以设置单元格中内容的水平对齐、垂直对齐和文本方向，还可以完成相邻单元格的合并，合并后只有选定区域左上角的内容放到合并后的单元格中。如果要取消合并单元格，则选定已合并的单元格，清除“对齐”标签选项卡下的“合并单元格”复选框即可，如图 4 - 23 所示。利用“单元格格式”对话框中“字体”标签下的选项卡，可以设置单元格内容的字体、颜色、下划线和特殊效果等。

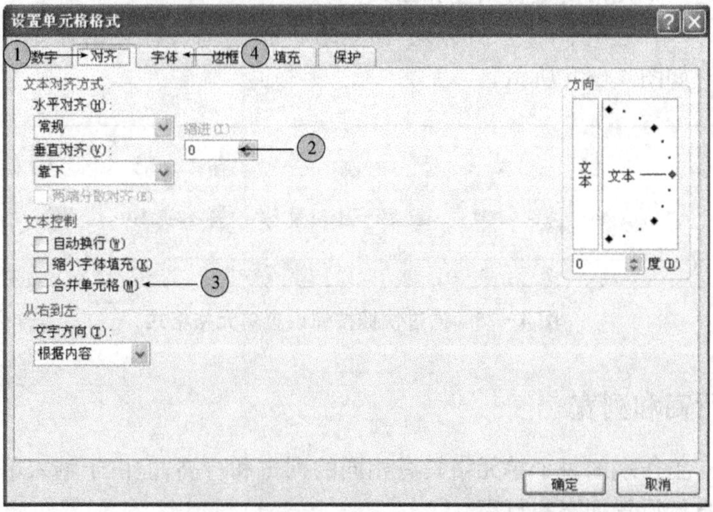

图 4 - 23　设置单元格“对齐”、“字体”等格式

3. 设置单元格边框

利用"单元格格式"对话框中"边框"标签下的选项卡,可以利用"预置"选项组为单元格或单元格区域设置"外边框"和"边框";利用"边框"样式为单元格设置上边框、下边框、左边框、右边框和斜线等;还可以设置边框的线条样式和颜色。如果要取消已设置的边框,选择"预置"选项组中的"无"即可,单元格边框格式设置如图 4-24 所示。

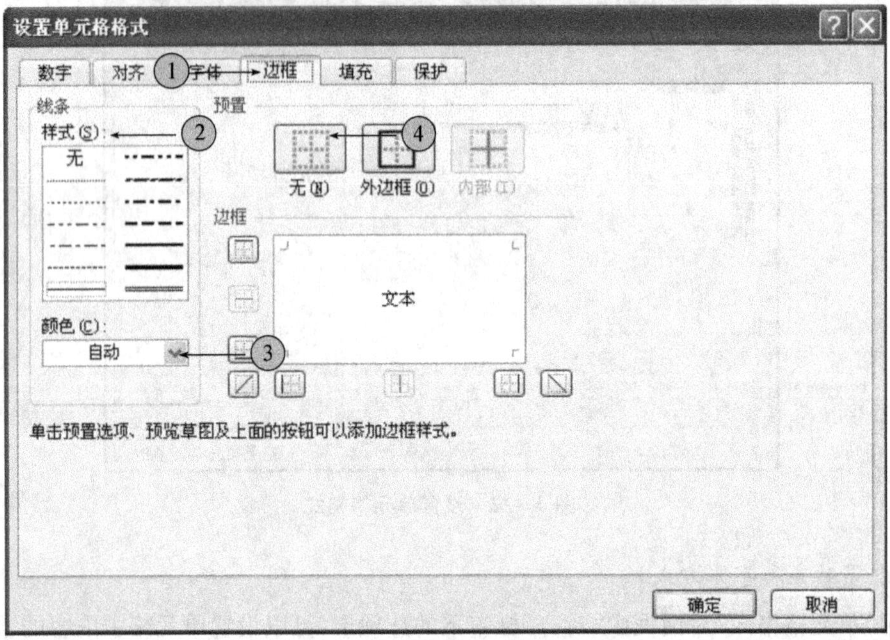

图 4-24 设置单元格边框

4. 设置单元格颜色

利用"单元格格式"对话框中"填充"标签下的选项卡,可以设置突出显示某些单元格或单元格区域,并为这些单元格设置背景色和图案。

注意:选择"开始"选项卡的"对齐方式"命令组、"数字"命令组内的命令可快速完成某些单元格格式化工作,如图 4-25 所示。

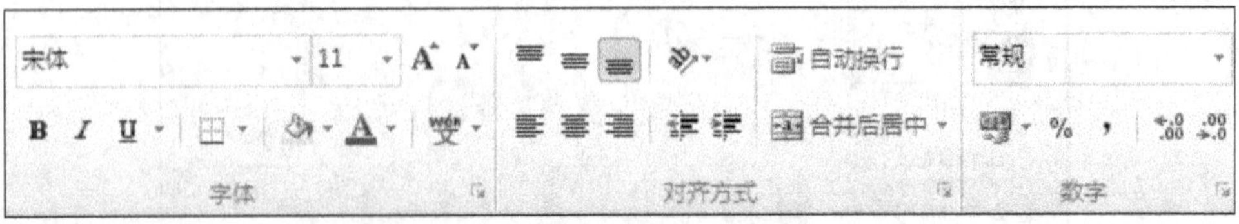

图 4-25 通过快捷按钮设置单元格格式

4.3.2 设置行高和列宽

默认情况下,工作表的每个单元格具有相同的列宽和行高,但由于输入单元格的内容形式多样,用户可以自行设置列宽和行高。

1. 设置列宽

使用鼠标粗略设置列宽。将鼠标指针指向要改变列宽的列标之间的分隔线上，鼠标指针变成水平双向箭头形状，按住鼠标左键并拖动鼠标，直至将列宽调整到合适宽度，放开鼠标即可。

使用"列宽"命令精确设置列宽。选定需要调整列宽的区域，选择"开始"选项卡|"单元格"命令组|"格式"命令，选择"列宽"对话框可精确设置列宽。

2. 设置行高

使用鼠标粗略设置行高。将鼠标指针指向要改变行高的行号之间的分隔线上，鼠标指针变成垂直双向箭头形状，按住鼠标左键并拖动鼠标，直至将行高调整到合适高度，放开鼠标即可。

使用"行高"命令精确设置行高。选定需要调整行高的区域，选择"开始"选项卡|"单元格"命令组|"格式"命令，选择"行高"对话框可精确设置行高。

4.3.3 设置条件格式

条件格式可以对含有数值或其他内容的单元格或者含有公式的单元格使用某种条件来决定数值的显示格式。条件格式的设置通过"开始"选项卡|"样式"命令组完成，如图 4-26 所示。

图 4-26　设置条件格式

4.3.4 使用样式和模板

样式是单元格字体、字号、对齐、边框和图案等一个或多个设置特性的组合，将这样的组合加以命名和保存供用户使用。应用样式即可以快速设置单元格多种属性。

样式包括内置样式和自定义样式。内置样式为 Excel 内部定义的样式，用户可以直接使用，包括常规、货币和百分数等；自定义样式是用户根据需要自定义的组合设置，需自定义样式名。样式设置是利用“开始”选项卡|“样式”命令组完成的，如图 4－27 所示。

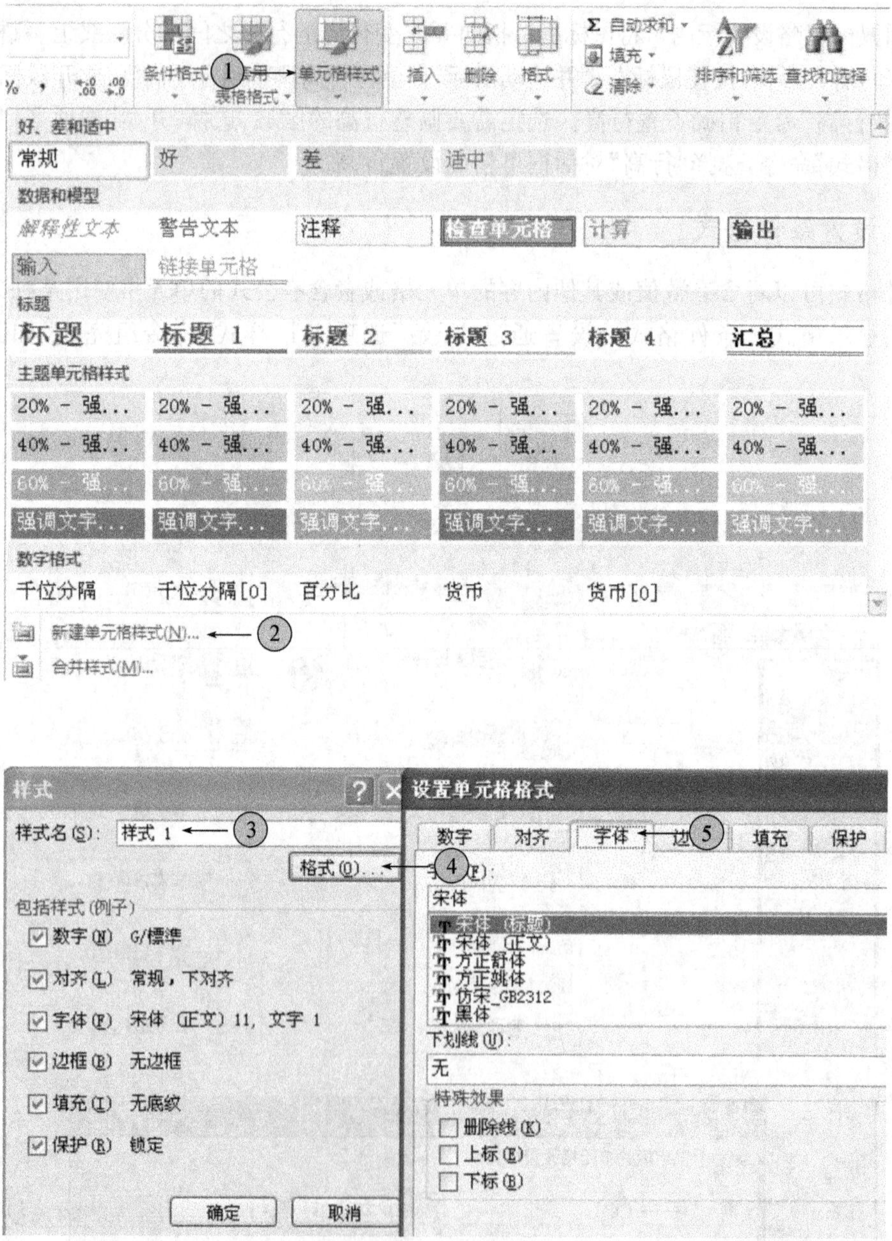

图 4－27 自定义样式

选择“单元格样式”命令可以使用内置样式或已定义的样式,单击“格式”按钮,可以利用弹出的“单元格格式”对话框修改样式。如果要删除已定义的样式,选择样式名后,单击右键选择“删除”按钮即可。

4.3.5　自动套用格式

自动套用格式是把 Excel 提供的显示格式自动套用到用户指定的单元格区域,可以使表格更加美观,易于浏览。格式主要有简单、古典、会计序列和三维效果等。自动套用格式通过“开始”选项卡|“样式”命令组完成的,如图 4－28 所示。

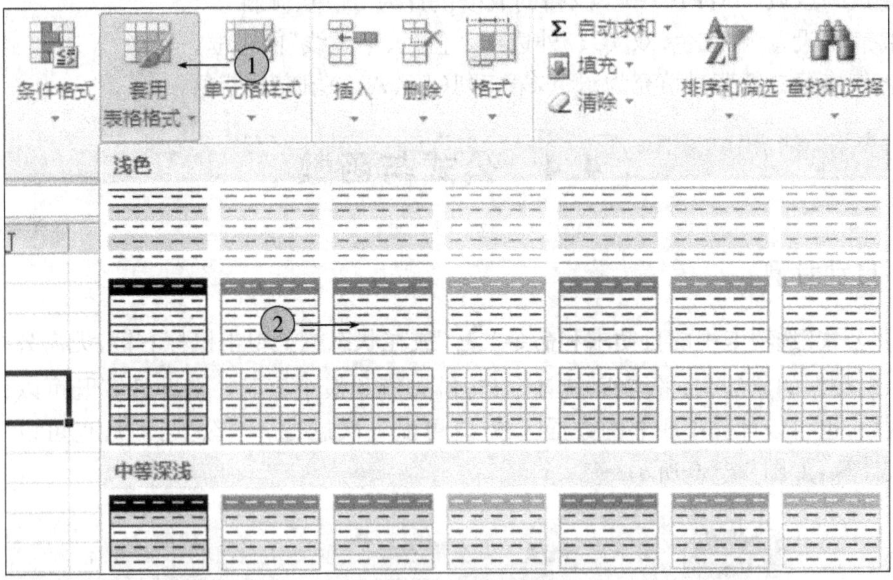

图 4－28　自动套用格式

4.3.6　使用模板

模板是含有特定格式的工作簿,其工作表结构也已经预先设置。若某工作簿文件的格式以后要经常使用,为了避免每次重复设置格式,可以把工作簿的格式做成模板并存储,以后每当要建立与之相同格式的工作簿时,直接调用该模板,可以快速建立所需的工作簿文件。Excel 已经提供了一些模板供用户直接使用。

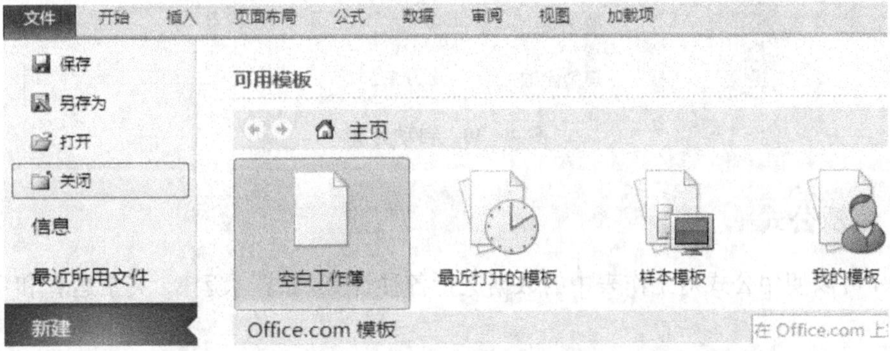

图 4－29　使用工作表模板

如图 4－29 所示,单击“文件”选项卡内的“新建”命令,在弹出的“新建”窗口中,单击“样本模板”,选择系统提供的模板建立工作簿文件。

课堂实训三

1. 打开“素材文件夹”下“Excel 素材”中的“课堂实训 03. xlsx”文件,将所有数据对齐格式设置为水平方向居中,垂直方向居中对齐。
2. 将 A 行数据格式设置为“文本”类型,C、D、E、F 列设置为“数值”类型,保留 0 位小数。
3. 将 A1:F1 合并为一个单元格,并设置行高为 25,字体为“华文楷体”,字号为 25。
4. 将成绩区域(C3:F10)中不及格的成绩设置为“红色、倾斜”。
5. 将表格设置为“红色、双实线”外边框,“蓝色、单虚线”内边框。
6. 将表格第二行背景填充为绿色,第一列(A3:A10)填充为紫色。

4.4　公式与函数

4.4.1　自动计算

利用“公式”选项卡中的自动求和命令“Σ”或在状态栏上单击鼠标右键,无需公式即可自动计算一组数据的累加和、平均值、统计个数、最大值和最小值等。自动计算既可以计算相邻的数据区域,也可以计算不相邻的数据区域;既可以一次进行一个公式计算,也可以一次进行多个公式计算,如图 4－30 所示。

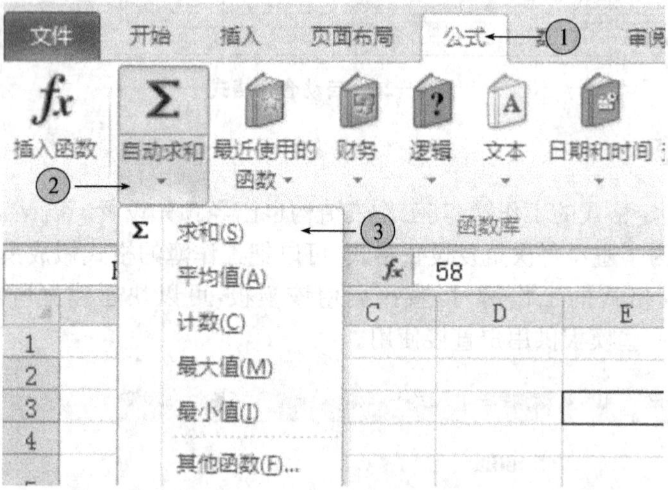

图 4－30　自动计算

4.4.2　编辑公式

Excel 可以使用公式对工作表中的数据进行各种计算,如算术运算、关系运算和字符串运算等。

1. 公式的形式

公式的一般形式为："=〈表达式〉"。

表达式可以是算术表达式、关系表达式或字符串表达式等。表达式可由运算符、常量、单元格地址、函数及括号等组成，但不能有空格，公式中〈表达式〉前面必须有"="号。

2. 运算符

用运算符将常量、单元格地址、函数及括号等连接起来组成表达式。常用的运算符有算术运算符、字符运算符和关系运算符三类。运算符具有优先级，表 4－1 按运算符优先级从高到低列出各运算符及其功能。

表 4－1　常用运算符

运算符	功能	举例
—	负号	－5，－A5
%	百分号	50%(即 0.5)
*，/	乘，除	8*2，8/3
＋，－	加，减	5＋2，5－2
&	字符串接	"CHINA"&"2008"(即 CHINA2008)
=，<> >，>= <，<=	等于，不等于 大于，大于等于 小于，小于等于	5=2 的值为假，5<>2 的值为真 5>2 的值为真，5>=2 的值为真 5<2 的值为假，5<=2 的值为真

3. 公式的输入

选定要放置计算结果的单元格后，公式的输入可以在数据编辑区中进行，也可以双击该单元格在单元格中进行。在数据编辑区输入公式时，单元格地址可以通过键盘输入，也可以直接单击该单元格，单元格地址即自动显示在数据编辑区。输入后的公式可以进行编辑和修改，还可以将公式复制到其他单元格。公式计算通常需要引用单元格或单元格区域的内容，这种引用是通过使用单元格的地址来实现的，如图 4－31 所示。

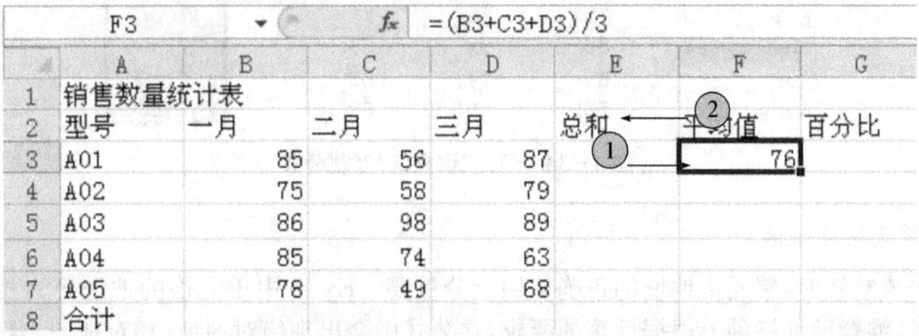

图 4－31　输入公式进行计算

4.4.3　复制公式

为了完成快速计算，经常需要进行公式的复制。

1. 公式复制的方法

方法一:选定含有公式的被复制公式单元格,单击鼠标右键,在弹出的菜单中选择“复制”命令,鼠标移至复制目标单元格,单击鼠标右键,在弹出的菜单中选择“粘贴公式”命令,即可完成公式复制,如图 4-32 所示。

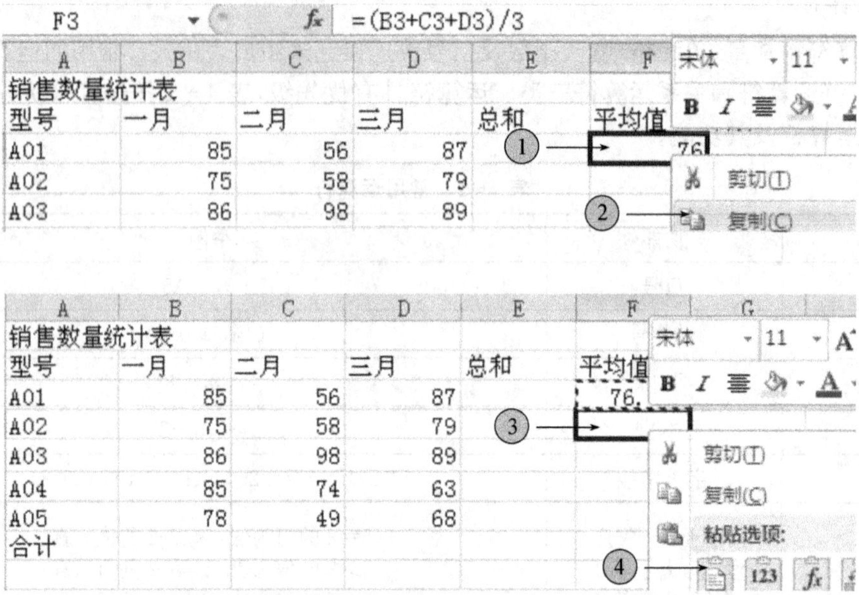

图 4-32 通过“命令”复制公式

方法二:选定含有公式的被复制公式单元格,拖动单元格的自动填充柄,可完成相邻单元格公式的复制,如图 4-33 所示。

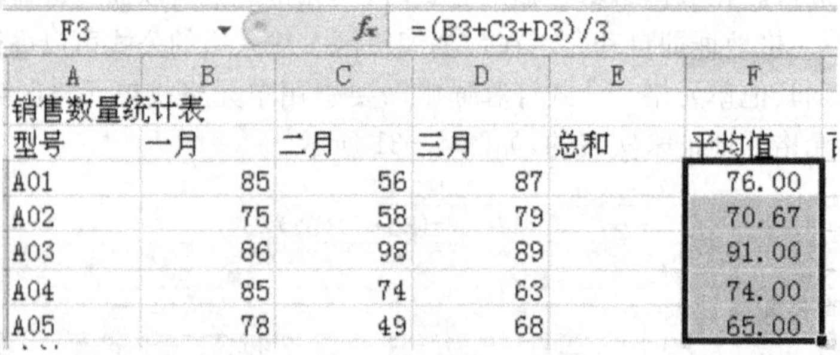

图 4-33 通过“填充柄”复制公式

2. 单元格地址的引用

在公式复制时,单元格地址的正确使用十分重要。Excel 中单元格的地址分为相对地址、绝对地址、混合地址三种。根据计算的要求,在公式中会出现绝对地址、相对地址、混合地址和混合使用。

(1) 相对地址

相对地址的形式为 D3、A8 等,表示在单元格中当含有该地址的公式被复制到目标单元格时,公式不是照搬原来单元格的内容,而是根据公式原来位置和复制到的目标位置推算出公式中单元格地址相对原位置的变化。最后使用变化后的单元格地址的内容进行计算。

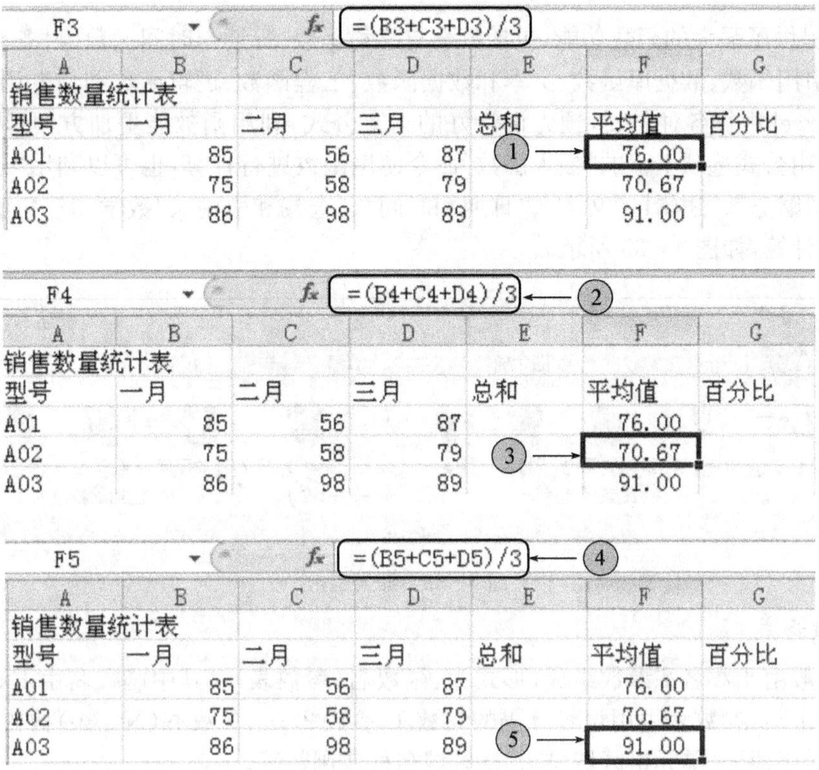

图 4－34 相对地址

如图 4－34 所示，工作表中 F3 单元格有公式"＝(B3＋C3＋D3)/3"，当将公式复制到 F4 单元格时公式变为"＝(B4＋C4＋D4)/3"；而当将公式复制到 F5 单元格公式将变为"＝(B5＋C5＋D5)/3"，原因是当 F3 单元格公式"＝(B3＋C3＋D3)/3"复制到 F4 单格时，列号不变，行号加 1，因此 F4 单元格的公式为"＝(B4＋C4＋D4)/3"。同样道理，将 F4 单元格中的公式复制到其他单元格中均会发生变化。

(2) 绝对地址

绝对地址的形式为＄D＄3、＄A＄8 等，表示在单元格中当含有该地址的公式无论被复制到哪个单元格，公式永远是照搬原来单元格的内容。例如，假设 F3 单元格中公式为"＝(＄B＄3＋＄C＄3＋＄D＄3)/3"，则复制到其他单元格公式保持不变。如果要让公式中的相对地址快速转变为绝对地址，可以先选中要转变的单元格地址，然后按 F4 键即可。

(3) 混合地址

混合地址的形式为 D＄3、＄A8 等，表示在单元格中当含有该地址的公式被复制到目标单元格，相对地址部分会根据公式原来位置和复制到的目标位置推算出公式中单元格地址相对原位置的变化，而绝对地址部分永远不变。例如 F3 单元格中公式"＝(＄B3＋C＄3＋＄D＄3)/3"复制到 G4 单元格，公式为"＝(＄B4＋D＄3＋＄D＄3)/3"。

(4) 跨工作表的单元格地址引用

单元格地址还可以跨工作表引用，引用的一般形式为：[工作簿文件名]工作表名！单元格地址。在当前工作簿的各工作表引用单元格地址时，"[工作簿文件名]"可以省略。

4.4.4 使用函数

Excel 提供了强大的函数功能，包括数学与三角函数、日期与时间函数、财务函数、统计函数、查找与引用函数、数据库函数、文本和数据函数、工程函数、逻辑函数和信息函数等。函数实际上是 Excel 根据各种需要，预先设计好的运算公式，利用函数能更加方便地进行各种运算。可以利用公式选项卡下的“插入函数”命令使用函数进行计算，也可以利用“公式”选项卡下的函数库“财务”、“逻辑”、“文本”、“日期和时间”、“查找和引用”、“数学和三角函数”等完成相应功能的计算，如图 4－35 所示。

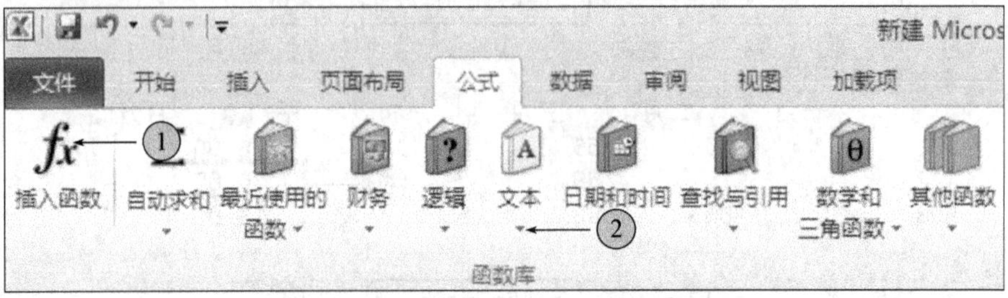

图 4－35　插入函数

1. 函数形式

函数一般由函数名和参数组成，形式为：函数名(参数表)。其中函数名由 Excel 提供，函数名不分大小写，参数表由用逗号分隔的参数 1、参数 2、…、参数 N(N≤30)构成。参数可以是常数、单元格地址、单元格区域、单元格区域名称或函数等。

2. 函数引用

若要在某个单元格输入公式“＝AVERAGE(A2：A10)”，可以采用如下方法：

方法一：直接在单元格中输入“＝AVERAGE(A2：A10)”。

方法二：利用“公式”选项卡下的“插入函数”命令，如图 4－36 所示。

(1) 选定单元格，单击“公式”选项卡下的“插入函数”命令，在“插入函数”对话框中选中函数“AVERAGE”，单击“确定”，打开“函数参数”对话框。

(2) 在“函数参数”对话框第一个参数框“Numberl”中输入“A2：A10”，单击“确定”按钮；也可以单击“切换”按钮“”(隐藏“函数参数”对话框的下半部分)，然后在工作表上选定“A2：A10”区域，再次单击“切换”按钮(恢复显示“函数参数”对话框的全部内容)，最后单击“确定”按钮。

(3) 函数嵌套。函数嵌套是指一个函数可以作为另一函数的参数使用。例如：

ROUND(AVERAGE(A2：C2),7)

其中 ROUND 为一级函数，AVERAGE 为二级函数。先执行 AVERAGE 函数，再执行 ROUND 函数。一定要注意，AVERAGE 作为 ROUND 的参数，它返回的数值类型必须与 ROUND 参数使用的数值类型相同。Excel 函数最多可以嵌套七级。

3. Excel 函数

(1) 常用函数

① SUM(参数 1，参数 2，…)：求和函数，求各参数的累加和。

② AVERAGF(参数 1，参数 2，…)：算术平均值函数，求各参数的算术平均值。

③ MAX(参数 1，参数 2，…)：最大值函数，求各参数中的最大值。

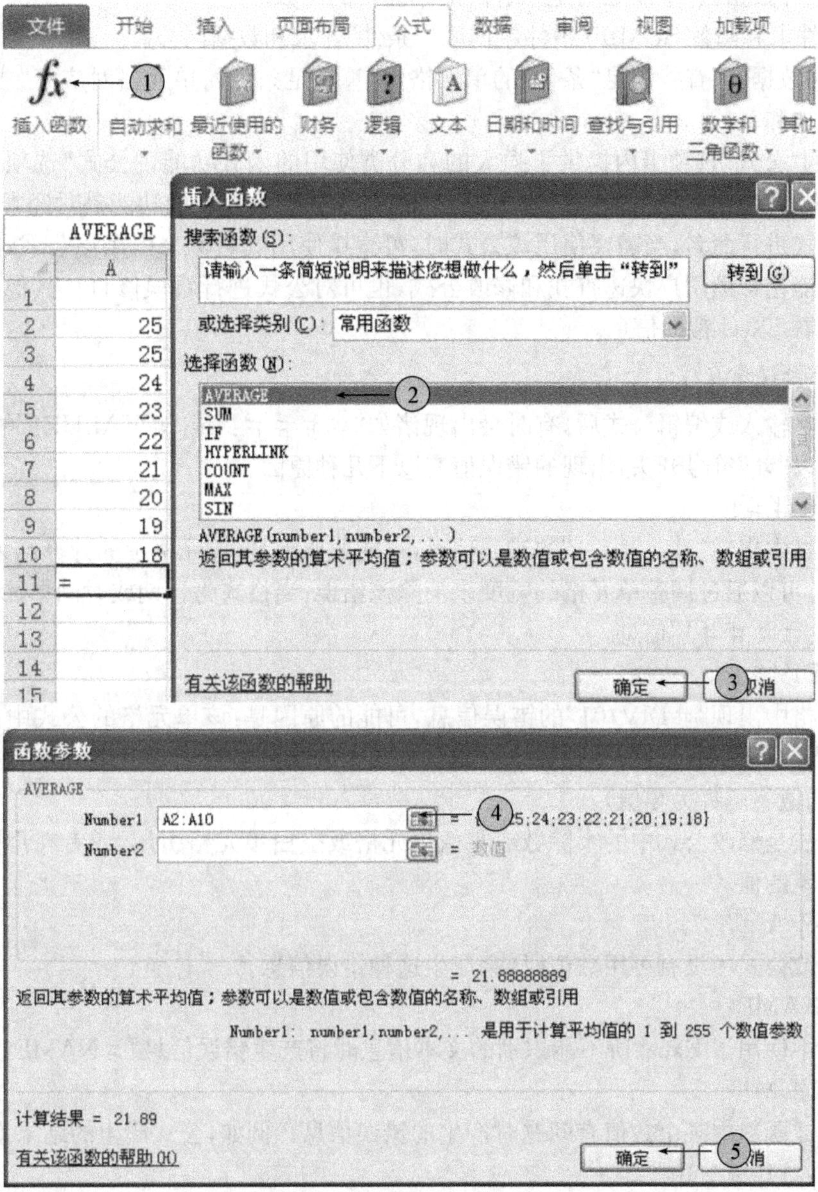

图 4-36　插入函数及设置参数

④ MIN(参数 1,参数 2,…):最小值函数,求各参数中的最小值。

(2) 统计函数

① COUNT(参数 1,参数 2,…):求各参数中数值型数据的个数。

② COUNTA(参数 1,参数 2,…):求"非空"单元格的个数。

(3) 近似值函数 ROUND(数值型参数,n)

返回对"数值型参数"进行四舍五入到第 n 位的近似值。

(4) 条件函数 IF(逻辑表达式,表达式 1,表达式 2)

若"逻辑表达式"值为真,函数值为"表达式 1"的值;否则为"表达式 2"的值。

(5) 条件计数 COUNTIF(条件数据区,"条件")

统计“条件数据区”中满足给定“条件”的单元格的个数。

(6) 条件求和函数 SUMIF(条件数据区,“条件”,[求和数据区])。

在“条件数据区”查找满足“条件”的单元格,计算满足条件的单元格对应于“求和数据区”中数据的累加和。

Excel 的“公式”选项卡内提供了强大的和分类使用的函数功能,“公式”选项卡内还包含“定义的名称”、“公式审核”、“计算”命令组。“定义的名称”命令组的功能是对经常使用的或比较特殊的公式进行命名,当需要使用该公式时,可直接使用其名称来引用该公式;“公式审核”命令组的功能是帮助用户快速查找和修改公式,也可对公式进行错误修订。其他函数以及详细应用可查看 Excel 帮助信息。

4. 关于错误信息

在单元格输入或编辑公式后,有时会出现诸如“＃＃＃＃!”或“＃VALUE!”的错误信息。错误值一般以“＃”符号开头,出现的错误值有以下几种原因。

(1) ＃＃＃＃!

若单元格中出现“＃＃＃＃!”的错误信息,可能的原因是:单元格中的计算结果太长,该单元格宽度小,可以通过调整单元格的宽度来消除该错误;当格式为日期或时间单元格中出现负值也会提示“＃＃＃＃!”信息。

(2) ＃DIV/0!

若单元格中出现“＃DIV/0!”的错误信息,可能的原因是:该单元格的公式中出现被零除问题,即输入的公式中包含“0”除数,也可能在公式中的除数引用了零值单元格或空白单元格(空白单元的值将解释为零值)。

解决办法是修改公式中的零除数或零值单元格或空白单元格引用,或者在用除数的单元中输入不为零的值。

(3) ＃N/A

在函数或公式中没有可用数值时,会产生这种错误信息。

(4) ＃NAME?

在公式中使用了 Excel 所不能识别的文本信息时将产生错误信息“＃NAME?”。

(5) ＃NUM!

在公式或函数中某个数值有问题时产生的错误信息。例如,公式产生的结果太大或太小,即超出范围:$-10^{307} \sim 10^{307}$。

(6) ＃REF!

单元格中出现这样的错误信息是因为该单元格引用无效的结果。假设单元格 A9 中有数值 5,单元格 A10 中有公式“＝A9＋1”,单元格 A10 显示结果为 6。若删除单元格 A9,则单元格 A10 中的公式“＝A9＋1”对单元格 A9 的引用无效,就会出现该错误信息。

(7) ＃VALUE!

当公式中使用不正确的参数时,将产生该错误信息。这时应确认公式或函数所需的参数类型是否正确,公式引用的单元格中是否包含有效的数值。如果需要数字或逻辑值时却输入了文本,就会出现这样的错误信息。

课堂实训四

1. 打开“素材”文件夹下“Excel 素材”中的“课堂实训 04. xlsx”文件,在“数学与统计函数”

工作表中，进行如下操作：

(1) 计算每个学生的总分和平均分，分别存放在 H 列和 I 列中；

(2) 计算一班学生人数，存放在 A20 单元格中；

(3) 统计每门课的不及格人数，存放在 C19：G19 单元格中；

(4) 统计语文成绩的最高分，数学成绩的最低分，存放在 C22、D22 单元格中；

(5) 统计每个学生的名次，存放在 J 列中。

2. 在"逻辑函数"工作表中，进行如下操作：

(1) 根据职称计算基本工资(C10：C17)，要求工程师工资为 5500，高工为 7500，助理为 2500；

(2) 如果职称为高工，或工龄大于 10 年的人员工资涨 2000 元，其他人员工资涨 800 元，将调整后的实际工资填入 E 列；

(3) 计算个税，如果"实际工资"大于 9500 元且职称为高工，个税为调整工资的 5%，其他均为 2%。

4.5 图表

图表的作用在于将工作表中的数据直观、形象的表现出来。Excel 提供的图表有柱形图、折线图、饼图等，如图 4-37 所示。

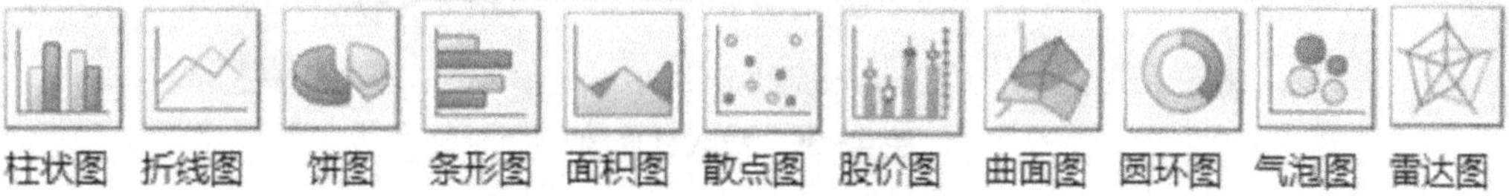

图 4-37 Excel 2010 提供的图表类型

图表的生成基于工作表中的数据，当工作表中的原始数据发生变化时，图表会自动随之改变。Excel 提供的图表有两种：

➢嵌入图表：在工作表内建立图表，将图表作为数据的补充说明。

➢独立图表：将图表置于同一工作簿的新建工作表中，与原工作表并存。

4.5.1 图表的构成

一个图表主要由以下部分构成：

1. 图表标题。描述图表的名称，默认在图表的顶端，可有可无。

2. 坐标轴与坐标轴标题。坐标轴标题是 X 轴和 Y 轴的名称，可有可无。

3. 图例。包含图表中相应的数据系列的名称和数据系列在图中的颜色。

4. 绘图区。以坐标轴为界的区域。

5. 数据系列。一个数据系列对应工作表中选定区域的一行或一列数据。

6. 网格线。从坐标轴刻度线延伸出来并贯穿整个"绘图区"的线条系列，可有可无。

7. 背景墙与基底。三维图表中会出现背景墙与基底，是包围在许多三维图表周围的区域，用于显示图表的维度和边界。

4.5.2 创建图表

创建图表可以通过选项卡命令或者使用快捷键完成。

利用选项卡下的命令建立“嵌入式图表”和“独立图表”。首先选中需要绘制图表的数据区域(如图 4-38 所示),单击“插入”选项卡|“图表”命令组|柱形图(如图 4-39 所示)|簇状柱形图(如图 4-40 所示)。

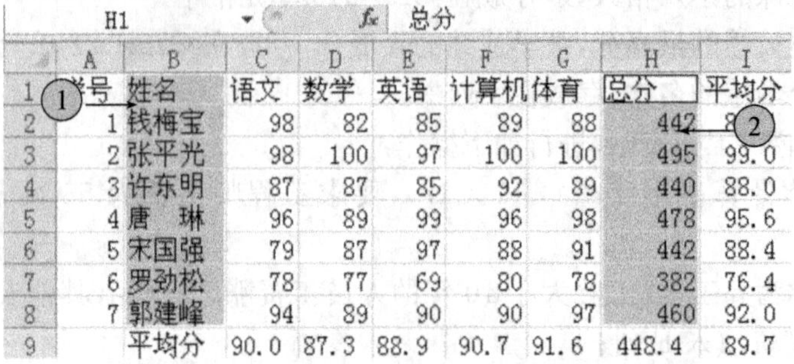
H1 总分

	A	B	C	D	E	F	G	H	I
1	学号	姓名	语文	数学	英语	计算机	体育	总分	平均分
2	1	钱梅宝	98	82	85	89	88	442	8[illegible]
3	2	张平光	98	100	97	100	100	495	99.0
4	3	许东明	87	87	85	92	89	440	88.0
5	4	唐　琳	96	89	99	96	98	478	95.6
6	5	宋国强	79	87	97	88	91	442	88.4
7	6	罗劲松	78	77	69	80	78	382	76.4
8	7	郭建峰	94	89	90	90	97	460	92.0
9		平均分	90.0	87.3	88.9	90.7	91.6	448.4	89.7

图 4-38　选择绘制图表的数据区域

图 4-39　插入柱形图

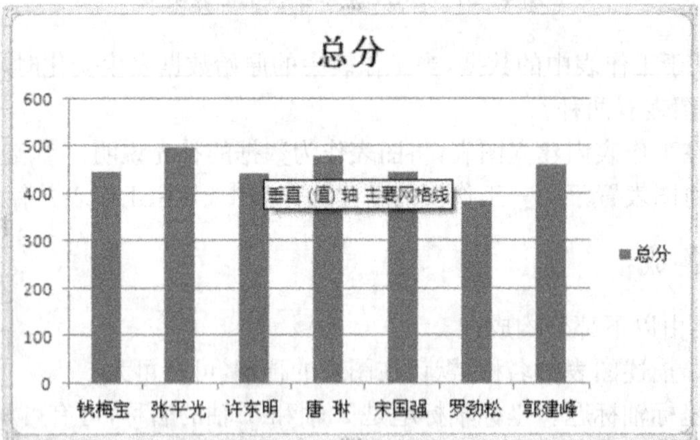

图 4-40　簇状柱形图

此外,利用快捷键可以自动建立独立图表。首先选定要绘图的数据区域,按 F11 键即可,此时系统自动为选定的数据建立独立的簇状柱形图。

4.5.3　编辑和修改图表

图表创建完成后,如果对工作表进行了修改,图表的信息也将随之变化。如果工作表没有变化,也可以对图表的“图表类型”、“图表源数据”、“图表选项”和“图表位置”等属性进行修改。

插入图表后,功能区将出现“图表工具”选项卡,如图 4-41 所示,该选项卡分为“设计”、

"布局"、"格式"三个子选项卡，分别可以对图表的相关属性进行设置；也可以选中图表后单击鼠标右键，利用弹出的菜单来编辑和修改图表。

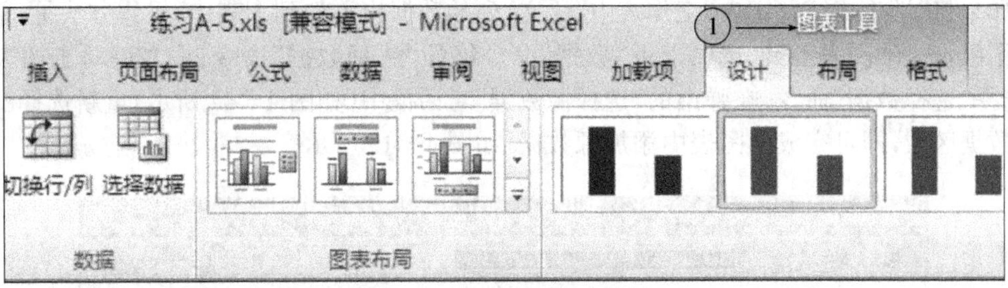

图 4－41　图表工具选项卡

1. 修改图表类型

右键单击图表绘图区，选择如图 4－42 所示菜单中的"更改图表类型"命令，修改图表类型为"簇状条形图"，结果如图 4－43 所示。也可以通过"图表工具"选项卡|"类型"命令组|"更改图表类型"命令来完成。

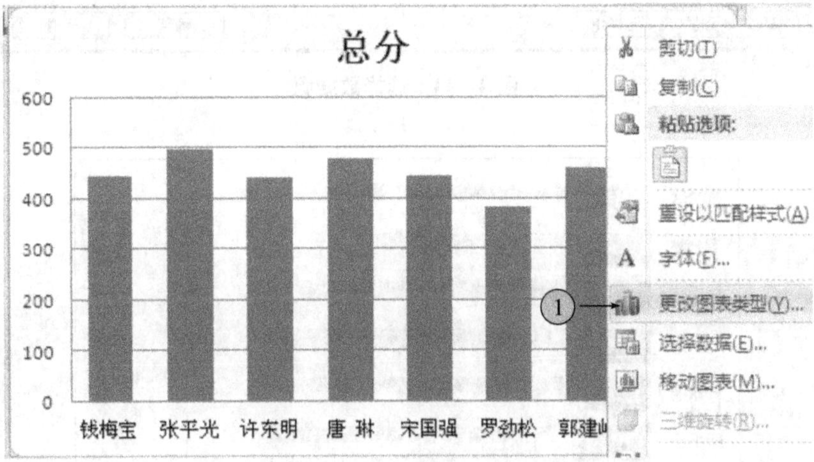

图 4－42　更改图表类型

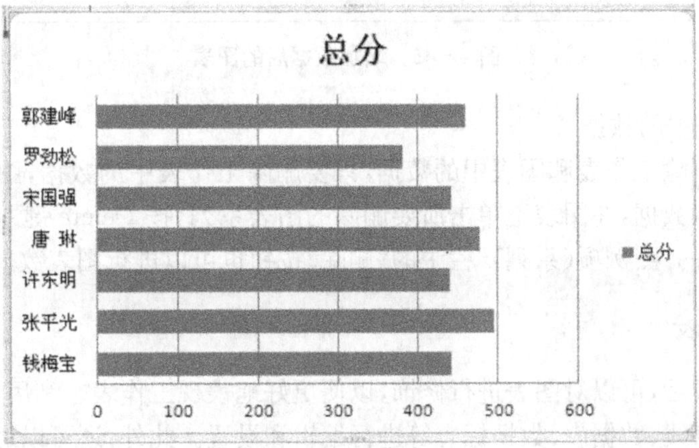

图 4－43　更改图表为"簇状条形图"

2. 修改图表源数据

(1) 向图表中添加源数据

如果将“学生成绩登记表”工作表中“语文”列的数据也添加到图表中,操作方法是:单击图表绘图区,选择“图表工具”选项卡下“数据”命令组的“选择数据”命令;或右键单击图表绘图区,选择“选择数据”命令,在弹出的“选择源数据”对话框中(如图 4-44 所示)重新选择图表所需的数据区域,即可完成向图表中添加源数据,如图 4-45 所示。

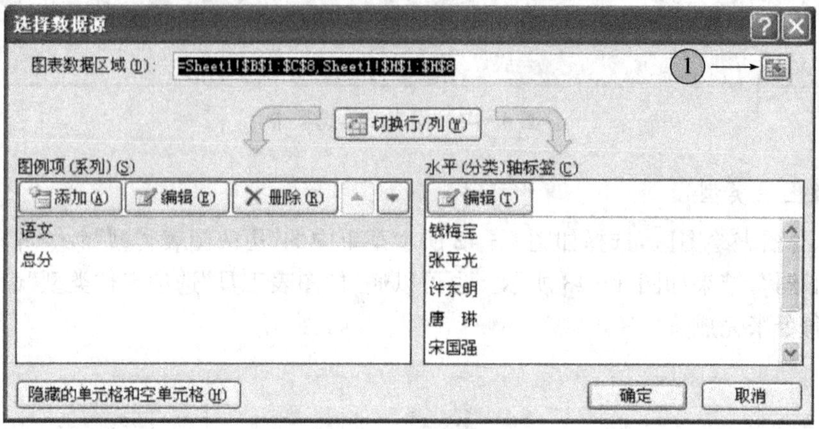

图 4-44 选择数据源

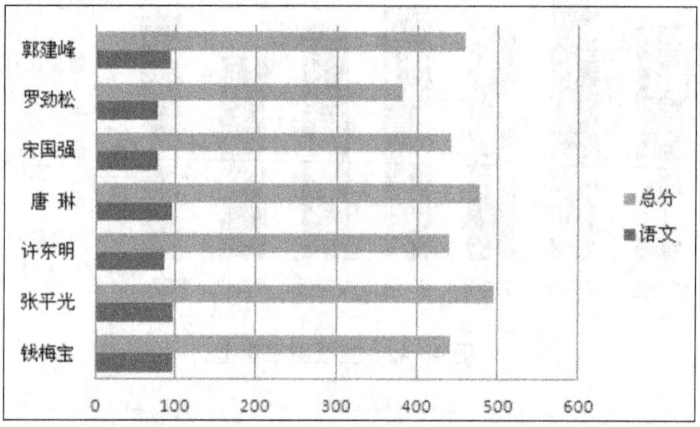

图 4-45 增加数据后的图表

(2) 删除图表中的数据

如果要同时删除工作表和图表中的数据,只要删除工作表中的数据,图表将会自动更新。如只从图表中删除数据,在图表上单击所要删除的图表系列,按 Delete 键即可完成。利用“选择源数据”对话框的“图例项(系列)”栏中的“删除”按钮也可以进行图表数据删除。

4.5.4 修饰图表

图表建立完成后,可以对图表进行修饰,以便更好地表现工作表。利用“图表选项”对话框可以对图表的网格线、数据表、数据标志等进行编辑和设置。此外,还可以对图表进行修饰,包括设置图表的颜色、图案、线形、填充效果、边框和图片等。还可以对图表中的图表区、绘图区、坐标、背景墙和基底等进行设置，方法是选中所需修饰的图表，利用“图表工具”选项卡下的“布局”、“格式”子选项卡下的命令，可以完成对图表的修饰，如图 4－46 所示。

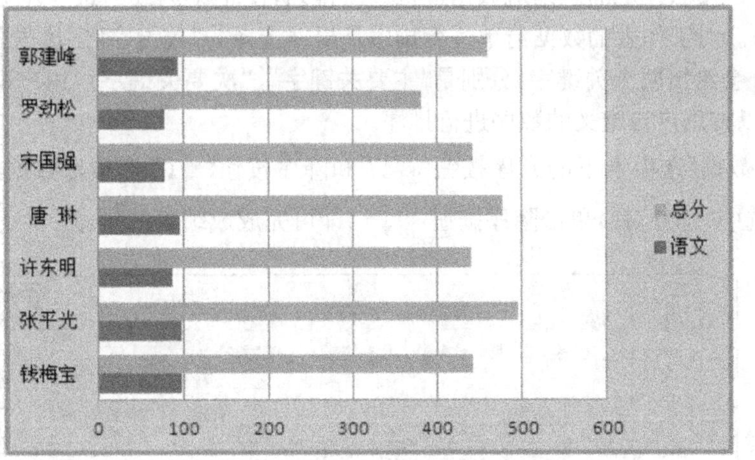

图 4－46 修饰后的图表

课堂实训五

1. 打开“素材”文件夹下“Excel 素材”中的“课堂实训 05. xlsx”文件，在“图表 1”工作表中，进行如下操作：

(1) 根据学生的物理、化学成绩生成簇状柱形图表，存放在 A21 以下区域，图表标题为“理化成绩统计表”，X 轴为姓名，Y 轴为成绩。

(2) 将图表网格线设置为 10 分一格。

(3) 在图表中显示每个学生的成绩。

(4)将图表“绘图区”背景设置“白色大理石”底纹。

2. 在“图表 2”工作表中，选取“专业名称”列和“增长比例”列的单元格内容，建立“簇状圆锥图”，X 轴上的项为专业名称，图表标题为“招生人数情况图”，插入到表的 A7：F18 单元格区域内。

4.6 数据的综合处理

Excel 提供了较强的数据管理功能，不仅能够通过记录单来增加、删除和移动数据，还能够按照数据库的管理方式对以数据清单形式存放的工作表进行各种排序、筛选、分类汇总、统计和建立数据透视表等操作。需要特别注意的是，对工作表数据进行数据管理与分析操作，要求数据必须按“数据清单”存放。工作表中的数据管理与分析的操作大部分通过“数据”选项卡完成。

数据清单是指包含一组相关数据的一系列工作表数据行，Excel 允许采用数据库管理的方式管理数据清单。数据清单由标题行(表头)和数据部分组成，数据清单中的行相当于数据库中的记录，行标题相当于记录名；数据清单中的列相当于数据库中的字段，列标题相当于字段名。

4.6.1 数据排序

数据排序是按照一定的规则对数据进行重新排列,便于浏览或为进一步数据处理做准备(如分类汇总)。对工作表的数据清单进行排序是根据选择的"关键字"字段内容按升序或降序进行的,Excel 会给出两个关键字,分别是"主要关键字"、"次要关键字",用户可根据需要添加和选取;也可以按用户自定义的数序进行排序。

1. 利用"数据"选项卡下的升序按钮"A↓Z"和降序按钮"Z↓A"直接对数据进行排序,如图 4-47 所示,选中"总分"列,单击降序按钮"A↓Z",即可完成成绩表的排序。

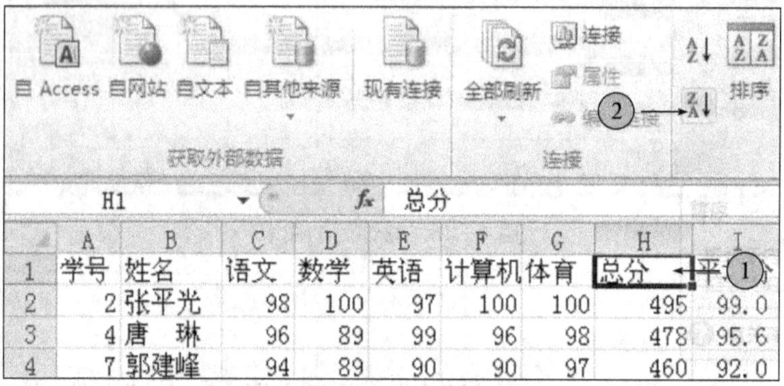

图 4-47 按"总分"降序排序后的成绩表

注意:利用"数据"选项卡下的"排序与筛选"命令组的升序按钮、降序按钮只能进行一个关键字的排序。

2. 利用"数据"选项卡下的"排序与筛选"命令组的"排序"命令。如果要针对多个关键字进行排序,则须使用"排序"命令,如图 4-48 所示。首先选中需要排序的数据区域,单击"数据"选项卡|"排序和筛选"命令组|"排序"命令,在弹出的"排序"对话框中选择"添加条件",设置"主要关键字"、"次要关键字"后,单击"确定"即可完成排序。

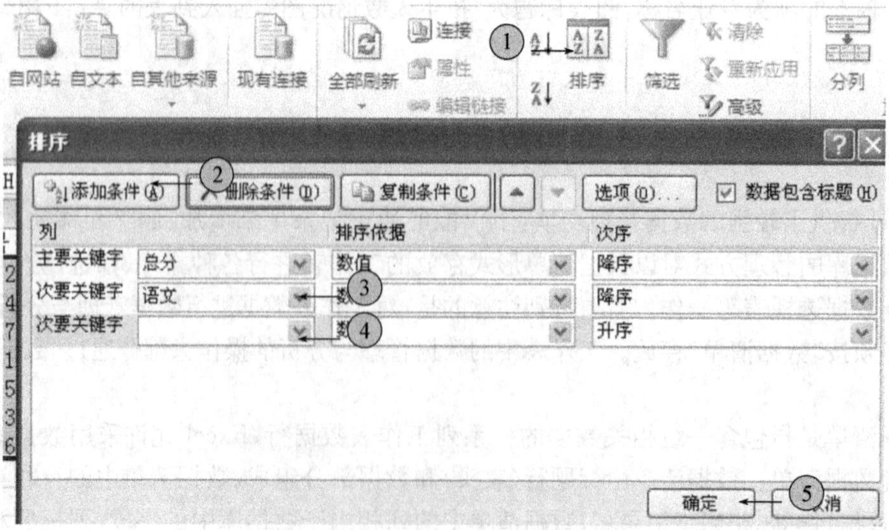

图 4-48 利用"排序"对话框进行排序

3. 自定义排序

如果用户对数据的排序有特殊要求，可以利用图 4－48 所示“排序”对话框内“次序”下拉列表中的“自定义序列”选项所弹出的对话框来完成。用户可以不按字母或数值等常规排序方式，根据需求自行设置。

4.6.2　数据筛选

数据筛选是在工作表的数据清单中快速查找具有特定条件的记录。筛选后数据清单中只包含符合筛选条件的记录。利用“数据”选项卡下的“排序与筛选”命令组中的“筛选”命令，可以进行自动筛选、自定义筛选、高级筛选和数据的全部显示等操作。

1. 自动筛选

根据筛选条件的不同，自动筛选可以利用列标题的下拉列表框，也可以利用“自定义自动筛选方式”对话框进行。

(1) 单字段条件筛选

筛选条件只涉及一个字段内容的为单字段条件筛选。如图 4－49 所示，筛选出语文成绩及格(≥60)的学生名单的步骤如下：首先选定要筛选的数据区域，单击“数据”选项卡|“排序和筛选”命令组|“筛选”命令，第一行的单元格全部增加了“▾”标记，单击“语文”右边的“▾”标记，选择“数字筛选”|“大于或等于(O)……”，弹出“自定义自动筛选方式”对话框，如图 4－50 所示，输入“60”，单击“确定”按钮，即可筛选出语文及格的学生名单。

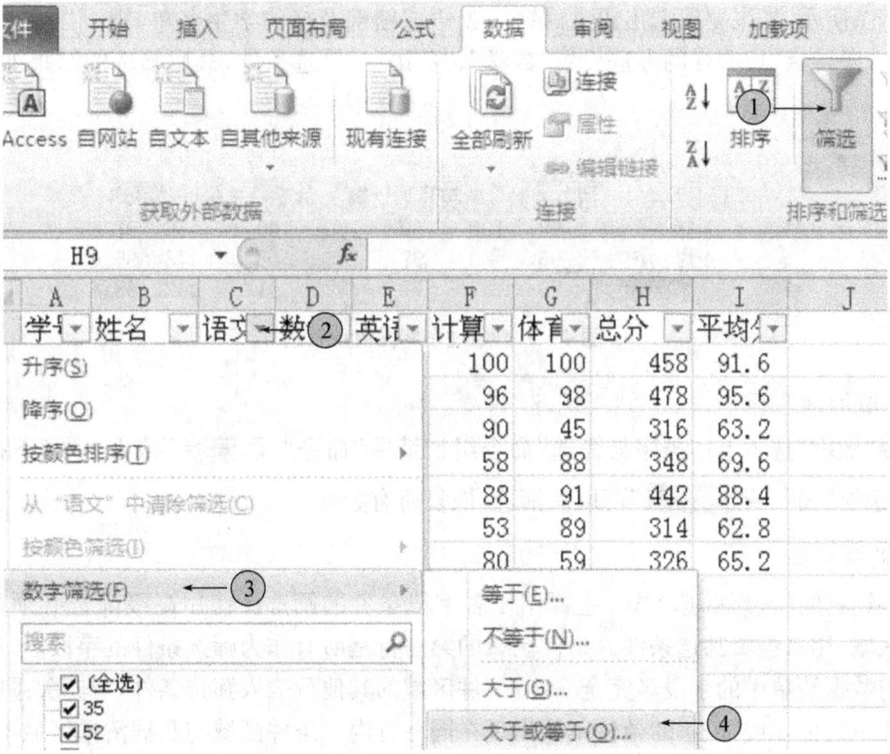

图 4－49　自定义筛选命令选择

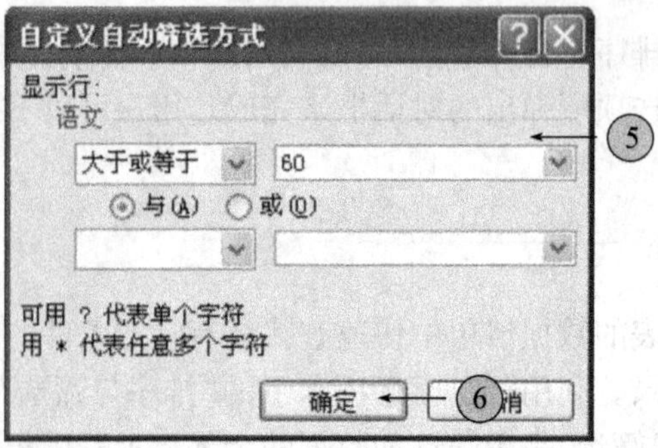

	A	B	C	D	E	F	G	H	I
	学号	姓名	语文	数学	英语	计算	体育	总分	平均分
	2	张平光	98	100	60	100	100	458	91.6
	4	唐　琳	96	89	99	96	98	478	95.6
	5	宋国强	79	87	97	88	91	442	88.4
	3	许东明	87	37	48	53	89	314	62.8
	6	罗劲松	60	77	50	80	59	326	65.2

图 4-50　自定义筛选设置及筛选结果

(2) 多字段条件筛选

筛选条件涉及多个字段内容的为多字段条件筛选,可采用执行多次自动筛选的方式完成。如图 4-51 所示,如果要筛选出语文、数学、英语成绩都及格的学生名单,则可以在设置好"语文"的筛选条件后,按同样的办法设置"数学"、"英语"的筛选条件,最后筛选的结果如图 4-51 所示。

	A	B	C	D	E	F	G	H	I
1	学号	姓名	语文	数学	英语	计算	体育	总分	平均分
2	2	张平光	98	100	60	100	100	458	91.6
3	4	唐　琳	96	89	99	96	98	478	95.6
6	5	宋国强	79	87	97	88	91	442	88.4

图 4-51　通过多字段自动筛选

(3) 取消筛选

选择"数据"选项卡|"排序与筛选"命令组|"清除"命令"清除"或在"▾"下拉菜单中勾选"全选"按钮"☑(全选)"可取消筛选,恢复所有数据。

2. 高级筛选

Excel 提供的高级筛选方式,主要用于多字段条件的筛选。使用高级筛选必须先建立一个条件区域,用来编辑筛选条件。条件区域的第一行是所有作为筛选条件的字段名,这些字段名必须与数据清单中的字段名完全一样;条件区域的其他行输入筛选条件,"与"关系的条件必须出现在一行内,"或"关系的条件不能出现在同一行内。条件区域与数据清单区域不能连接,必须用空行或空列隔开。

如图 4-52 所示,如果要筛选出语文或数学或英语及格的学生名单(即去除三门均不及格的学生名单),首先设置筛选条件(存放到 K2:M5 区域中),然后选中要筛选的数据区域,单击

“数据”选项卡|“排序与筛选”命令组|“高级”命令，选择“列表区域”、“条件区域”。如果要在原区域显示筛选结果，单击“确定”按钮即可；如果要将筛选结果复制到其他区域，则选择“将筛选结果复制到其他位置(O)”按钮，再选择存放筛选结果的区域，单击“确定”按钮。

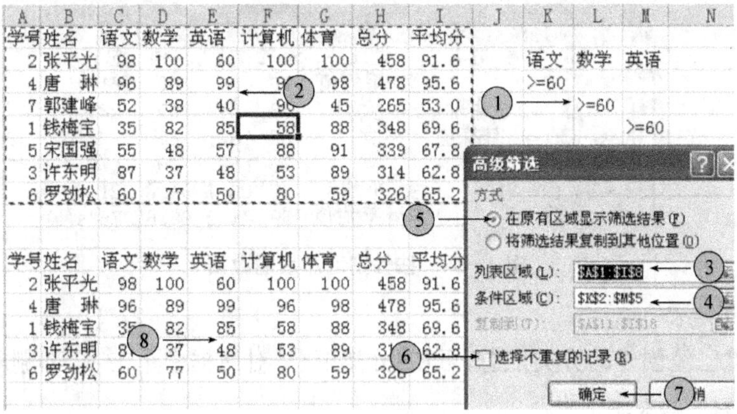

图 4-52　高级筛选

4.6.3　数据分类汇总

分类汇总是对数据内容进行分析的一种方法。Excel 分类汇总是对工作表中数据清单的内容进行分类，然后统计同类记录的相关信息，包括求和、计数、平均值、最大值、最小值等，由用户进行选择。

注意：分类汇总只能对数据清单进行，数据清单的第一行必须有列标题；在进行分类汇总前，必须根据分类项对数据进行排序。

1. 创建分类汇总

单击“数据”选项卡|“分级显示”命令组|“分类汇总”命令可以创建分类汇总。

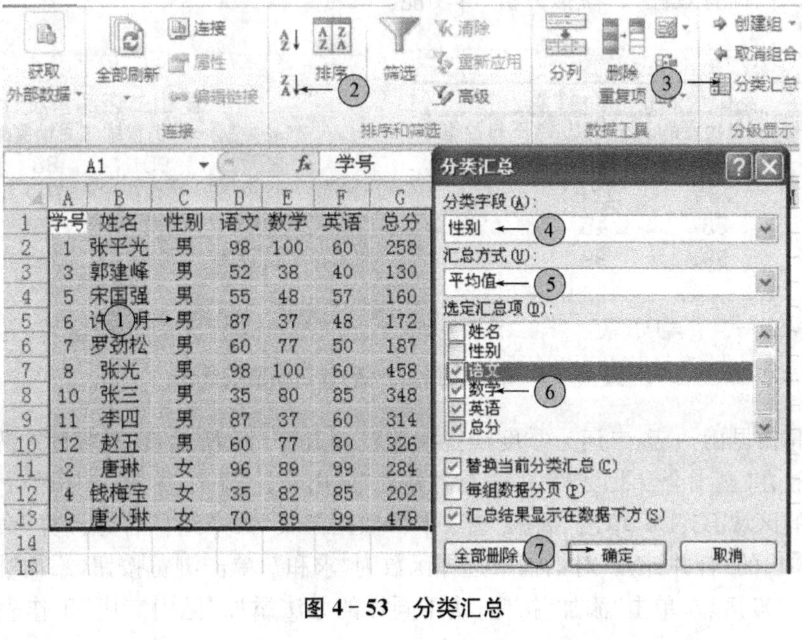

图 4-53　分类汇总

如图 4－53 所示,统计男、女生每门课程的平均分,首先将数据按“性别”进行排序,然后选中需要汇总的数据,单击“数据”选项卡|“分级显示”命令组|“分类汇总”命令,在弹出的“分类汇总”对话框中选择“分类字段”、“汇总方式”、“汇总项”,单击“确定”按钮即可。汇总后的数据如图 4－54 所示。

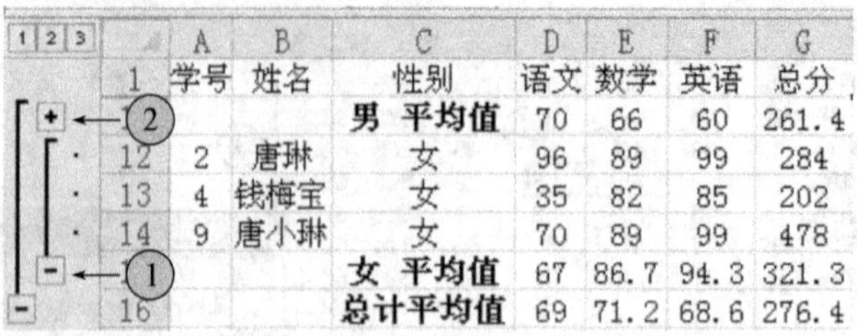

	A	B	C	D	E	F	G
1	学号	姓名	性别	语文	数学	英语	总分
			男 平均值	70	66	60	261.4
12	2	唐琳	女	96	89	99	284
13	4	钱梅宝	女	35	82	85	202
14	9	唐小琳	女	70	89	99	478
			女 平均值	67	86.7	94.3	321.3
16			**总计平均值**	69	71.2	68.6	276.4

图 4－54　按性别汇总后的数据

2. 删除分类汇总

如果要删除已经创建的分类汇总,可在“分类汇总”对话框中单击“全部删除”按钮即可。

3. 隐藏分类汇总数据

为方便查看数据,可以将分类汇总后暂时不需要的数据隐藏起来,当需要查看时再显示出来。

如图 4－54 所示,单击工作表左边列表树的“－”号可以隐藏该部门的数据记录,只留下该部门的汇总信息。此时,“－”号变成“＋”号;单击“＋”号时,即可将隐藏的数据记录信息显示出来。

4.6.4　数据合并

数据合并可以把来自不同源数据区域的数据进行汇总,并进行合并计算。不同数据源区包括同一工作表、不同工作表中(同一工作簿)、不同工作簿中的数据区域。数据合并是通过建立合并表的方式来进行的。其中,合并表可以建立在某源数据区域所在工作表中,也可以建在同一个工作簿或不同的工作簿中。通过“数据”选项卡|“数据工具”命令组中的命令可以完成“数据合并”、“数据有效性”、“模拟分析”等功能。

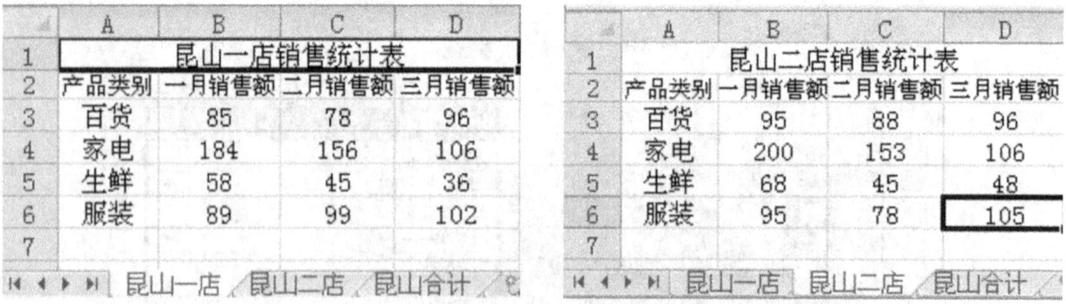

	A	B	C	D
1	昆山一店销售统计表			
2	产品类别	一月销售额	二月销售额	三月销售额
3	百货	85	78	96
4	家电	184	156	106
5	生鲜	58	45	36
6	服装	89	99	102
7				

	A	B	C	D
1	昆山二店销售统计表			
2	产品类别	一月销售额	二月销售额	三月销售额
3	百货	95	88	96
4	家电	200	153	106
5	生鲜	68	45	48
6	服装	95	78	105
7				

图 4－55　某超市昆山一店、二店销售统计表

已知某超市昆山一店、二店一季度销售统计表如图 4－55 所示,现需统计这两家店的合计销售额并存放在“昆山合计”工作表中。首先建立“昆山合计”工作表,录入标题行和列,选中需要合并计算的区域 B3:D6,单击“数据”选项卡|“数据工具”命令组|“合并计算”命令,如图 4－56 所示,在弹出的“合并计算”对话框中选择函数为“求和”;单击浏览按钮,添加“昆山一店”工作表中的 B3:D6 区域,单击“添加”按钮;使用同样的办法添加“昆山二店”工作表中的 B3:D6

区域；单击“确定”按钮，系统将自动将两店的数据进行求和运算，运算结果如图 4－57 所示。

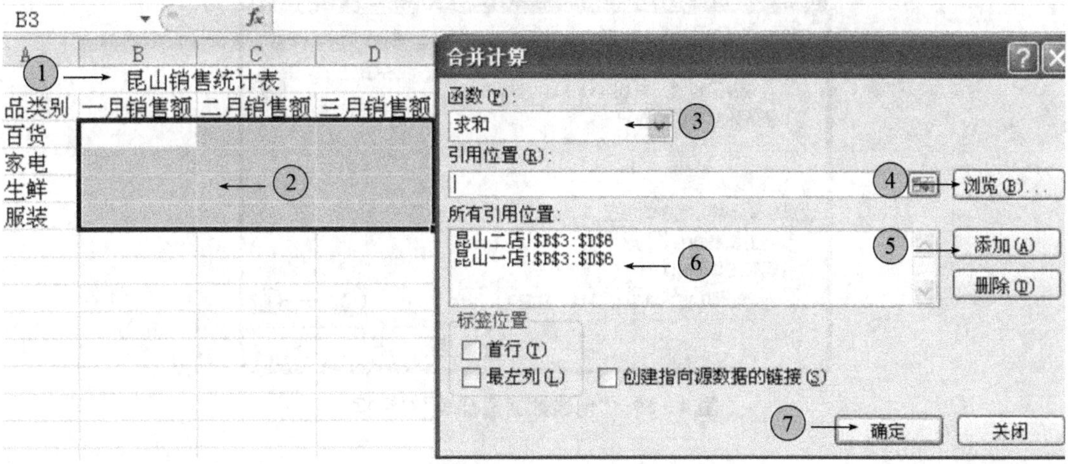

图 4－56　合并计算

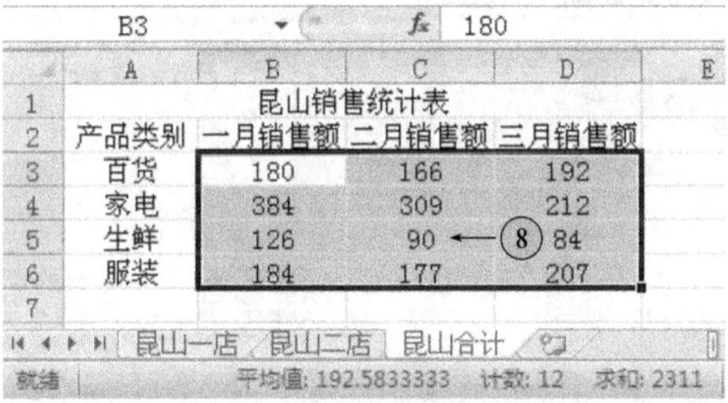

图 4－57　合并计算后的工作表

4.6.5　建立数据透视表

数据透视表从工作表的数据清单中提取信息，它可以对数据清单进行重新布局和分类汇总，还能立即计算出结果。在建立数据透视表时，首先需要考虑如何汇总数据。利用“插入”选项卡|“表格”命令组|“数据透视表”命令可以完成数据透视表的建立。

某企业人员医疗费报销情况如图 4－58 所示，利用数据透视表功能实现对“部门”、“项目”的分类汇总。选择“报销统计表”数据清单中的数据部分(A2:E16)，单击“插入”选项卡|“表格”命令组|“数据透视表”命令，弹出“创建数据透视表”对话框，如图 4－59 所示，选择放置数据透视表的位置；单击“确定”按钮，弹出“数据透视表字段列表”，如图 4－60所示。

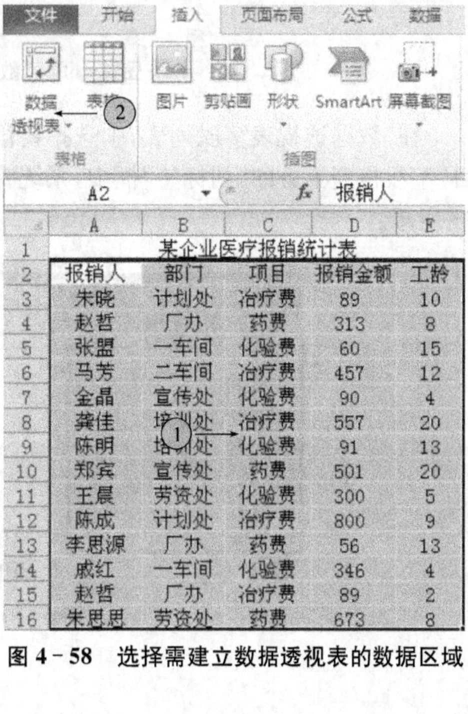

图 4－58　选择需建立数据透视表的数据区域

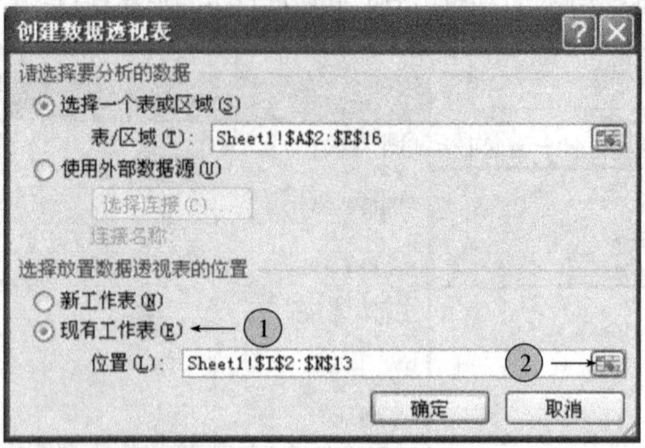

图 4-59 “创建数据透视表”对话框

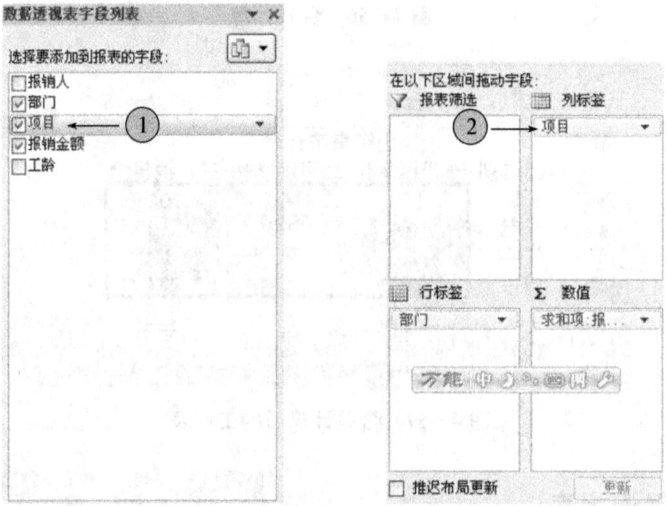

图 4-60 “数据透视表字段列表”对话框

在“数据透视表字段列表”中选择要添加到报表的字段“部门”、“项目”、“报销金额”,将“项目”字段拖到下方的“列标签”框中,系统将生成对“部门”、“项目”分类汇总的统计表,如图 4-61 所示。

求和项:报销金额	列标签			
行标签	化验费	药费	治疗费	总计
厂办		368.9	89	457.9
二车间			457	457
计划处			889	889
劳资处	300	673		973
培训处	90.6		556.8	647.4
宣传处	90	500.89		590.89
一车间	405.67			405.67
总计	**886.27**	**1542.79**	**1991.8**	**4420.86**

图 4-61 完成的数据透视表

4.6.6 工作表中的链接

工作表中的链接包括超链接和数据链接两种情况，超链接可以从一个工作簿或文件快速跳转到其他工作簿或文件，超链接可以建立在单元格的文本或图形上；数据链接是使得数据发生关联，当一个数据发生更改时，与之相关联的数据也会改变。

① 首先选定要建立超链接的单元格或单元格区域，单击鼠标右键，在弹出的菜单中选择“超链接”命令。

② 打开“编辑超链接”对话框，如图 4－62 所示，在“链接到”栏中单击“本文档中的位置”(单击“现有文件或网页”可链接到其他工作簿中)。

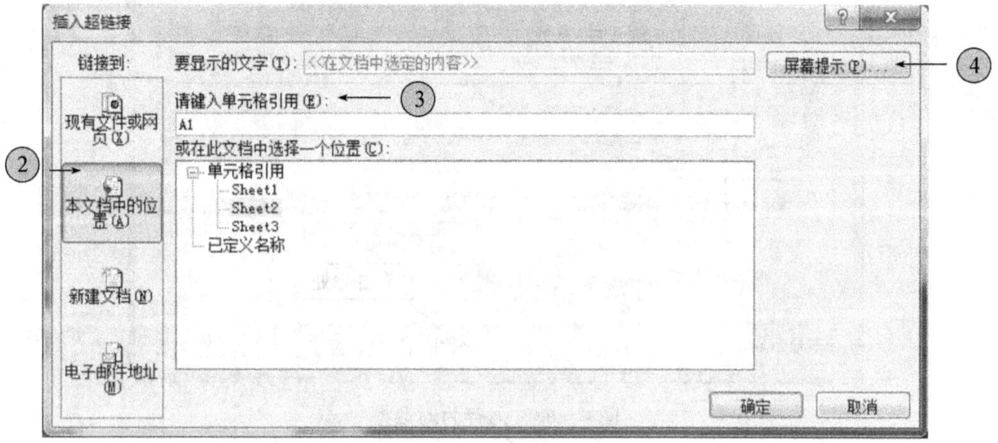

图 4－62 插入超链接

③ 在右侧的“请键入单元格引用”中输入要引用的单元格地址(如 A1)，在“或在此文档中选择一个位置”处，选择“家电销售明细表”。

④ 单击对话框右上角的“屏幕提示”，打开“设置超链接屏幕提示”对话框，在对话框内输入信息，当鼠标指针放置在建立的超链接位置时，显示相应的提示信息，如“打开家电销售明细表”，单击“确定”按钮即完成。

利用“编辑超链接”对话框可以对超链接信息进行修改，也可以取消超链接。选定已建立超链接的单元格或单元格区域，右击鼠标，在弹出的命令中选择“取消超链接”命令即可取消超链接。

选择工作表中需要被引用的数据，单击“复制”按钮；打开相关联的工作表，在工作表中指定的单元粘贴数据，在“粘贴选项”中选择“粘贴链接”可以建立数据链接。

4.6.7 保护和隐藏工作表

Excel 可以有效地对工作簿中的数据进行保护。如设置密码、禁止无关人员访问等；也可以保护某些工作表或工作表中某些单元格的数据，防止无关人员非法修改；还可以把工作簿、工作表、某行(列)以及单元格中的重要公式隐藏起来。

1. 保护工作簿和工作表

默认情况下，任何人都可以自由访问并修改未经保护的工作簿和工作表。

(1) 保护工作簿

工作簿的保护包含两个方面:第一是保护工作簿,防止他人非法访问;第二是禁止他人对工作簿或工作表进行非法操作。

如图 4-63 所示,单击"另存为"对话框左下方"工具"下拉列表框,并在出现的下拉列表中单击"常规选项",出现"常规选项"对话框;

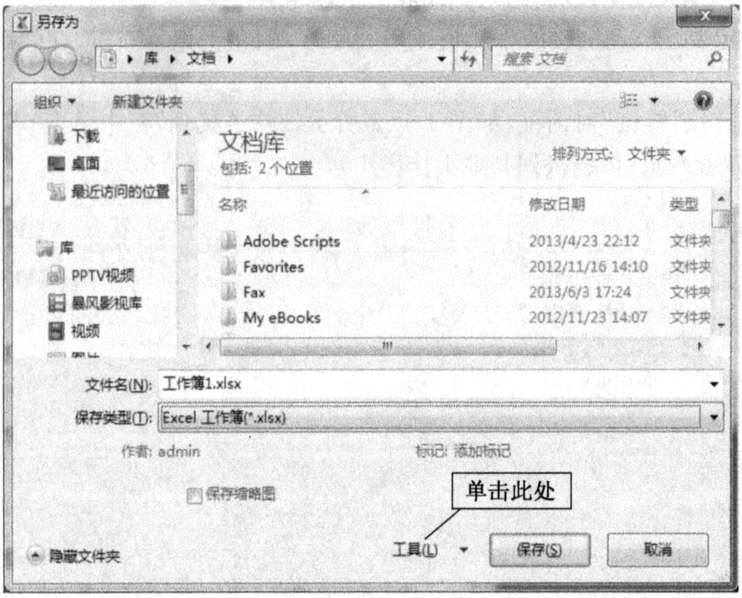

图 4-63 另存为对话框

在"常规选项"对话框的"打开权限密码"框中输入密码,单击"确定"按钮后再单击"保存"按钮即可。

如果在"常规选项"对话框的"修改权限密码"框中输入密码,打开工作簿时,也将出现"密码"对话框,输入正确的修改权限密码后才能对该工作簿进行修改操作。

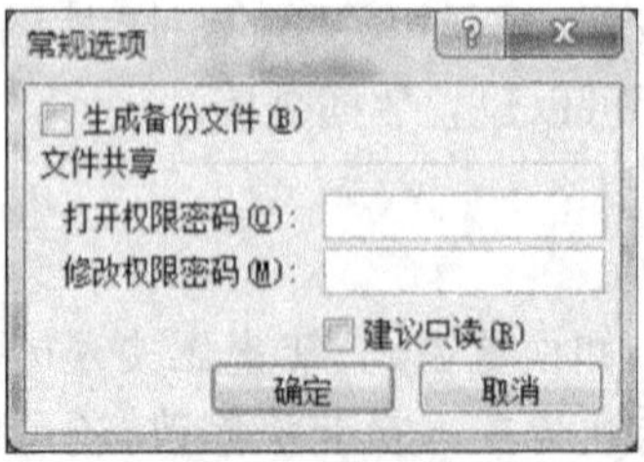

图 4-64 保护工作簿

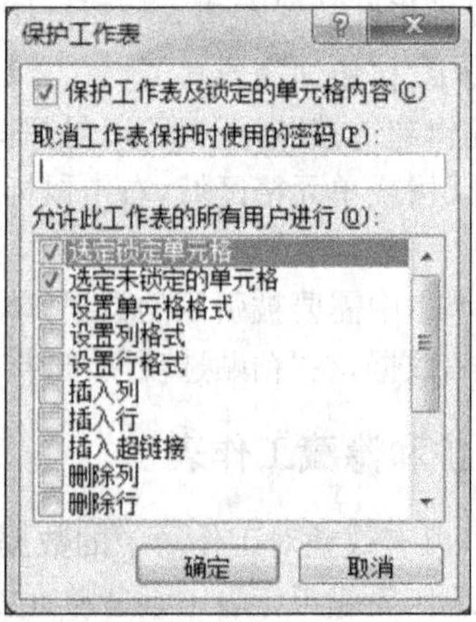

图 4-65 保护工作表

(2) 保护工作表

除了保护整个工作簿外,还可以保护工作簿中指定的工作表。如图 4-65 所示,选择需要保护的工作表,单击"审阅"选项卡|"更改"命令组|"保护工作表"命令,在弹出"保护工作表"对

话框可以对工作表中的相关内容进行设置，可以键入密码以防止其他人取消工作表保护。

2. 隐藏工作表

对工作表除了上述密码保护外，还可以赋予“隐藏”特性，使其内容不可见，从而得到一定程度的保护。

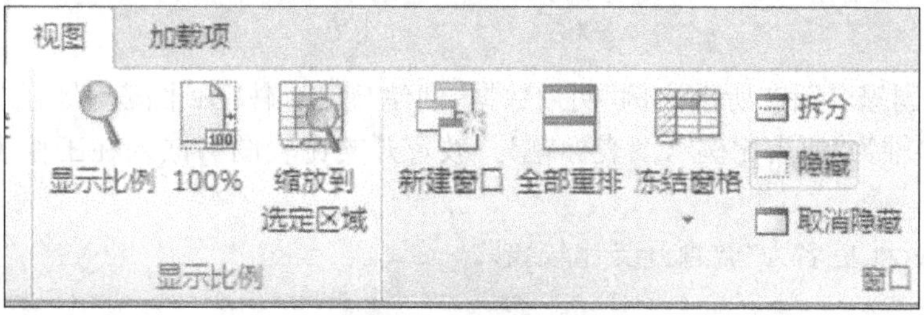

图 4－66　隐藏工作表

如图 4－66 所示，单击“视图”选项卡|“窗口”命令组|“隐藏”命令可以隐藏工作簿工作表的窗口，隐藏工作表后，屏幕上不再出现该工作表，但可以引用该工作表中的数据。如果对工作簿实施了“结构”保护，就不能隐藏其中的工作表。

隐藏工作表的行或列。选定需要隐藏的行(列)，单击鼠标右键，在弹出的菜单中选择“隐藏”命令，则相应的行(列)将不显示，但可以引用其中单元格的数据，行或列隐藏处出现一条黑线。选定已隐藏行(列)的相邻行(列)，单击鼠标右键，在弹出的菜单中选择“取消隐藏”命令，则可显示隐藏的行或列。

课堂实训六

1. 打开“素材”文件夹下“Excel 素材”中的“课堂实训 06. xlsx”文件，在“排序”工作表中，进行如下操作：

(1) 将一班成绩按化学、物理、英语依次降序重新排列；

(2) 将二班成绩按化学、物理、英语、数学依次升序重新排列；

(3) 将总成绩表按班级次序(一班、二班、三班)排序。

2. 在“筛选”工作表中，进行如下操作：

(1) 通过高级筛选将工资＞5000、工龄＞8 年或工资＜3000、工龄＜5 年的记录筛选出来，存放在 A20 以下单元格；

(2) 通过自动筛选在原表中筛选出工资前三名的记录。

3. 在“筛选 2”工作表中，通过高级筛选筛选出职称为高工，工资在 7000 至 7500 之间的记录，存放在 A14 以下单元格。

4. 在“分类汇总”工作表中，按产品统计其平均生产成本以及生产量。

5. 在“分类汇总 2”工作表中，按生产车间统计生产总量。

4.7　综合实训

综合实训(一)

(1) 打开“素材”文件夹下“Excel 素材”中的“综合实训 01. xlsx”文件，以下为若干个国家的教育开支与国民生产总值的数据，建立数据表(存放在 A1:D4 的区域内)并计算在国民生产总值中的教育开支“所占比例”(保留小数点后两位)，保存在工作表 Sheet1 中。

国家名	国民生产总值	教育开支	所占比例%
A	30000	900	
B	45000	1800	
C	6000	120	

(2) 选择“国家名”和“所占比例”两列数据，创建“簇状圆柱图”图表，设置分类(X)轴为“国家名”，数值(Z)轴为“所占比例”，图表标题为“教育开支比较图”，嵌入在工作表的 A6:F16 的区域中。

(3) 将 Sheet1 更名为“教育开支比较表”。

综合实训(二)

(1) 打开“素材”文件夹下“Excel 素材”中的“综合实训 02(A). xlsx”文件，将工作表 Sheet1 的 A1:D1 单元格合并为一个单元格，内容水平居中；计算“销售额”列(销售额=销售数量 * 单价)，将工作表命名为“图书销售情况表”。

(2) 打开工作簿文件“综合实训 02(B). xlsx”，对工作表“计算机动画技术成绩单”内的数据清单的内容按主要关键字为“考试成绩”的递减次序和次要关键字为“学号”的递增次序进行排序，排序后的工作表还保存在“综合实训 02(B). xlsx”工作簿文件中，工作表名不变。

综合实训(三)

(1) 打开“素材”文件夹下“Excel 素材”中的“综合实训 03. xlsx”文件，将 A1:C1 单元格合并为一个单元格，内容水平居中，计算日产量的“总计”及“所占比例”列的内容(所占比例=日产量/总计，保留小数点后两位)，将工作表命名为“日产量情况表”。

(2) 选取“日产量情况表”的“产品名称”和“所占比例”列(不包括“总计”行单元格的内容建立“簇状柱形图”，X 轴上的项为产品名称系列产生在“列”)，图表标题为“日产量情况图”，插入到表的 A7:D18 单元格区域内。

第 5 章　PowerPoint 2010 的使用

PowerPoint 是 Microsoft Office 产品套件的一部分。使用 PowerPoint 可以创建整合了彩色文本、照片、插图、绘图、表格、图形和影片等多媒体信息的演示文稿。用户可以使用动画功能使文本和插图具有动画效果,还可添加声音效果和旁白。PowerPoint 还可协助用户创建永恒的视觉效果,从而增强了多媒体支持功能,可以将演示文稿保存到光盘中以进行分发,并可在幻灯片放映过程中播放音频流或视频流;对用户界面进行了改进并增强了对智能标记的支持,可以更加便捷地查看和创建高品质的演示文稿。

PowerPoint 2010 新增了视频和图片编辑功能,有更丰富的切换效果和动画,有更多的 SmartArt 版式、广播及共享 PPT 功能,等等。新增的视频和图片编辑功能是 PowerPoint 2010 的新亮点之一。使用视频编辑器,可以在演示文稿中直接插入和编辑视频并添加令人叫绝的创意效果。

本章以步骤化、图例化的方式介绍 PowerPoint 2010 的各项功能,同时安排了 6 个课堂实训和 3 个综合实训供读者自我检验。通过本章的理论学习和实训,读者应掌握如下内容:

- 打开、关闭、创建和保存演示文稿
- 幻灯片制作的基础知识(幻灯片的插入、移动、复制、删除;基本的文本编辑技术)
- 幻灯片版式、主题、设计模板的设置及应用
- 幻灯片配色方案、背景的设置、母版的设置
- 插入并编辑图片、剪贴画、艺术字、表格、图表等对象的方法
- 插入影片、GIF 动画、声音等多媒体对象的方法
- 插入日期时间和页码的方法
- 动画效果的设置;文本的超链接
- 幻灯片切换效果设置和幻灯片放映的高级技巧

5.1　PowerPoint 2010 基础

5.1.1　启动和退出 PowerPoint

启动 PowerPoint 2010 的方法有多种,常用的启动方法有以下三种:

(1) 从“开始”→“程序”中打开 PowerPoint,如图 5－1 所示:

① 单击“开始”指向“所有程序”;

② 将鼠标移至菜单中的“所有程序”处,此时出现下一级级联菜单;

③ 将鼠标指向“Microsoft Office”,单击“Microsoft Office”;

④ 然后单击“Microsoft Office PowerPoint 2010”。

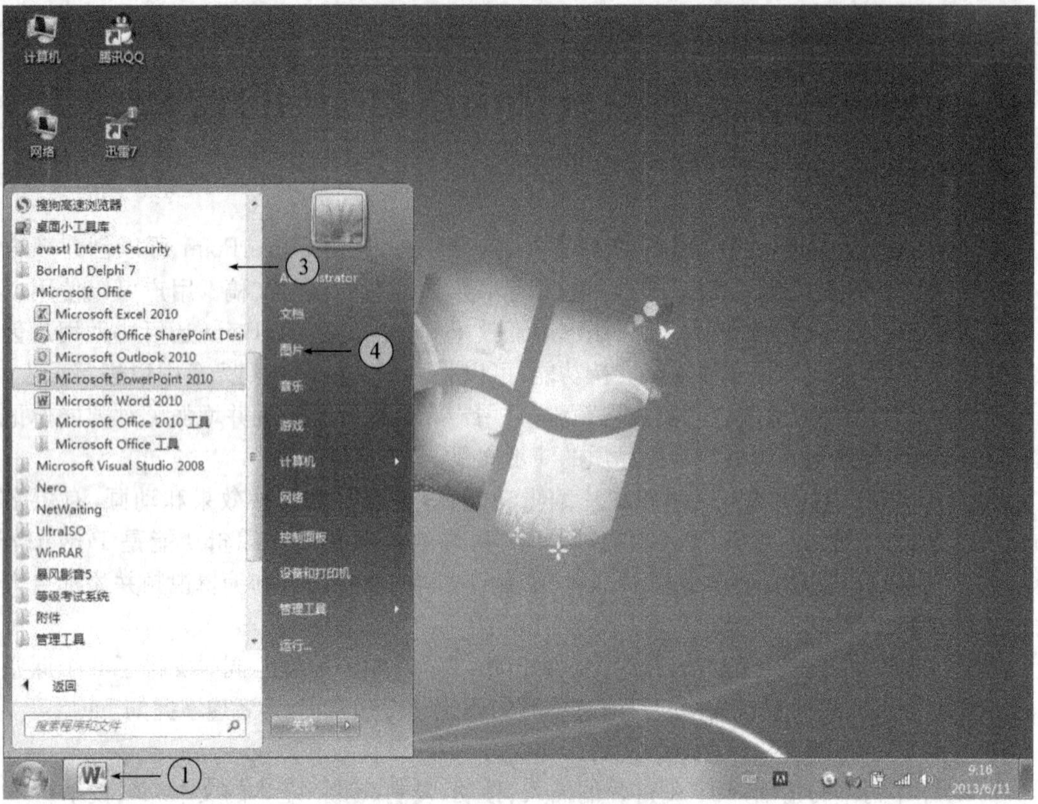

图 5-1 PowerPoint 的启动

(2) 如果安装 Office 2010 时在桌面创建有应用程序图标,可以双击桌面上的 PowerPoint 图标 来启动 PowerPoint。

(3) 如果计算机中有已创建的 PowerPoint 演示文稿文件(文件扩展名为. pptx),可通过资源管理器找到该演示文稿文件,双击该文件即可打开。

通过前两种方式打开 PowerPoint 后,会自动创建一个名为"演示文稿 1"的空白演示文稿,且以"普通"视图打开,用户可以在该视图中编辑幻灯片,如图 5-2 所示。

如果要退出 PowerPoint,只需单击关闭图标( )即可。如果演示文稿已经被修改,PowerPoint 会提示用户退出前是否要保存。

5.1.2 PowerPoint 的窗口及组成

如图 5-3 所示,PowerPoint 程序窗口主要包括标题栏、快速访问工具栏、选项卡、编辑工作区、幻灯片/大纲编辑区、备注窗格和状态栏等几个部分。

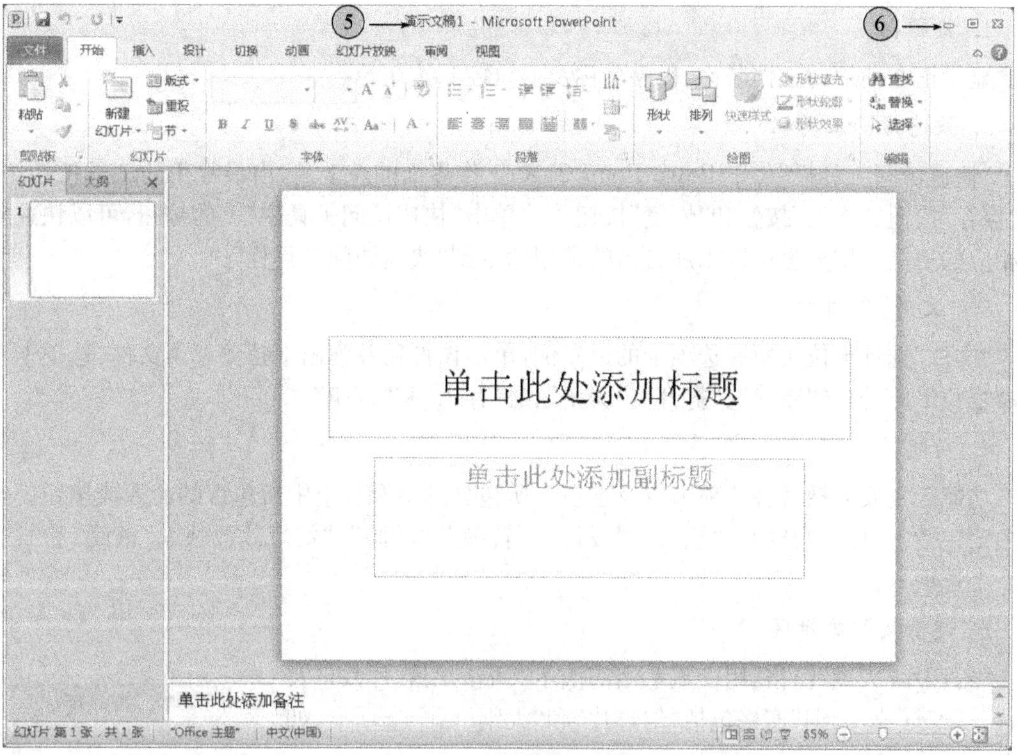

图 5－2　空白演示文稿

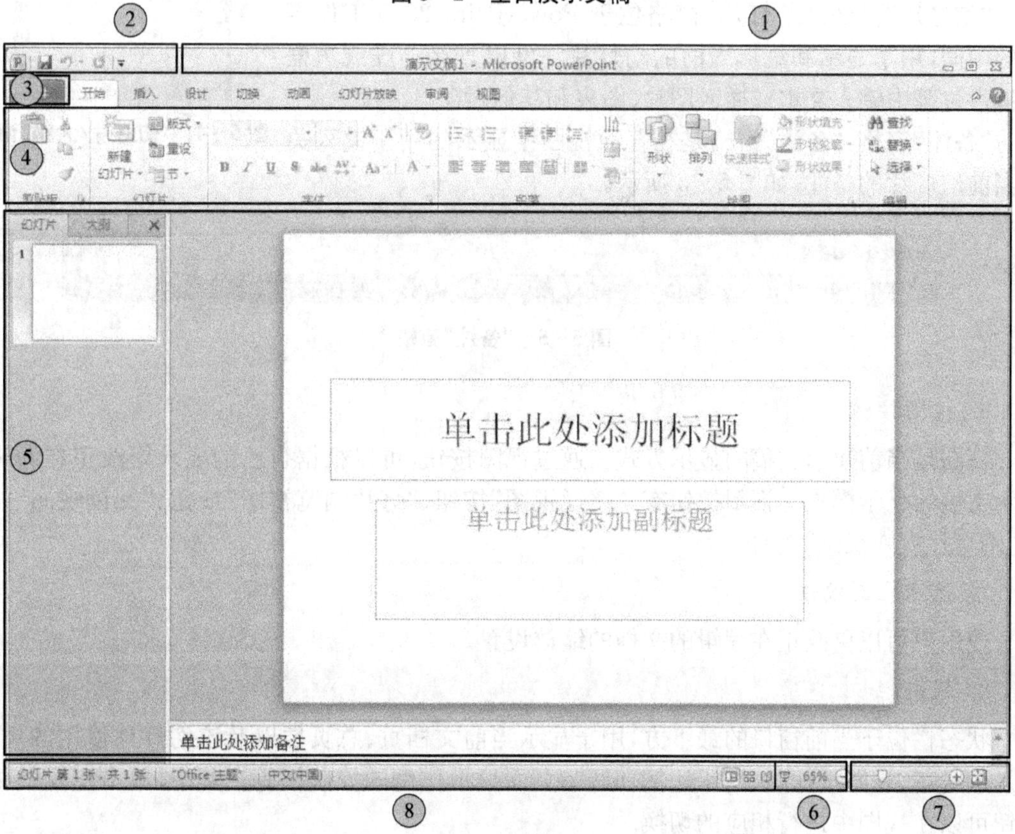

图 5－3　PowerPoint 的窗口

1. 标题栏

显示正在使用的文档名称、程序名称及窗口控制按钮等。

2. 快速访问工具栏

“快速访问工具栏”位于 PowerPoint 2010 工作界面的左上角，由最常用的工具按钮组成。如“保存”按钮、“撤消”按钮和“恢复”按钮等。单击“快速访问工具栏”上的按钮，可以快速实现其相应的功能。用户也可以添加自己的常用命令到“快速访问工具栏”。

3. “文件”选项卡

“文件”选项卡位于所有选项卡的最左侧，单击该按钮并弹出下拉菜单，“文件”选项卡下基本命令位于此处，如“新建”、“打开”、“关闭”、“另存为”和“打印”。

4. 功能区

功能区主要包括各种选项卡以及选项卡所包含的组及各组中所包含的命令或按钮。选项卡主要包括“文件”、“开始”、“插入”、“设计”、“转换”、“动画”、“幻灯片放映”、“审阅”和“视图”等 9 个选项卡。

5. 演示文稿编辑区

“幻灯片/大纲”窗格：用于显示当前演示文稿的幻灯片数量及位置。“幻灯片/大纲”窗格包括“幻灯片”和“大纲”两个选项卡，如图 5-4 所示。

图 5-4　“幻灯片/大纲”窗格

“幻灯片”窗格：“幻灯片”窗格位于 PowerPoint 2010 工作界面的中间，用于显示和编辑当前的幻灯片。可以直接在虚线边框标识占位符中键入文本或插入图片、图表和其他对象。

“备注”窗格：“备注”窗格是在普通视图中显示的用于键入关于当前幻灯片的备注，如图 5-5 所示。

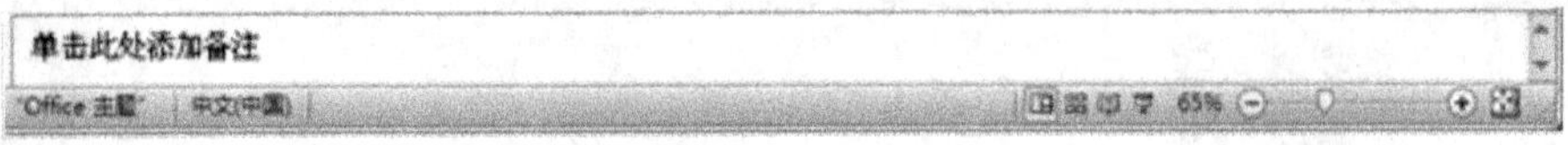

图 5-5　“备注”窗格

6. 视图按钮

视图是当前演示文稿的显示方式。通过视图按钮，可以根据自己的要求更改正在编辑的演示文稿的显示模式。视图按钮有：“普通视图”按钮、“灯片浏览视图”按钮、“阅读视图”按钮和“幻灯片放映视图”按钮。

7. 显示比例按钮

使用户可以更改正在编辑的文档的缩放设置。

8. 状态栏

状态栏位于当前窗口的最下方，用于显示当前文档页、总页数以及该幻灯片使用的主题、输入法状态、视图按钮组、显示比例和调节页面显示比例的控制杆等。其中，单击不同的视图按钮可以在视图中进行相应的切换。

5.1.3　打开和关闭演示文稿

1. 打开演示文稿

要编辑或放映演示文稿，必须先打开它。打开演示文稿的方法有几种：

(1) 通过资源管理器打开演示文稿

打开资源管理器，找到演示文稿文件，双击该文件。出现 PowerPoint 启动屏幕，并显示演示文稿，如图 5－6 所示。

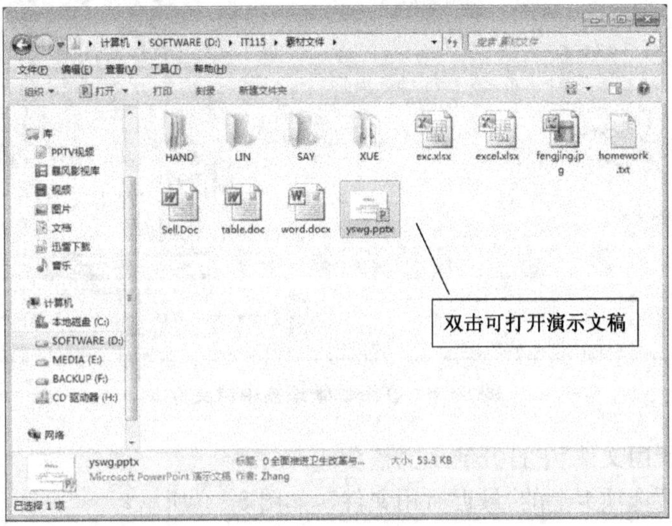

图 5－6　通过资源管理器打开演示文稿

(2) 使用“文件”选项卡中的“打开”命令

打开 PowerPoint 2010 软件后，可以使用“文件”选项卡中的“打开”命令打开演示文稿。

① 单击“文件”选项卡中的“打开”命令，如图 5－7 所示；

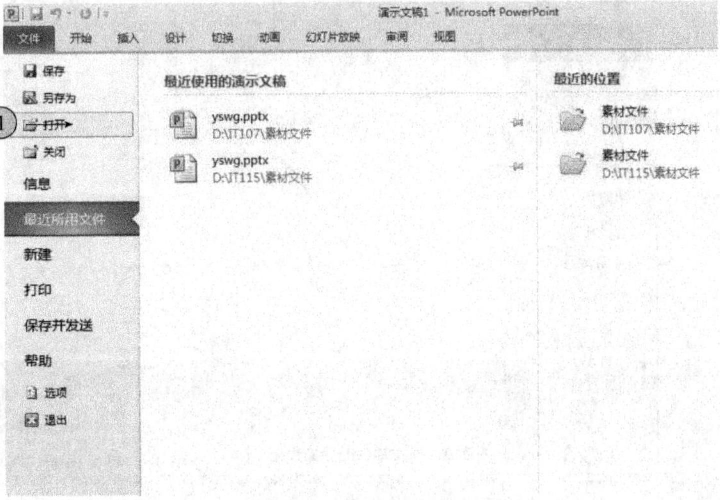

图 5－7　使用“打开”命令打开演示文稿

② 在“打开”对话框中,选中要打开的演示文稿,如图 5－8 所示;

③ 然后单击“打开”按钮,所选演示文稿文件即可打开。

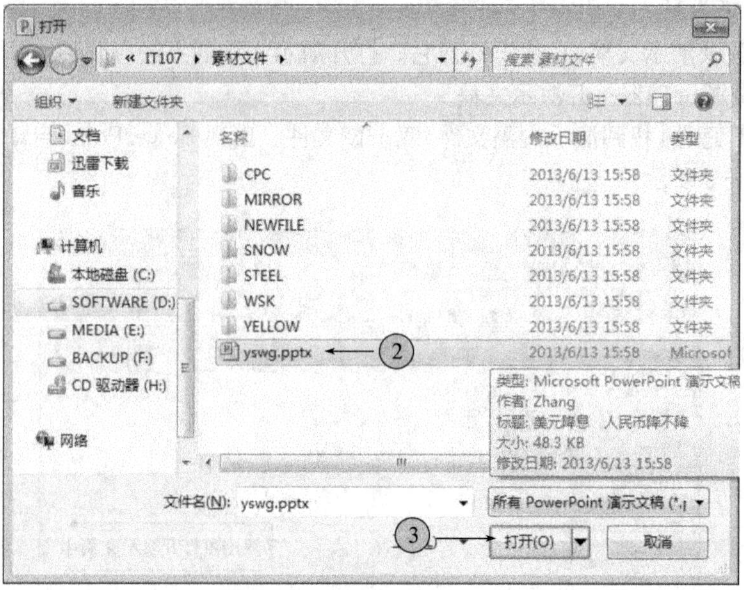

图 5－8 在资源管理器中选文件

(3) 从“最近所用文件”中打开演示文稿

① 单击“文件”选项卡上的“最近所用文件”,如图 5－9 所示;

图 5－9 从“最近所用文件”中打开演示文稿

② 从"最近使用的演示文稿"列表中单击要打开的演示文稿文件，然后该演示文稿文件被打开。

2. 关闭演示文稿

演示文稿编辑完成后，若不再需要对演示文稿进行其他的操作，可将其关闭。关闭演示文稿的常用方法有以下几种。

（1）通过快捷菜单关闭：在 PowerPoint 2010 工作界面标题栏上单击鼠标右键，在弹出的快捷菜单中选择"关闭"命令。

（2）单击按钮关闭：单击 PowerPoint 2010 工作界面标题栏右上角的 X 按钮，可关闭演示文稿并退出 PowerPoint 程序。

（3）通过命令关闭：在打开的演示文稿中选择"文件"选项卡中的"关闭"命令，可关闭当前演示文稿。

关闭 PowerPoint 软件时，如果编辑的演示文稿的内容还没有进行保存，将打开信息提示对话框。

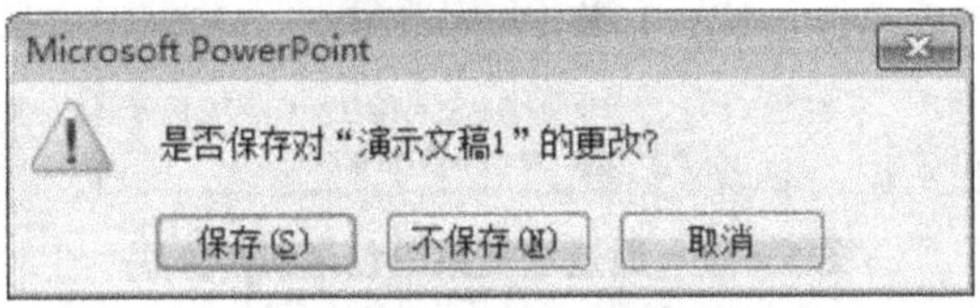

图 5-10　保存提示信息

如图 5-10 所示，其中单击 保存(S) 按钮，保存对文档的修改并退出 PowerPoint 2010；单击 不保存(N) 按钮将不保存对文档的修改并退出 PowerPoint 2010；单击 取消 按钮，可返回 PowerPoint 继续编辑。

5.1.4　获取帮助

在使用 PowerPoint 2010 制作演示文稿的过程中，会遇到很多问题，若不清楚某个功能在什么位置或对某些新增的功能不了解，那么如何来获取帮助呢？

使用 PowerPoint 2010 提供的帮助功能就能快速解决很多问题。打开的方法是：启动 PowerPoint 2010 后，在其工作界面功能选项卡最右侧单击"帮助"按钮 ? 或按下键盘上的 F1 键，打开"PowerPoint 帮助"窗口，在"输入要搜索的字词"文本框中输入关键字，单击 搜索 按钮即可。

5.2　制作简单演示文稿

5.2.1　创建演示文稿

1. 创建空白演示文稿

启动 PowerPoint 2010 后，系统会自动新建一个空白演示文稿。除此之外，用户还可通过命令或快捷菜单创建空白演示文稿，其操作方法分别如下。

(1) 通过快捷菜单创建:在桌面空白处单击鼠标右键,在弹出的快捷菜单中选择“新建”|“Microsoft PowerPoint 演示文稿”命令,在桌面上将新建一个空白演示文稿,如图 5-11 所示。

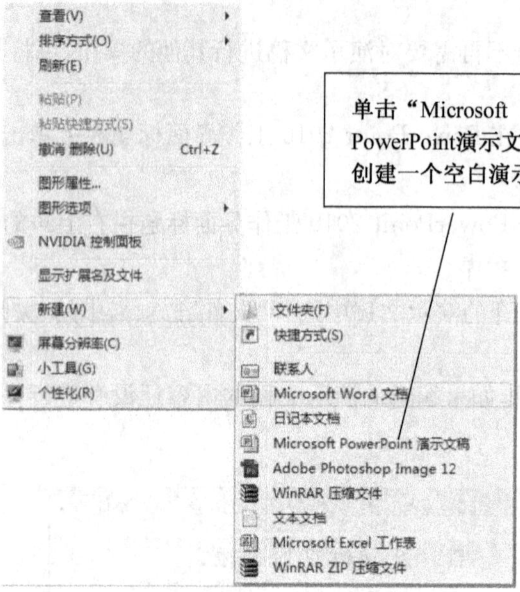

图 5-11 通过快捷菜单创建演示文稿

(2) 通过命令创建:启动 PowerPoint 2010 后,选择“文件”选项卡中的“新建”命令,在“可用的模板和主题”栏中单击“空白演示文稿”图标,再单击“创建”按钮,即可创建一个空白演示文稿。

2. 用主题创建演示文稿

使用主题可使没有专业设计水平的用户设计出专业的演示文稿效果。其方法是:

① 启动 PowerPoint 2010 后,选择“文件”选项卡中的“新建”命令;

② 在打开页面的“可用的模板和主题”栏中单击“主题”按钮,如图 5-12 所示;

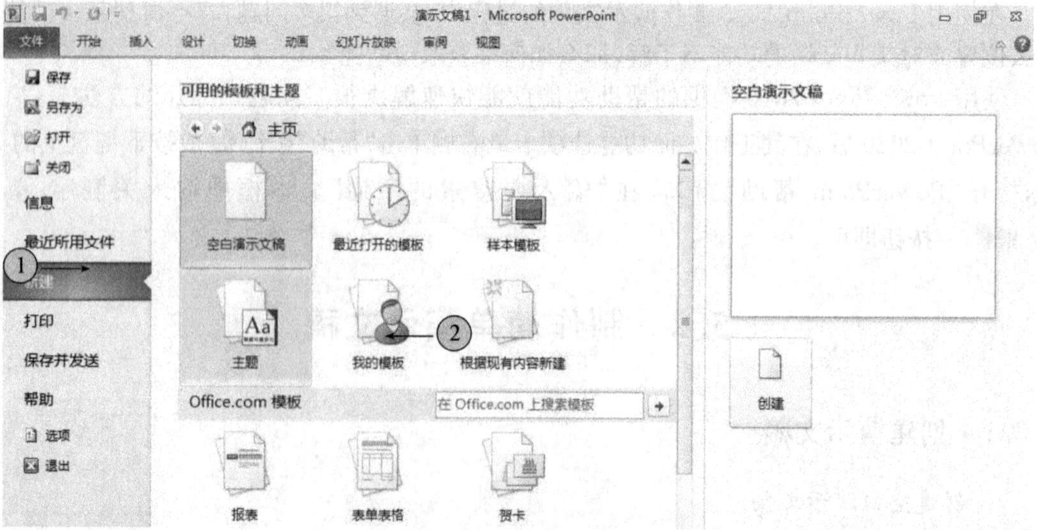

图 5-12 用主题创建演示文稿

③ 在打开的页面中选择需要的主题，如图 5－13 所示；

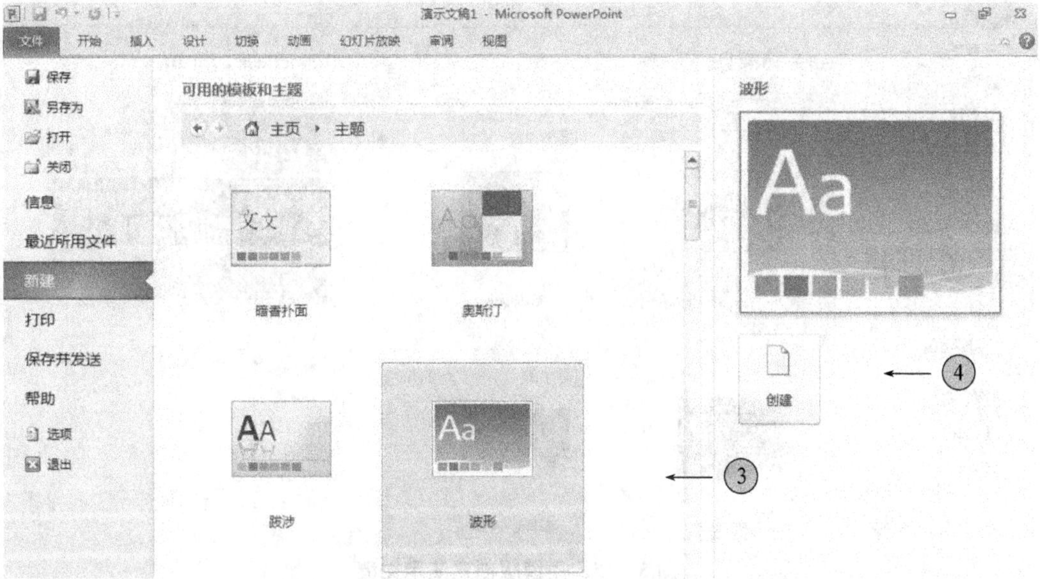

图 5－13　用主题创建演示文稿

④ 最后单击“创建”按钮，即可创建一个应用了主题的演示文稿。

3. 用模版创建演示文稿

对于时间不宽裕或是不知如何制作演示文稿的用户来说，可利用 PowerPoint 2010 提供的模板来进行创建，其方法与通过命令创建空白演示文稿的方法类似。

① 启动 PowerPoint 2010，选择“文件”选项卡中的“新建”命令；

② 在“可用的模板和主题”栏中单击“样本模板”按钮，如图 5－14 所示；

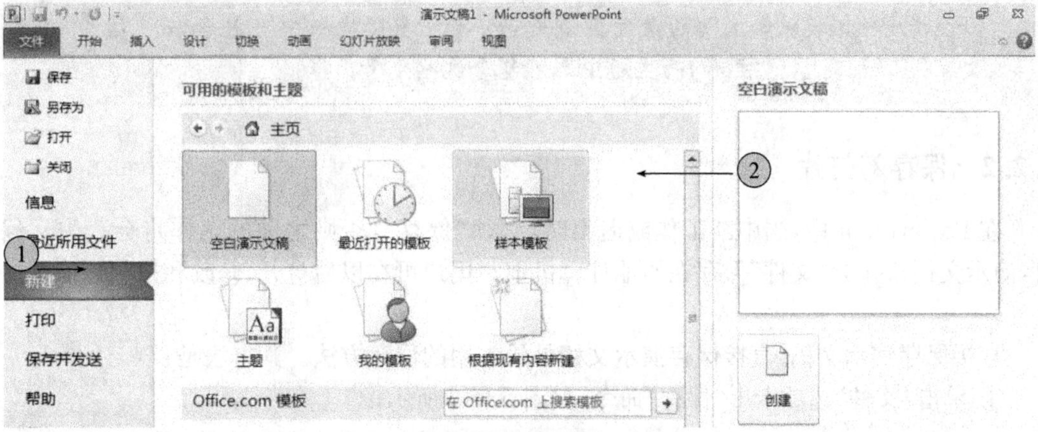

图 5－14　用模版创建演示文稿

③ 在模板列表框中选择所需的模板，例如“PowerPoint 2010 简介”；

图 5-15 用模版创建演示文稿

④ 单击“创建”按钮,如图 5-15 所示。返回 PowerPoint 2010 工作界面,即可看到新建的演示文稿效果。

技巧点拨

PowerPoint 模板与主题的区别

模板是一张幻灯片或一组幻灯片的图案或蓝图,其后缀名为.potx。模板可以包含版式、主题颜色、主题字体、主题效果和背景样式,甚至还可以包含内容。而主题是将设置好的颜色、字体和背景效果整合到一起,一个主题中只包含这 3 个部分。

PowerPoint 模板和主题的最大区别是:PowerPoint 模板中可包含多种元素,如图片、文字、图表、表格、动画等,而主题中则不包含这些元素。

5.2.2 保存幻灯片

在 PowerPoint 中,当中断工作或退出时,必须“保存”,否则之前的工作将会丢失。保存时,演示文档将作为“文件”保存在本地计算机上。用户可在以后打开、修改和打印该演示文稿文件。

直接保存演示文稿:直接保存演示文稿是最常用的保存方法。其方法是:

① 单击“文件”选项卡中“保存”命令,如图 5-16 所示;

图 5-16　“保存”命令

如果演示文稿是第一次保存，则会出现“另存为”对话框，如图 5-17 所示；

图 5-17　“另存为”对话框

② 对于只能在 PowerPoint 2010 或 PowerPoint 2007 中打开的演示文稿，请在“保存类型”列表中选择“PowerPoint 演示文稿(＊.pptx)”。对于可在 PowerPoint 2010 或早期版本的 PowerPoint 中都打开的演示文稿，请选择“PowerPoint 97－2003 演示文稿(＊.ppt)”；

③ 在“另存为”对话框中，单击要保存演示文稿的文件夹或其他位置；

④ 在“文件名”框中，键入演示文稿的名称，或者不键入文件名而是接受默认文件名，然后单击“保存”按钮。演示文稿在保存过一次后，用户可以按下键盘上的 Ctrl＋S 或单击 PowerPoin 窗口顶部附近的“保存”按钮，可随时快速保存演示文稿。

另存为演示文稿：若不想改变原有演示文稿中的内容，可通过“另存为”命令将演示文稿保存在其他位置。其方法是：选择“文件”选项卡中的“另存为”命令，打开“另存为”对话框，设置保存的位置和文件名,单击按钮。

将演示文稿保存为模板:为了提高工作效率,可根据需要将制作好的演示文稿保存为模板,以备以后制作同类演示文稿时使用。其方法是:选择"文件"选项卡中的"另存为"命令,打开"另存为"对话框,在"保存类型"下拉列表框中选择"PowerPoint 模板"选项,单击按钮。

自动保存演示文稿:在制作演示文稿的过程中,为了减少不必要的损失,可为正在编辑的演示文稿设置定时保存。其方法是:选择"文件"选项卡中的"选项"命令,打开"PowerPoint 选项"对话框,选择"保存"选项卡,在"保存演示文稿"栏中进行设置,并单击按钮,如图 5-18 所示。

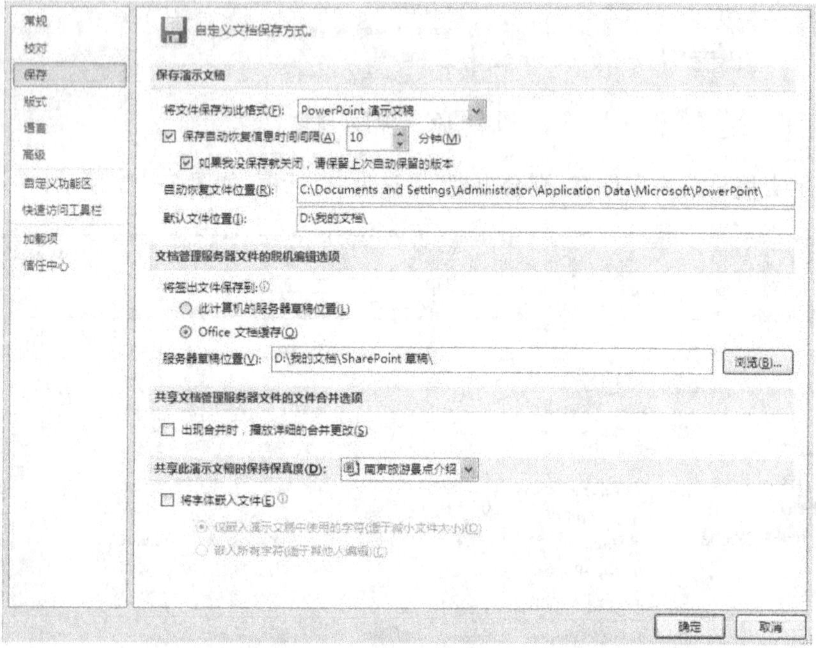

图 5-18 设置自动保存演示文稿

课堂实训一

(1) 打开 PowerPoint 2010 软件,利用样本模版"PowerPoint 2010 简介"创建一个新的演示文稿;

(2) 将新创建的演示文稿文件以文件名"PowerPoint 2010 简介"、保存类型"PowerPoint 97-2003 演示文稿"保存到 C 盘下;

(3) 利用主题"奥斯汀"创建一个新的演示文稿;

(4) 设置幻灯片自动保存时间间隔为 3 分钟;

(5) 将新创建的演示文稿文件以文件名"我的演示文稿",默认类型保存到 C 盘下。

5.2.3 编辑文本信息

在 PowerPoint 2010 中,输入文本的具体操作方法有几种。在"文本占位符"中输入文本是最基本、最方便的一种输入方式。幻灯片中"文本占位符"的位置是固定的,如果想在幻灯片的其他位置输入文本,可以通过绘制一个新的文本框来实现。

1. 输入文本

(1) 将文本添加到占位符中

演示文稿中每张幻灯片中都有一些虚线框，这些虚线框即为占位符。通过占位符可以输入文字、插入对象等信息。若要在幻灯片上的文本占位符中添加文本，单击占位符中央，光标出现在占位符中，此时占位符处于文本编辑状态，如图 5－19 所示。在编辑状态下可进行文本的输入、编辑等操作。

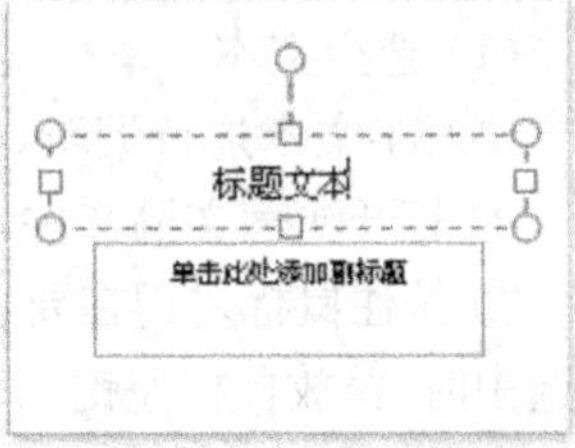

图 5－19　文本的占位符

(2) 将文本添加到文本框中

若要在幻灯片的某一特定位置输入文本，而且该位置无占位符，此时可以通过占位符的复制粘贴来实现，也可以通过插入文本框来实现文本的输入。使用文本框可将文本放置在幻灯片上的任何位置，若要添加文本框并向其中添加文本，请执行以下操作：

① 打开演示文稿文件，在“插入”选项卡上的“文本”功能组中，单击“文本框”下的 ▾ 按钮，如图 5－20 所示。

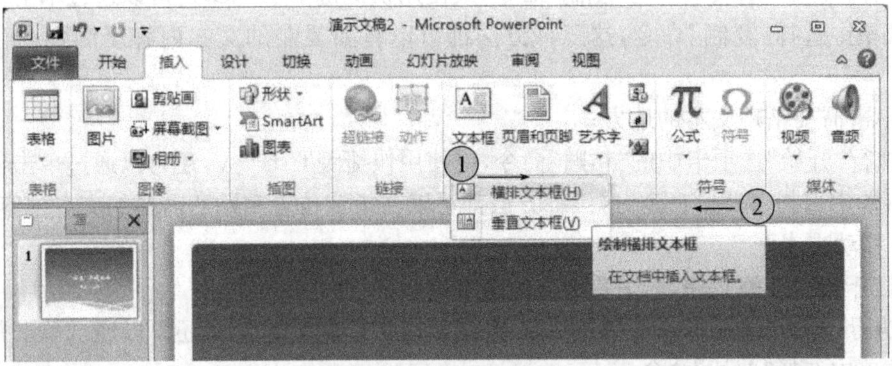

图 5－20　插入文本框

② 选择“横排文本框”或“垂直文本框”，将鼠标移到需要放置文本框的位置，按下鼠标左键并拖动到适当的位置后释放，就完成绘制文本框了。

图 5－21　在文本框中输入文本

③ 绘制完文本框后,光标在文本框内闪动,文本框处于文本编辑状态,此时可以向其中键入或粘贴文本,如图 5-21 所示。

2. 选择和编辑文本

(1) 选择文本

要对某文本进行编辑,必须先选择该文本。选择文本的操作方法如下:

① 打开演示文稿文件,在要选择文本的前端单击,在单击处出现一个闪烁的竖线状光标。

② 按住鼠标左键在要选择的文本上拖曳,此时,选中文本呈反相显示状态,当所需文本全部选中时,释放鼠标左键。

如果选择的文本是一个词组或英文单词,可以在这个词组或英文单词内的任意位置双击。如果要选择的文本是一个段落,在这个段落的任意位置用鼠标左键快速单击三次。

(2) 复制文本

当用户需要重复使用一些已经录入的文本时,可以不必再次输入,可以对已有的文本进行复制。当复制的文本较长或次数较多时,效果会更好。具体的操作方法如下:

① 打开演示文稿文件,选中要复制的文本;

② 执行“开始”选项卡中的“复制”命令,或使用快捷键 Ctrl+C,还可以通过单击鼠标右键在快捷菜单中选择“复制”命令,这三种方法都可以将要复制的文本内容复制到内存的剪贴板中;

③ 单击需要粘贴文本的地方;

④ 执行“开始”选项卡中的“粘贴”命令,或使用快捷键 Ctrl+V,还可以通过单击鼠标右键在快捷菜单中选择“粘贴”命令,这三种方法都可以在指定位置粘贴所需要的文本内容。

(3) 移动文本

① 打开演示文稿文件,选中要移动的文本;

② 执行“开始”选项卡中的“剪切”命令,或使用快捷键 Ctrl+X,还可以通过单击鼠标右键在快捷菜单中选择“剪切”命令;

③ 单击目标位置;

④ 执行“开始”选项卡中的“粘贴”命令,或使用快捷键 Ctrl+V,还可以通过单击鼠标右键在快捷菜单中选择“粘贴”命令。

(4) 删除文本

如果输入了错误的文本或一些文本内容不再需要时,需要使用删除文本内容操作,具体方法如下:

① 选中要删除的文本;

② 按下键盘上的 Delete 键,即可删除选中的文本。

3. 调整文本格式

为了更好地修饰内容,我们还可以设置文字的格式,包括字体、字号、颜色等,可通过“开始”选项卡的“字体”功能区中各个命令进行字体格式的设置。步骤如下:

① 打开演示文稿文件,在幻灯片中选中要设置格式的文本;

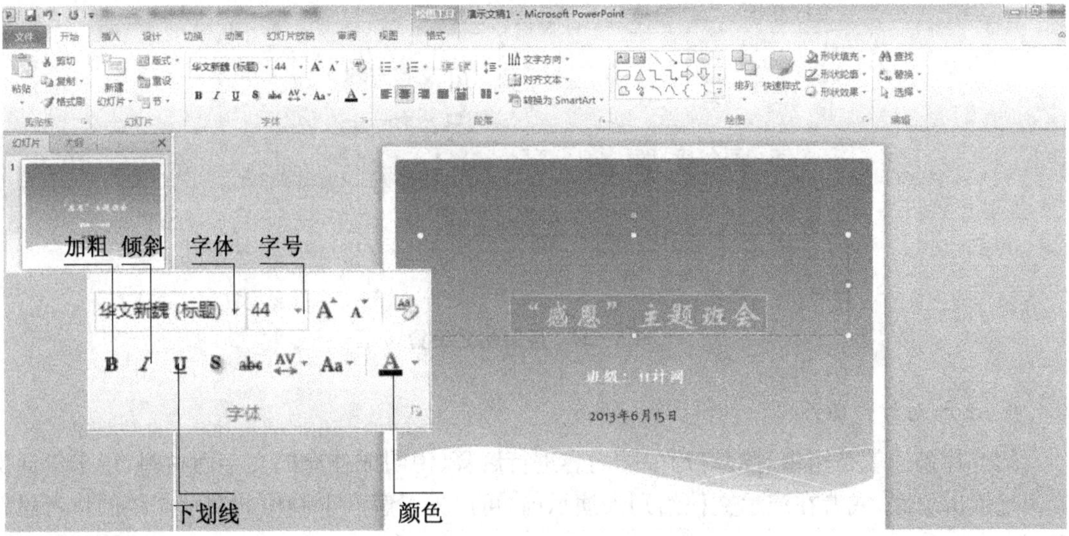

图 5－22　“字体”对话框

② 单击“开始”选项卡，在“字体”功能区中设置文本相应的字体、字号、颜色等属性，如图 5－22所示。

4. 格式化文本框

快速样式是在“形状样式”组中的“快速样式”库中以缩略图形式显示的不同格式选项的组合。当将指针置于某个快速样式缩略图上时，可以看到“形状样式”(或快速样式)对形状的影响。单击要应用新快速样式或其他快速样式的形状。在“绘图工具”下的“格式”选项卡上的“形状样式”组中，单击所需的快速样式，如图 5－23 所示。

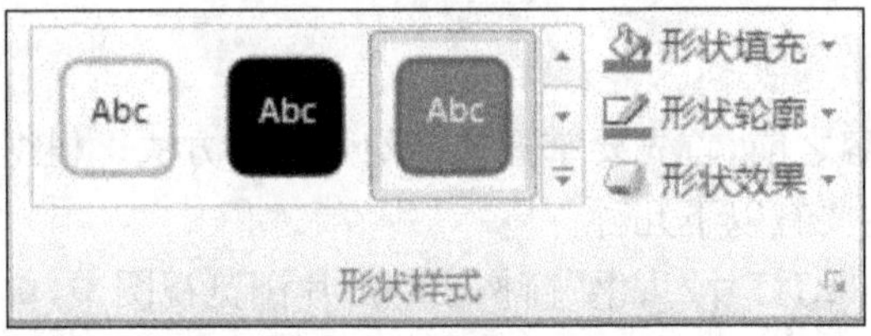

图 5－23　“文本框”形状样式

若要查看更多的快速样式，请单击“其他”按钮 。

5. 设置文本段落格式

对幻灯片中的多行文本，可像 Word 一样设置段落格式、添加项目符号等，使得文本整齐、美观。具体操作如下：

① 打开演示文稿文件，选中要设置格式的一个或多个段落；

② 单击“开始”选项卡中“段落”功能区的相应命令，设置段落的格式，如图 5－24 所示。

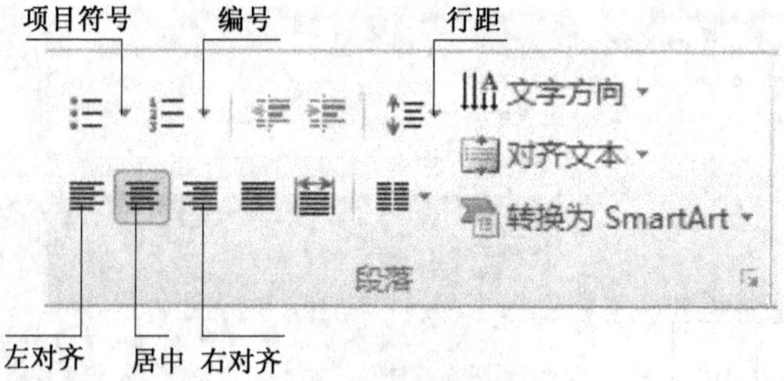

图 5-24 段落格式设置

6. 添加幻灯片备注

幻灯片备注就是用来对幻灯片中的内容进行解释、说明或补充的文字性材料,用来给演讲者回忆演讲思路,或者在演示文稿给别人演示前,可以先了解一下制作此演示文稿的作者思路意图。

在普通视图和大纲视图中,可以看到在每张幻灯片的下侧有一个“单击此处添加备注”提示文字以及一个小窗口,这就是备注窗口。用户可以在其中添加备注。具体方式如下:

① 打开要添加备注的演示文稿;

② 选择“普通视图”模式;

③ 单击备注窗口的编辑区,在其中输入备注文字。

备注:PowerPoint 备注功能,通过设置可以让观众在观看幻灯片放映时看不到备注内容,而在演讲者的屏幕上显示备注内容(具体设置方法请参考 PowerPoint 帮助)。

5.2.4 增加和删除幻灯片

1. 选择幻灯片

在幻灯片中输入内容之前,首先要掌握选择幻灯片的方法。根据实际情况不同,选择幻灯片的方法也有所区别,主要有以下几种。

选择单张幻灯片:在“幻灯片/大纲”窗格或幻灯片浏览视图中,单击幻灯片缩略图,可选择单张幻灯片。

选择多张连续的幻灯片:在“幻灯片/大纲”窗格或幻灯片浏览视图中,单击要连续选择的第 1 张幻灯片,按住 Shift 键不放,再单击需选择的最后一张幻灯片,释放 Shift 键后两张幻灯片之间的所有幻灯片均被选择。

选择多张不连续的幻灯片:在“幻灯片/大纲”窗格或幻灯片浏览视图中,单击要选择的第 1 张幻灯片,按住键盘上 Ctrl 键不放,再依次单击需选择的幻灯片,可选择多张不连续的幻灯片。

选择全部幻灯片:在“幻灯片/大纲”窗格或幻灯片浏览视图中,按下键盘上的 Ctrl+A 组合键,可选择当前演示文稿中所有的幻灯片。

2. 插入幻灯片

演示文稿是由多张幻灯片组成的,用户可以根据需要在演示文稿的任意位置新建幻灯片。常用的新建幻灯片的方法主要有如下两种:

(1) 通过快捷菜单新建幻灯片：在“幻灯片/大纲”窗格中的任一张幻灯片上单击鼠标右键，在弹出的快捷菜单中选择“新建幻灯片”命令，即可在该张幻灯片后新建一张幻灯片，如图 5－25 所示。

(2) 通过选择版式新建幻灯片：版式用于定义幻灯片中内容的显示位置，用户可根据需要放置文本、图片以及表格等内容。

通过选择版式新建幻灯片的方法是：在“开始”选项卡的“幻灯片”功能组上单击“新建幻灯片”按钮下的按钮，在弹出的下拉列表中选择新建幻灯片的版式。

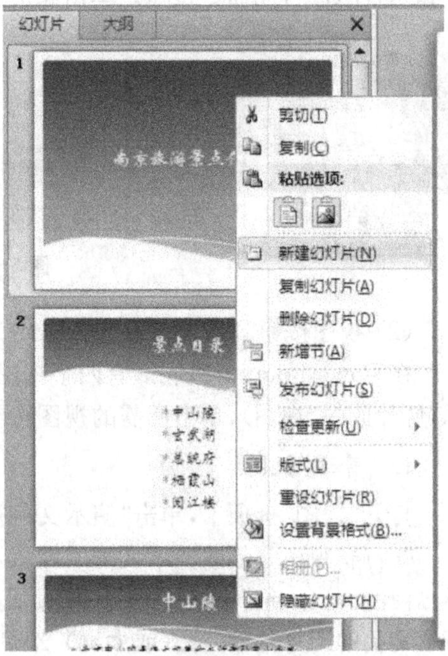

图 5－25　通过快捷菜单新建幻灯片

3. 移动和复制幻灯片

制作的演示文稿可根据需要对各幻灯片的顺序进行调整。在制作演示文稿的过程中，若制作的幻灯片与某张幻灯片非常相似，可复制该幻灯片后再对其进行编辑，这样既能节省时间又能提高工作效率。移动和复制幻灯片的方法如下：

(1) 通过鼠标拖动移动和复制幻灯片

移动幻灯片：在“幻灯片/大纲”窗格中选择需移动的幻灯片，按住鼠标左键不放并拖动到目标位置后释放鼠标完成移动操作。

复制幻灯片：在“幻灯片/大纲”窗格中选择需移动的幻灯片，按住 Ctrl 键的同时拖动到目标位置可实现幻灯片的复制。

(2) 通过菜单命令移动和复制幻灯片：在“幻灯片/大纲”窗格中选择需移动或复制的幻灯片，在其上单击鼠标右键，在弹出的快捷菜单中选择“剪切”或“复制”命令，然后将鼠标定位到目标位置，单击鼠标右键，在弹出的快捷菜单中选择“粘贴”命令，完成移动或复制幻灯片。

4. 删除幻灯片

在“幻灯片/大纲”窗格中对演示文稿中多余的幻灯片进行删除，其方法是：选择需删除的幻灯片后，按 Delete 键或单击鼠标右键，在弹出的快捷菜单中选择“删除幻灯片”命令即可。

5.2.5　幻灯片的显示视图

PowerPoint 可以提供多种显示演示文稿的方式，可以从不同角度有效管理演示文稿。这些演示文稿的不同显示方式称为视图。PowerPoint 中有六种视图：“普通”视图、“幻灯片浏览”视图、“阅读”视图、“备注页”视图、“幻灯片放映”视图和“母版”视图。采用不同的视图会为某些操作带来方便，例如，在“幻灯片浏览”视图能显示更多幻灯片缩略图并可移动多张幻灯片，而“普通”视图更适合编辑幻灯片内容。

切换视图的常用方法有两种：采用功能区命令和单击视图按钮。

(1) 功能区命令

打开“视图”选项卡，在“演示文稿视图”组中有“普通”视图、“幻灯片浏览”视图、“阅读”视图和“备注页”视图命令按钮。单击相应按钮,即可切换到相应视图,如图 5-26 所示。

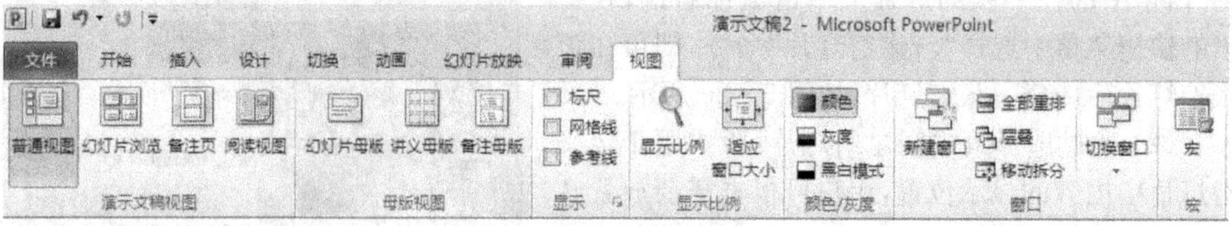

图 5-26 “视图”选项卡

(2) 视图按钮

在 PowerPoint 窗口底部有四个视图按钮(“普通”视图、“幻灯片浏览”视图、“阅读”视图和“幻灯片放映”视图),单击所需的视图按钮就可以切换到相应的视图。

1. “普通”视图

打开“视图”选项卡,单击“演示文稿视图”组的“普通视图”命令按钮,切换到“普通”视图。

“普通”视图是创建演示文稿的默认视图。在“普通”视图下,窗口由三个窗格组成:左侧的“幻灯片浏览/大纲”窗格、右侧上方的“幻灯片”窗格和右侧下方的“备注”窗格,可以同时显示演示文稿的幻灯片缩略图(或大纲)、幻灯片和备注内容。

其中,“幻灯片浏览/大纲”窗格可以显示幻灯片缩略图或文本内容,这取决于该窗格上面的“幻灯片”和“大纲”选项卡。若单击“大纲”选项卡,则窗格中将显示演示文稿所有幻灯片的文本内容。

通常“普通”视图的“幻灯片”窗格面积较大,但显示的三个窗格大小是可以调节的,方法是拖动两部分之间的分界线即可。若将“幻灯片”窗格调大,此时幻灯片上的细节将一览无余,最适合编辑幻灯片,如插入对象、修改文本等。

2. “幻灯片浏览”视图

单击窗口下方的“幻灯片浏览”视图按钮,即可进入“幻灯片浏览”视图,如图 5-27 所示。在“幻灯片浏览”视图中,一屏可显示多张幻灯片缩略图,可以直观地观察演示文稿的整体外观,便于进行多张幻灯片顺序的编排、复制、移动、插入和删除等操作,还可以设置幻灯片的切换效果并预览。

3. “备注页”视图

在“视图”选项卡中单击“备注页”命令按钮,进入“备注页”视图。在此视图下显示一张幻灯片及其下方的备注页。用户可以输入或编辑备注页的内容。

4. “阅读”视图

在“视图”选项卡中单击“演示文稿视图”组的“阅读视图”按钮,切换到“阅读”视图。在“阅读”视图下,只保留幻灯片窗格、标题栏和状态栏,其他编辑功能被屏蔽。通常是从当前幻灯片开始放映,单击可以切换到下一张幻灯片,直到放映最后一张幻灯片后退出“阅读”视图。放映过程中随时可以按 Esc 键退出“阅读”视图,也可以单击状态栏右侧的其他视图按钮,退出“阅读”视图并切换到相应视图。

5. “幻灯片放映”视图

创建演示文稿,其目的是向观众放映和演示。创建者通常会采用各种动画方案、放映方式

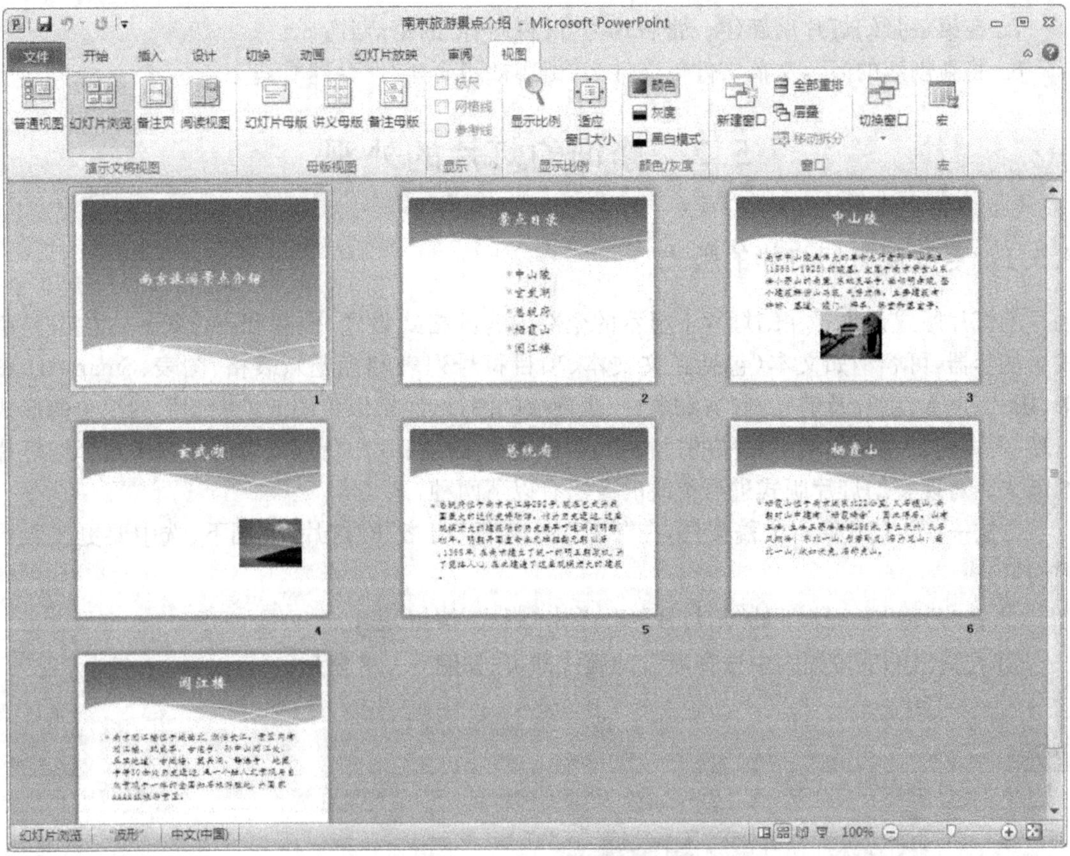

图 5 - 27　"幻灯片浏览"视图

和幻灯片切换方式等手段，以提高放映效果。在"幻灯片放映"视图下不能对幻灯片进行编辑，若不满意幻灯片效果，必须切换到"普通"视图等其他视图下进行编辑修改。

只有切换到"幻灯片放映"视图，才能全屏放映演示文稿。方法是：在"幻灯片放映"选项单击"开始放映幻灯片"组的"从头开始"命令按钮，就可以从演示文稿的第一张幻灯片开始播放，也可以选择"从当前幻灯片开始"命令，从当前幻灯片开始放映。另外，单击窗口底部"幻灯片放映"视图按钮，也可以从当前幻灯片开始放映。

在"幻灯片放映"视图下，单击鼠标左键，可以从当前幻灯片切换到下一张幻灯片，直到播放完毕。在放映过程中，右击鼠标会弹出放映控制菜单，利用它可以改变放映顺序。

课堂实训二

1. 打开 PowerPoint 2010 软件，利用主题"奥斯汀"创建一个新的演示文稿；

2. 在新的演示文稿主标题处输入"街舞社简介"；设置字体"加粗"，字号为 48 磅；

3. 在副标题出输入"——街舞社期待你的加入!"；设置字体为"华文彩云"、"加粗"，字号为 20 磅；

4. 在幻灯片左上角插入横排文本框，并在文本框中输入"校社团招新活动"，设置字体"加粗"，字号为 16 磅；

5. 设置文本框形状样式为第四行第二列的样式；

6. 在幻灯片备注中输入"这是第一张幻灯片"；

7. 在第一张幻灯片后新建一张版式为“两栏内容”的幻灯片；
8. 将新创建的演示文稿文件以文件名“街舞社团简介”保存到 C 盘下。

5.3 修饰幻灯片的外观

5.3.1 更改现有幻灯片的版式

幻灯片版式包含要在幻灯片上显示的全部内容的格式设置、位置和占位符。占位符是版式中的容器，可容纳如文本(包括正文文本、项目符号列表和标题)、表格、图表、SmartArt 图形、影片、声音、图片及剪贴画(剪贴画：一张现成的图片，经常以位图或绘图图形的组合的形式出现)等内容。在制作演示文稿的过程中，可根据每张幻灯片中所需放置的内容来选择幻灯片的版式。对现有幻灯片版式进行更改的方法有以下两种：

方法一：① 打开演示文稿文件，在“幻灯片/大纲”窗格“幻灯片”视图下，选中要更改版式的幻灯片；

② 在“开始”选项卡下的“幻灯片”组，单击“版式”按钮；

③ 在弹出的下拉列表中选择所需的版式即可，如图 5－28 所示。

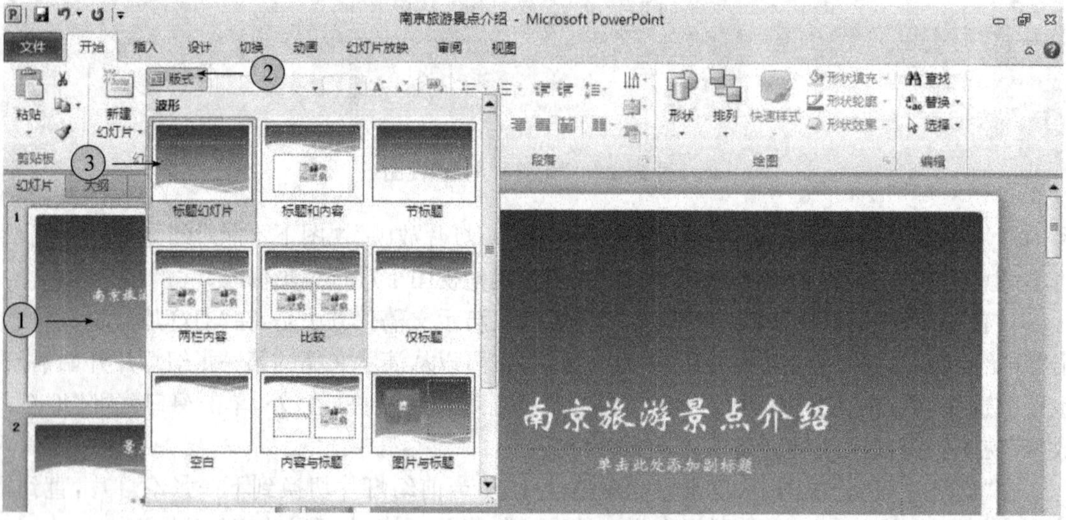

图 5－28 更改幻灯片版式

方法二：在要更改版式的幻灯片空白处单击鼠标右键，在弹出的快捷菜单中选择“版式”命令，在其子菜单中选择所需的幻灯片版式。

5.3.2 应用主题

若要使演示文稿具有统一和较高质量的外观、背景、字体和效果协调的幻灯片版式，那将需要应用一个主题。同时可以通过使用主题功能来快速的美化和统一演示文稿中每一张幻灯片的风格。在 PowerPoint 2010 中，有几个内置主题，同时有无限制的选项可供用户自定义这些主题。如果要为幻灯片应用主题，操作步骤如下：

① 打开演示文稿文件，在“设计”选项卡的“主题”选项组中单击“其他”按钮打开主题库，

如图 5－29 所示；

图 5－29　打开主题库

② 将鼠标移动到某一个主题上，就可以实时预览效果。最后单击某一个主题，就可以将该主题快速应用到整个演示文稿当中，如图 5－30 所示；

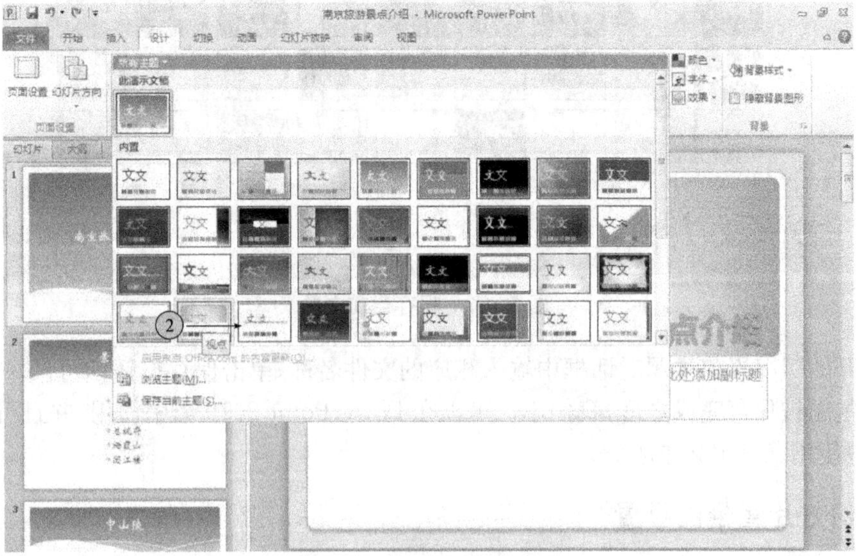

图 5－30　选择一种主题

③ 如果对主题效果的某一部分元素不够满意，可以修改颜色、字体或者效果。例如主题配色，可以单击“颜色”按钮，在下拉列表当中选择一种自己喜欢的配色，如图 5－31 所示。

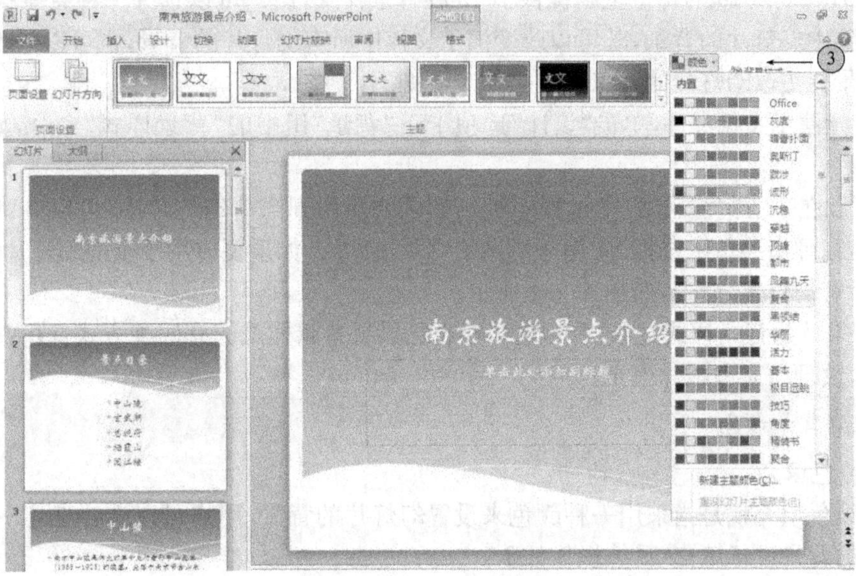

图 5－31　修改主题颜色

④ 如果对自己修改后的主题效果满意的话,还可以将其保存下来,供以后使用。单击"保存当前主题"按钮,执行保存当前主题命令,如图 5-32 所示。

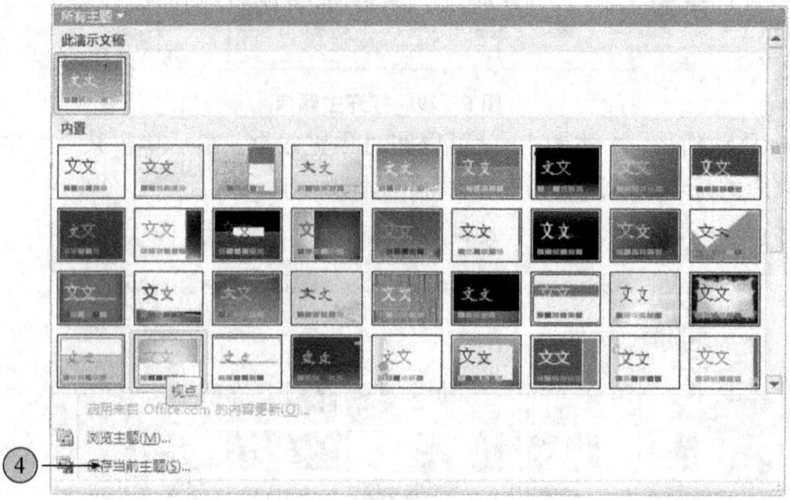

图 5-32 保存当前主题

在打开的保存当前主题对话框中输入相应的文件名称,单击保存按钮即可。

当前主题被保存完成之后,我们不仅可以在 PowerPoint 2010 当中使用,并且可在 Word、Excel 当中使用该自定义主题。

5.3.3 幻灯片背景的设置

幻灯片的"背景"是每张幻灯片底层的色彩和图案,在背景之上,可以放置其他的图片或对象。对幻灯片背景的调整,会改变指定幻灯片的视觉效果。

1. 更改背景样式

PowerPoint 2010 的每个主题提供了 12 种背景样式,用户可以选择一种背景样式快速改变演示文稿中幻灯片的背景,既可以改变演示文稿中所有幻灯片的背景,也可以只改变所选幻灯片的背景。更改幻灯片的背景样式操作步骤如下:

① 打开演示文稿文件,单击"设计"选项卡下"背景"组中的"背景样式"命令,如图 5-33 所示;

② 可以在 12 种背景样式中选择一种。如果要应用到当前幻灯片中,可以在背景样式上单击右键,在弹出菜单中选择"应用于所选幻灯片"命令。如果要应用于全部幻灯片,可以选择"应用于所有幻灯片"命令,如图 5-34 所示。

③ 如果认为背景样式过于简单,也可以自己设置背景样式。有四种方式:改变背景颜色、图案填充、纹理填充和图片填充。

2. 改变背景颜色

(1) 纯色填充

所谓纯色填充就是指采用一种颜色来设置幻灯片的背景,用户可以选择任意一种颜色来对幻灯片的背景进行填充,具体操作如下:

① 打开演示文稿文件,单击"设计"选项卡下"背景"组中的"背景样式"按钮;

图 5 - 33　“背景样式”命令

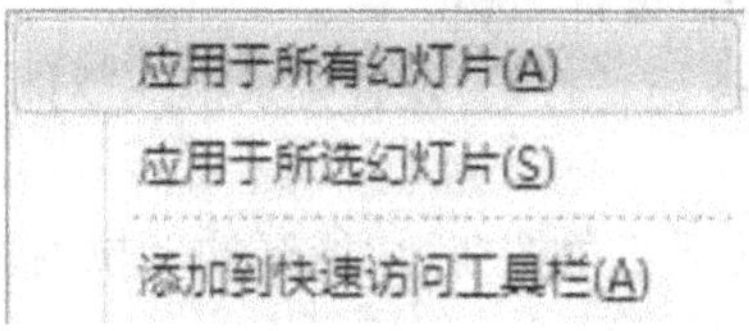

图 5 - 34　“应用于所有幻灯片/应用于所选幻灯片”命令

② 单击“设置背景格式”选项，如图 5 - 35 所示；

图 5 - 35　“设置背景格式”选项

③ 弹出“设置背景格式”对话框，切换至“填充”选项卡，选中“纯色填充”单选钮，再单击“颜色”右侧的下三角按钮，从展开的下拉列表中选择幻灯片背景的颜色，如图 5－36 所示。

④ 单击“关闭”按钮，返回幻灯片中，此时可以看到所选幻灯片已经应用了所设置的纯色背景。如果要所选设置的纯色填充应用到所有的幻灯片中，可以在图 5－36 中单击“全部应用”按钮。

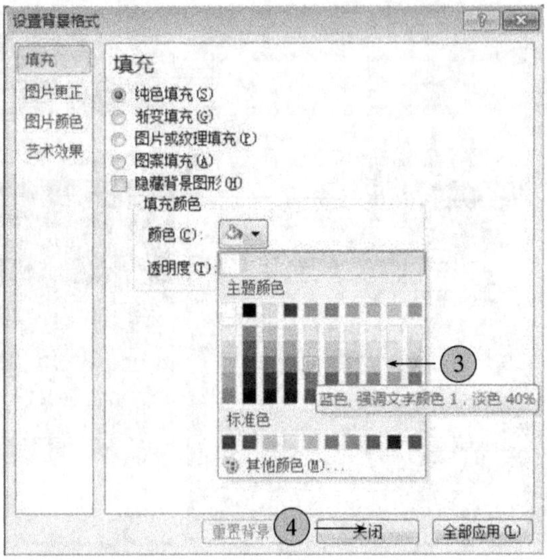

图 5－36　设置纯色填充

(2) 渐变填充

渐变填充就是采用两种或两种以上的颜色进行背景设置，这样使背景样式更加多样化，色彩更加丰富。但是渐变填充也不要使用过多的颜色，否则会让人有眼花缭乱的感觉。具体操作如下：

① 打开演示文稿文件，单击“设计”选项卡下“背景”组中的“背景样式”按钮。打开“设置背景格式”对话框，在“填充”选项卡中选中“渐变填充”单选按钮。

② 单击“预设颜色”右侧的下三角按钮，从展开的下拉列表中选择预设的渐变效果，比如选择“碧海青天”选项，如图 5－37 所示。

③ 单击“关闭”按钮，返回幻灯片中，此时可以看到所选幻灯片已经应用了所设置的渐变填充颜色。如果要将所选设置的渐变填充应用到所有的幻灯片中，可以在图 5－37 中单击“全部应用”按钮。

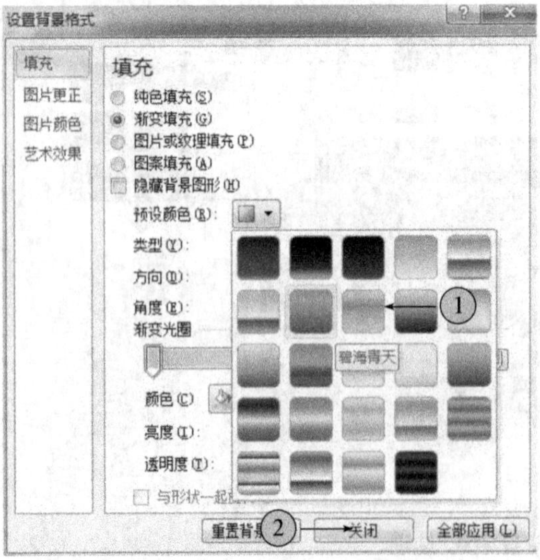

图 5－37　设置渐变填充 2

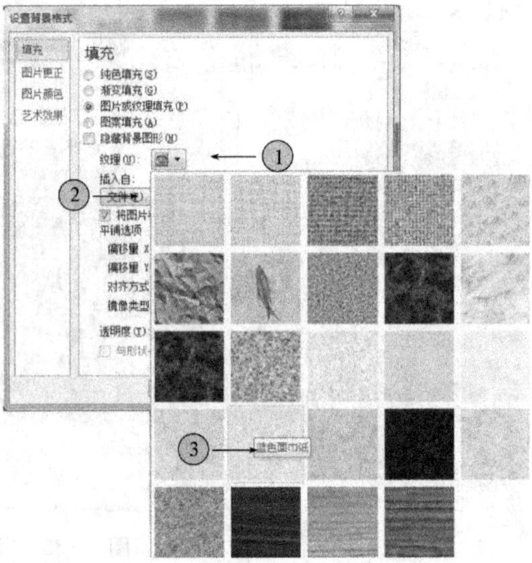

图 5－38　设置图片或纹理填充

(3) 图片或纹理填充

如果用户拍到一些好的照片或者保存着一些漂亮的图片，都可以将其应用到幻灯片的背景中。当然在 PowerPoint 中，还为用户提供了一套预置的纹理样式，用户同样可以采用纹理进行填充。具体操作如下：

① 打开演示文稿文件，单击“设计”选项卡下“背景”组中的“背景样式”按钮。打开“设置背景格式”对话框，在“填充”选项卡中单击选中“图片或纹理填充”单选按钮；

② 若要采用纹理填充，则可单击“纹理”右侧的下三角按钮；

③ 从展开的下拉列表中单击鼠标选择内置的纹理效果，比如选择“蓝色面巾纸”样式，如图 5-38 所示；

④ 套用所选择的纹理背景后，即可看到幻灯片效果的背景效果；

⑤ 若要采用图片填充，则可直接单击“文件”按钮。

⑥ 弹出“插入图片”对话框，从“查找范围”下拉列表中选择背景图片的保存位置，选择图片文件，然后单击“插入”按钮。

⑦ 单击“全部应用”按钮，再单击“关闭”按钮，在返回幻灯片中，此时演示文稿中的所有幻灯片都应用了所选择的图片背景。

(4) 图案填充

图案填充就是设置一种前景色，再设置一种背景色，然后将两种颜色进行组合，以不同的图案显示出来。具体操作如下：

① 打开演示文稿文件，单击“设计”选项卡下“背景”组中的“背景样式”按钮。打开“设置背景格式”对话框，在“填充”选项卡中单击选中“图案填充”单选按钮；

② 单击“前景色”右侧的下三角按钮，从展开的下拉列表中选择图案的前景色，比如选择“蓝色”；

③ 单击“背景色”右侧的下三角按钮，从展开的下拉列表中选择图案的背景色，比如选择“白色”；

④ 前景色和背景色选择完毕后，由这两种颜色所组成的图案样式将会显示出来，此时用户根据自己的需要或喜好选择一种图案样式。；

⑤ 单击“全部应用”按钮，再单击“关闭”按钮，返回幻灯片中，此时可以看到当前打开的幻灯片应用了自定义的图案背景，如图 5-39 所示。

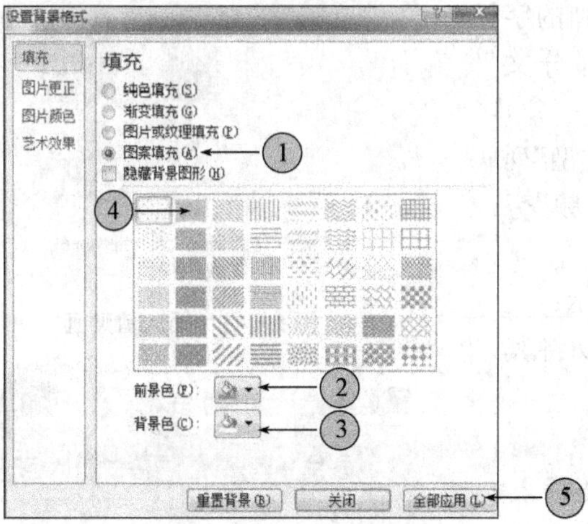

图 5-39　设置图案填充

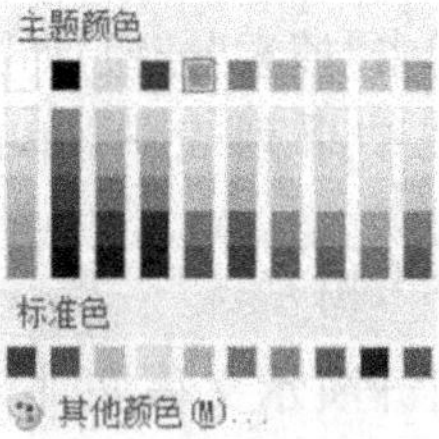

图 5-40　选择颜色

课堂实训三

1. 打开“素材”文件夹下“PowerPoint 素材”中的演示文稿文件“南京旅游. pptx”；

2. 将所有幻灯片应用主题“气流”；

3. 将第 2 张和第 4 张幻灯片的版式修改为“内容与标题”；

4. 将第 3 张幻灯片的背景格式设置为“蓝色”纯色填充；

5. 将第 5 张幻灯片的背景格式设置为“花岗岩”纹理填充；

6. 在第 6 张幻灯片下新增加一个幻灯片，在标题处输入“阅江楼”，在正文中输入“南京阅江楼位于城西北，濒临长江。景区内有阅江楼、玩咸亭、古炮台、孙中山阅江处、五军地道、古城墙、藏兵洞、静海寺、地藏寺等 30 余处历史遗迹，是一个融人文景观与自然景观于一体的全国知名旅游胜地，为国家 AAAA 级旅游景区。”。

7. 将修改过的文件以文件名“南京旅游景点介绍”保存在原目录下。

5.4 插入图片、自选图形和艺术字

5.4.1 插入图片或剪贴画

可以将来自诸多不同来源的图片和剪贴画插入到 PowerPoint 演示文稿中，包括从提供剪贴画的网站下载、从网页复制或从保存图片的文件夹中插入。

1. 插入剪贴画

① 打开要向其中添加剪贴画的幻灯片。在“插入”选项卡上的“图像”组中，单击“剪贴画”按钮；

② 在“剪贴画”任务窗格(任务窗格：Office 程序中提供常用命令的窗口。)中的“搜索”文本框中，键入用于描述所需剪贴画的字词或短语，或键入剪贴画的完整或部分文件名；

③ 若要缩小搜索范围，请在“结果类型”列表中选中“插图”、“照片”、“视频”和“音频”旁边的复选框以搜索这些媒体类型；

④ 单击“搜索”按钮，如图 5-41 所示；

⑤ 在结果列表中，单击剪贴画以将其插入。

图 5-41 插入剪贴画

2. 插入图片

① 打开演示文稿文件，在幻灯片要插入图片的位置单击鼠标。在“插入”选项卡上的“图像”组中，单击“图片”命令，如图 5-42 所示。

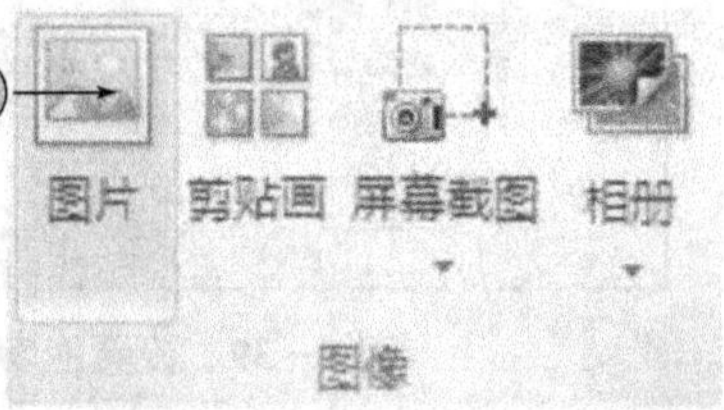

图 5-42 插入图片

② 在弹出的“插入图片”对话框中，找到要插入的图片，然后双击该图片，如图 5 - 43 所示；

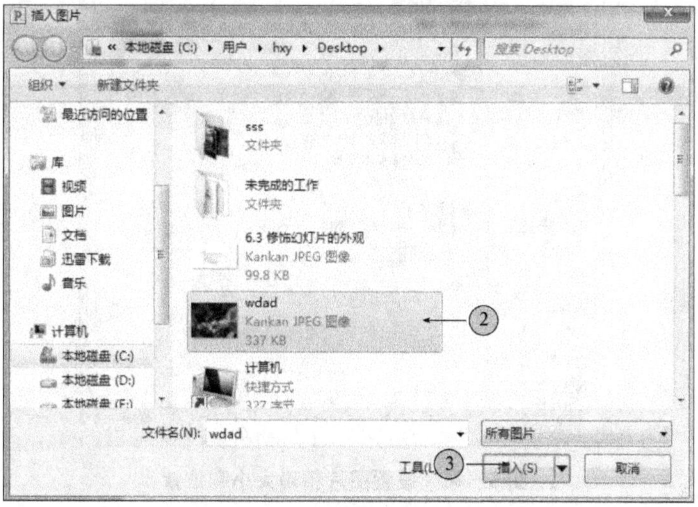

图 5 - 43　选择图片文件

③ 若要添加多张图片，请在按住 Ctrl 键的同时单击要插入的图片，然后单击“插入”。图片即出现在幻灯片中。

3. 调整图片或剪贴画的大小和位置

插入的图片或剪贴画的大小和位置可能不合适，可以用鼠标来调节图片的大小和位置。

调节图片大小的方法：选择图片，按下左键并拖动左右(上下)边框的控点可以在水平(垂直)方向缩放。若拖动四角之一的控点，会在水平和垂直两个方向同时进行缩放。

调节图片位置的方法：选择图片，鼠标指针移到图片上，按左键并拖动，可以将该图片定位到目标位置，如图 5 - 44 所示。

图 5 - 44　手动调整图片大小

也可以精确定义图片的大小和位置。首先选择图片，单击“图片工具”—“格式”选项卡“大小”组右下角的“大小和位置”按钮，如图 5 - 45 所示，出现“设置图片格式”对话框，如图 5 - 46 所示。

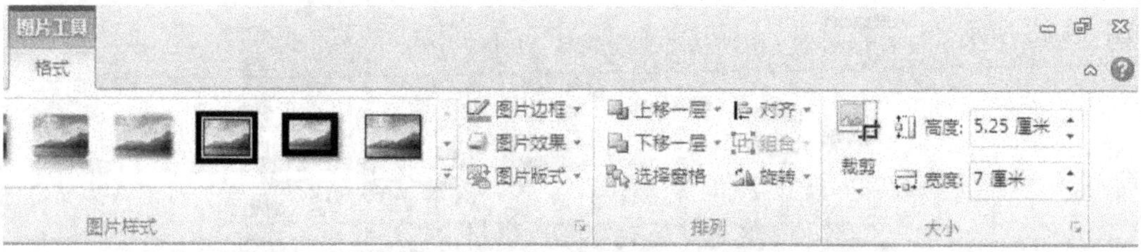

图 5 - 45　“图片工具”-“格式”选项卡

在对话框中单击“大小”项，在右侧“高度”和“宽度”栏输入图片的高和宽。

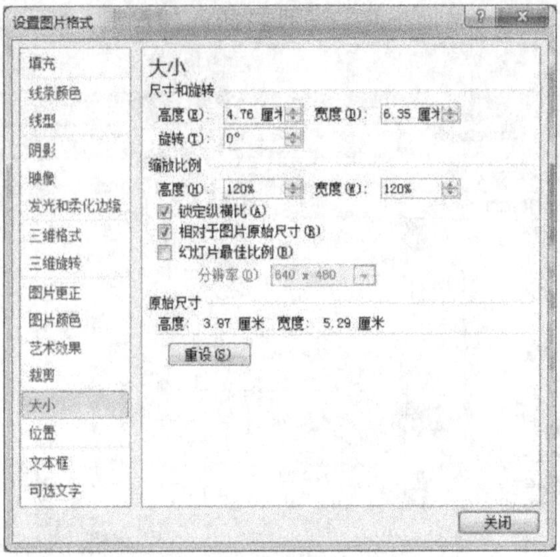

图 5－46　设置图片精确大小和位置

单击左侧“位置”项，在右侧输入图片左上角距幻灯片边缘的水平和垂直位置坐标，即可确定图片的精确位置。

4. 旋转图片

如果需要，也可以旋转图片。旋转图片能使图片按要求向不同方向倾斜，可以手动粗略旋转，也可以精确旋转指定角度。

(1) 手动旋转

单击要旋转的图片，图片四周出现控点，拖动上方绿色控点即可随意旋转图片，如图 5－47 所示。

图 5－47　手动旋转图片

(2) 精确旋转图片

手动旋转图片操作简单易行，但不能将图片旋转角度精确到度数(例如:将图片逆时针旋转 35 度)。为此，可以利用设置图片格式功能实现精确旋转图片。具体操作步骤如下：

选中图片，在“图片工具”—“格式”选项卡“排列”组中单击“旋转”按钮，在下拉列表中选择“向右旋转 90°”、“向左旋转 90°”，也可以选择“垂直翻转”(“水平翻转”)，如图 5－48 所示。

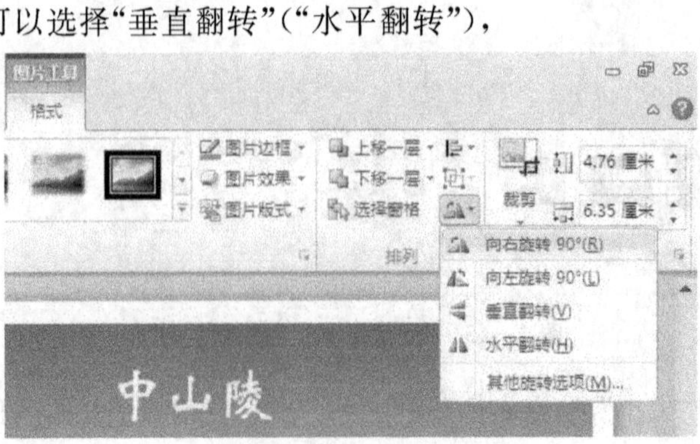

图 5－48　旋转选项

若要实现精确旋转图片，可以选择下拉列表中的“其他旋转选项”，弹出“设置图片格式”对框，如图 5 - 49 所示。在“旋转”栏输入要旋转的角度。正度数为顺时针旋转，负度数表示逆时旋转。例如要顺时针旋转 35 度，输入“35”；输入“－35”则逆时针旋转 35 度。

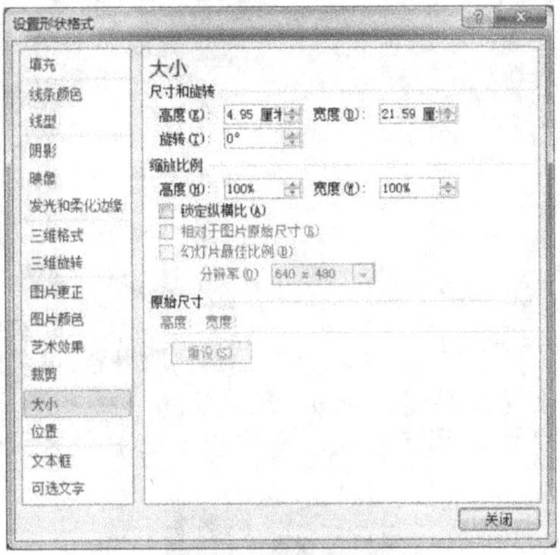

图 5 - 49　设置精确旋转度数

5. 美化图片

(1) 图片样式

用户可以应用图片样式，以使图片在演示文稿中显得非常醒目。图片样式是不同格式设置选项(例如图片边框和图片效果)的组合，显示在“图片样式”库中的缩略图中。当指针放在缩略图上时，可以预先查看“图片样式”的外观，然后再应用这些样式。

① 单击要应用图片样式的图片；

② 在“图片工具”下“格式”选项卡上的“图片样式”组中，单击所需的图片样式，如图 5 - 50 所示；

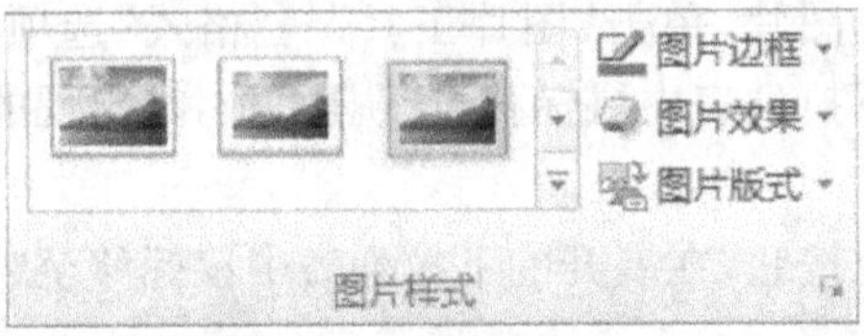

图 5 - 50　设置图片样式

③ 若要查看更多的图片样式，请单击“其他”按钮。

(2) 图片效果

设置图片的阴影、映像、发光等特定视觉效果可以使图片更加美观真实。系统提供 12 种预设效果，若不满意，还可自定义图片效果。

① 使用预设效果

选择要设置效果的图片，单击“图片工具”—“格式”选项卡“图片样式”组的“图片效果”按钮，在出现的下拉列表中鼠标移至“预设”项，显示 12 种预设效果，从中选择一种(如“预设5”)。这样就可以看到图片按预设效果发生的变化，如图 5 - 51 所示。

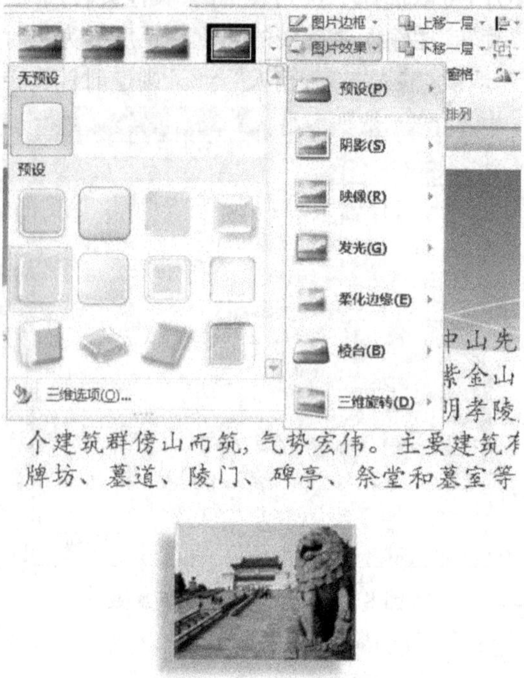

图 5-51　使用预设效果

② 自定义图片效果

若对预设效果不满意，还可自己对图片的阴影、映像、发光、柔化边缘、棱台、三维旋转等六个方面进行适当设置，以达到满意的图片效果。

以设置图片阴影、棱台和三维旋转效果为例，说明自定义图片效果的方法，设置其他效果类似。

首先选择要设置效果的图片，单击"图片工具"—"格式"选项卡"图片样式"组的"图片效果"的下拉按钮，在展开的下拉列表中鼠标移至"阴影"项，在出现的阴影列表中单击"左上对角透视"项。

单击"图片效果"的下拉按钮，在展开的下拉列表中鼠标移至"棱台"项，在出现的棱台列表中单击"圆"项。

再次单击"图片效果"的下拉按钮，在展开的下拉列表中鼠标移至"三维旋转"项，在出现的三维旋转列表中单击相应的项。通过以上设置，图片效果发生很大变化。

5.4.2　添加、更改或删除形状

1. 添加形状

用户可以在文件中添加一个形状，或者合并多个形状以生成一个绘图或一个更为复杂的形状。可用的形状包括：线条、基本几何形状、箭头、公式形状、流程图形状、星、旗帜和标注。添加一个或多个形状后，用户可以在其中添加文字、项目符号、编号和快速样式。

① 在"开始"选项卡上的"绘图"组中，单击"形状"选项，如图 5-52 所示。

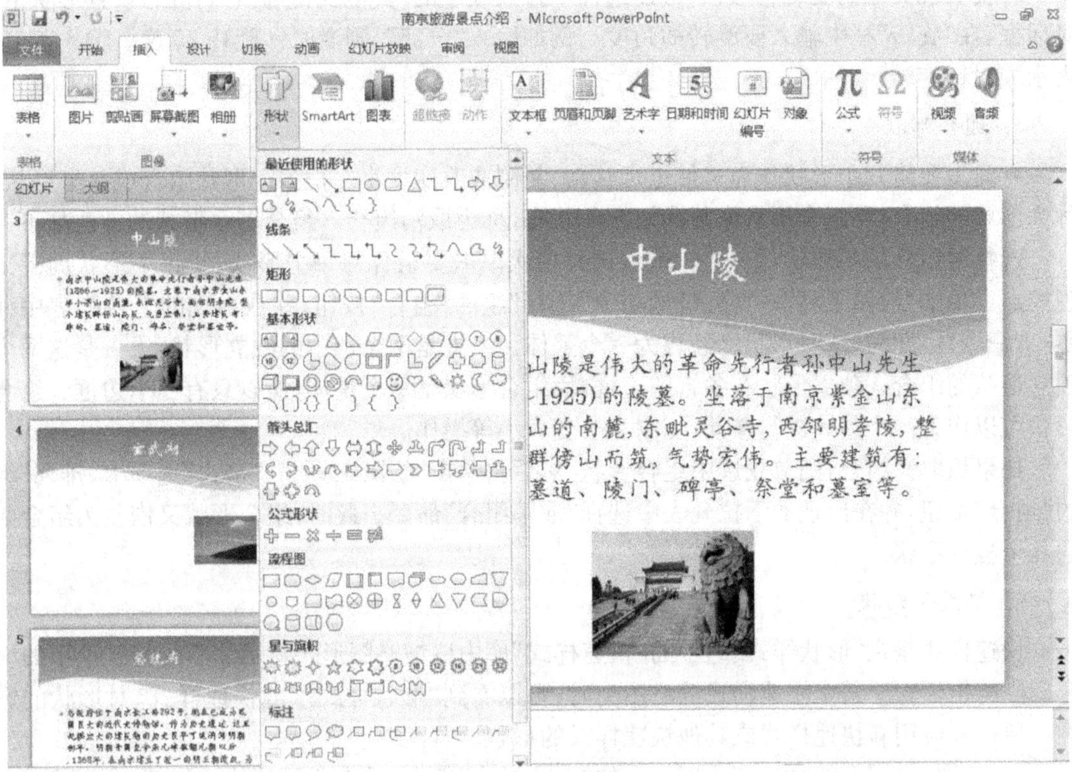

图 5-52　添加形状

② 单击所需形状，接着单击幻灯片中的任意位置，然后拖动以放置形状。要创建规范的正方形或圆形（或限制其他形状的尺寸），请在拖动的同时按住键盘上的 Shift 键。

2. 向形状中添加文本

单击要向其中添加文字的形状，然后键入文字。

注释：添加的文字将成为形状的一部分；如果要旋转或翻转形状，形状中的文字也会随之旋转或翻转。

3. 移动或复制形状

移动和复制形状的操作是类似的：

单击要移动(复制)的形状，其周围出现控点，表示被选中。鼠标指针移到形状边框或其内部，使鼠标指针变成十字形状，(按 Ctrl 键)拖动鼠标到目标位置，则该形状移动(复制)到目标位置。

4. 旋转形状

与图片一样，形状也可以按照需要进行旋转操作，可以手动粗略旋转，也可以精确旋转指定角度。单击要旋转的形状，形状四周出现控点，拖动上方绿色控点即可随意旋转形状。

实现精确旋转形状的方法：单击形状，在“绘图工具”—“格式”选项卡“排列”组单击“旋转”按钮，在下拉列表中选择向右旋转 90°、向左旋转 90°，也可以选择垂直翻转（水平翻转）。

若要实现其他角度旋转形状,可以选择下拉列表中的“其他旋转选项”,弹出“设置形状格”对话框,在“旋转”栏中输入要旋转的角度。例如输入“－25”,则逆时针旋转 25 度。输入正值,表示顺时针旋转。

5. 组合形状

有时需要将几个形状作为整体进行移动、复制或改变大小。把多个形状组合成一个形状,称为形状的组合;将组合形状恢复为组合前状态,称为取消组合。组合多个形状的方法如下:

选择要组合的各形状,即按住 Shift 键并依次单击要组合的每个形状,使每个形状周围出现控点。单击“绘图工具”—“格式”选项卡“排列”组的“组合”按钮,并在出现的下拉列表中移零—“命令”。此时,这些形状已经成为一个整体。上方是两个选中的独立形状,下方是这两个独立形状的组合。独立形状有各自的边框,而组合形状是一个整体,所以只有一个边框。组合形状可以作为一个整体进行移动、复制和改变大小等操作。

如果想取消组合,则首先选中组合形状,然后再单击“绘图工具”—“格式”选项卡“排列”组的“组合”按钮,并在出现的下拉列表中选择“取消组合”命令。此时,组合形状又恢复为组合前的几个独立形状。

6. 格式化形状

快速样式是在“形状样式”组中的“快速样式”库中以缩略图形式显示的不同格式选项的组合。当将指针置于某个快速样式缩略图上时,可以看到“形状样式”(或快速样式)对形状的影响。单击要应用新快速样式或其他快速样式的形状。

在“绘图工具”下的“格式”选项卡上的“形状样式”组中,单击所需的快速样式,如图 5－53 所示。

图 5－53 格式化形状

若要查看更多的快速样式,请单击“其他”按钮。

5.4.3 插入艺术字

为了美化演示文稿,除了可以在其中插入图片或剪贴画外,还可以使用具有多种特殊效果的艺术字,为文字添加艺术效果,使用 PowerPoint 2010 可以创建出各种艺术字效果的文字。

1. 创建艺术字

(1) 打开演示文稿,切换至“插入”选项卡,在“文本”功能区中单击“艺术字”按钮,在弹出的列表框中选择相应艺术字样式,如图 5－54 所示。

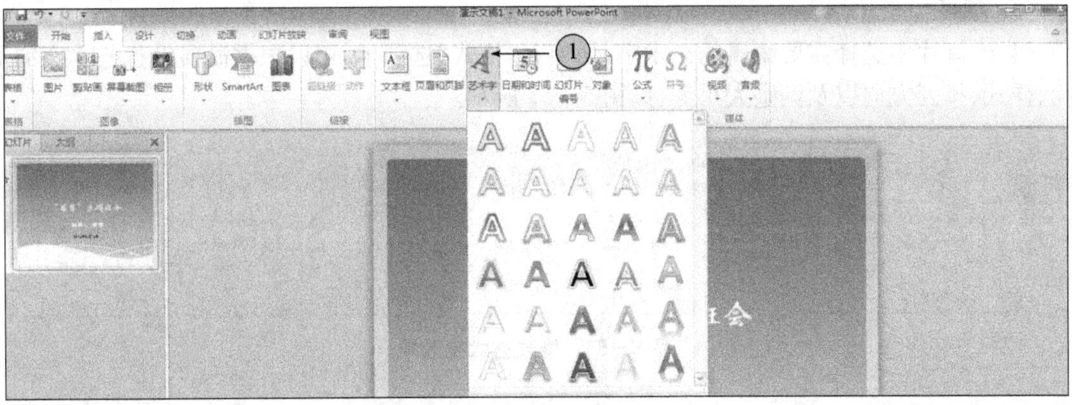

图 5－54　插入艺术字

(2) 幻灯片中将显示提示信息“请在此放置您的文字”，将鼠标移至艺术字文本框的边框上，单击鼠标左键并拖曳，至合适位置后释放鼠标，调整文本框位置，如图 5－55 所示。

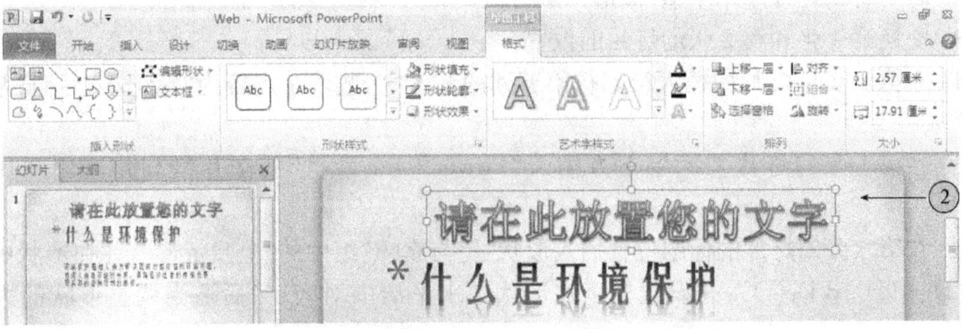

图 5－55　调整艺术字位置

(3) 在文本框中选择提示文字，按【Delete】键将其删除，然后输入相应文字，效果如图 5－56所示。

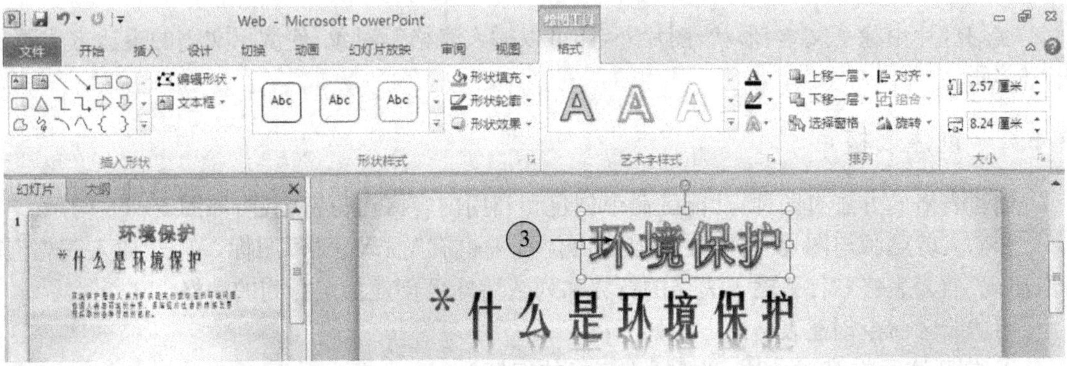

图 5－56　输入艺术字文本

(4) 在编辑区中的空白位置单击鼠标左键，完成艺术字的创建。创建完艺术字后，可以选中艺术字内容，在“开始”选项卡中设置艺术字的字体、大小等属性。

2. 修改艺术字效果

在幻灯片中选择需要编辑的艺术字，切换到“格式”选项卡，可以根据需要设置艺术字的形状、样式、排列方向以及调整大小等，如图 5－57 所示。

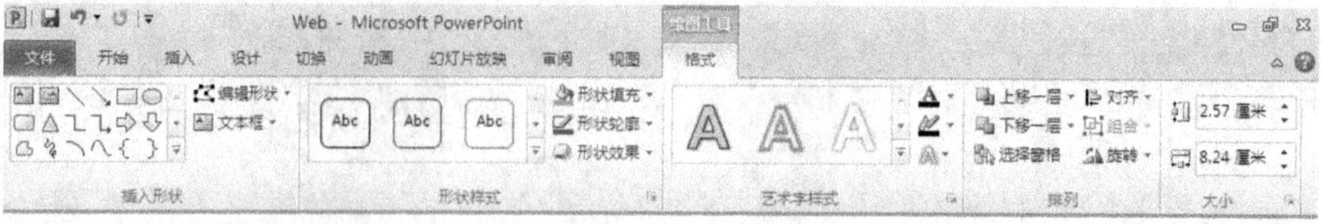

图 5－57 修改艺术字效果

课堂实训四

1. 打开“素材”文件夹下“PowerPoint 素材”中的演示文稿文件“笔记本电脑日常维护保养.pptx”；

2. 将所有幻灯片应用主题“波形”；

3. 交换第 1 张和第 2 张幻灯片的位置；

4. 在第 1 页幻灯片中插入第四行第五列的艺术字，艺术字内容为“笔记本电脑日常维护保养”；

5. 在第 1 张幻灯片艺术字下方插入“PowerPoint 素材”的图片“?”，并设置图片缩放为 60%；

6. 在第六张幻灯片的标题位置插入形状“星与旗帜”组中的“上凸带形”，并在形状中添加文本“硬盘(Hard Disk)”，并设置文字在形状中水平居中对齐；然后适当调整形状的大小和位置；

7. 将修改过的文件以原文件名保存在原目录下。

5.5 创建和编辑表格

在幻灯片中除了文本、形状、图片外，还可以插入表格等对象，使演示文稿的表达方式更加丰富多彩。

5.5.1 创建表格

创建表格的方法有两种：功能区命令创建和利用内容区占位符创建，如图 5－58 所示。

和插入剪贴画与图片一样，在内容区占位符中也有“插入表格”图标，单击“插入表格”图标，出现“插入表格”对话，输入表格的行数和列数后即可创建指定行列的表格。

用功能区命令创建表格的方法如下：

① 打开演示文稿，并切换到要插入表格的幻灯片；

② 单击“插入”选项卡“表格”组“表格”按钮，在弹出的下拉列表中单击“插入表格”命令，如图 5－59 所示；

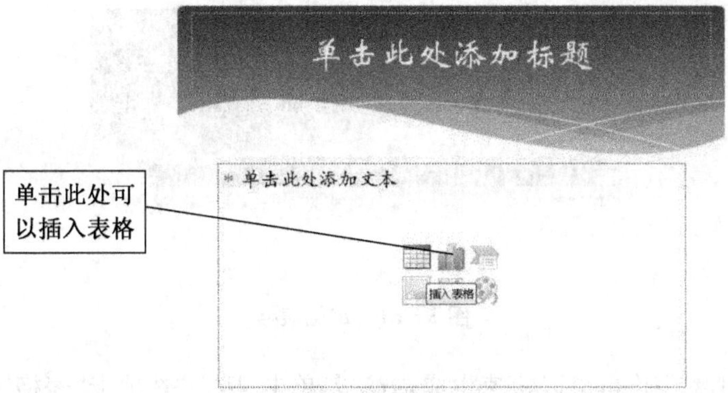

图 5 - 58 创建表格

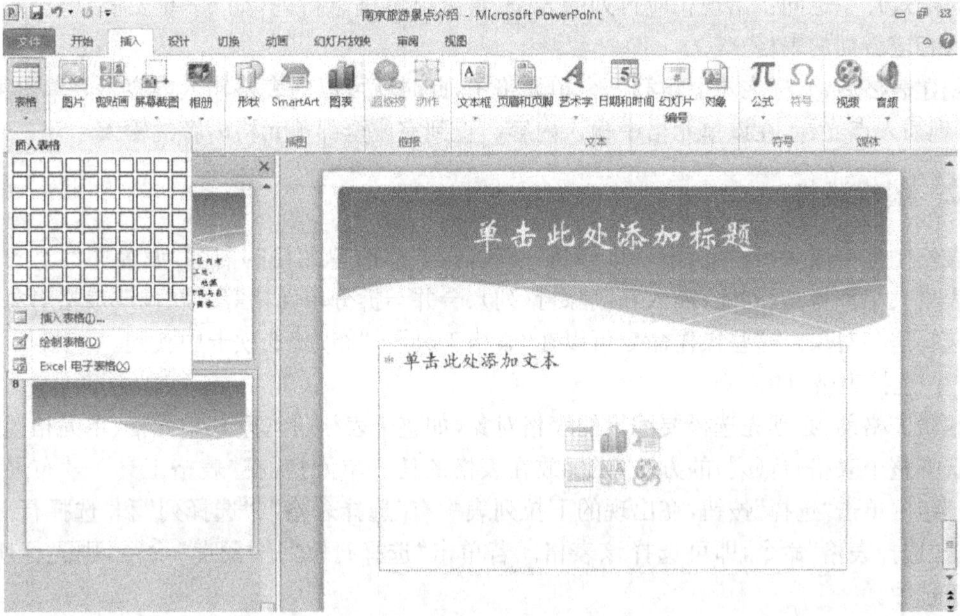

图 5 - 59 插入表格

③ 然后出现"插入表格"对话框，输入要插入表格的行数和列数，如图 5 - 60 所示；

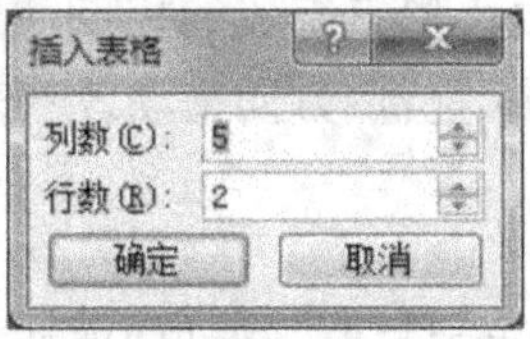

图 5 - 60 "插入表格"对话框

④ 单击"确定"按钮，出现一个指定行列的表格，拖动表格的控点可以改变表格的大小，拖动表格边框可以定位表格，如图 5 - 61 所示。

图 5-61 定位表格

行列较少的小型表格也可以快速生成,方法是单击“插入”选项卡“表格”组“表格”按钮,在弹出的下拉列表顶部的示意表格中拖动鼠标,顶部显示当前表格的行列数(如 5×3 表格),与此同时幻灯片中也同步出现相应行列的表格,直到显示满意行列(如 6×6 表格)单击之,则快速插入相应行列的表格。

创建表格后,光标在左上角第一个单元格中,此时就可以向表格输入内容了。单击某单元格,出现插入点光标,在该单元格中输入内容。直到完成全部单元格内容的输入。

5.5.2 编辑表格

表格制作完成后,若不满意,可以编辑修改,例如修改单元格的内容,设置文本对齐方式,调整表格大小和行高、列宽,插入和删除行(列)、合并与拆分单元格等。在修改表格对象前,应首先选择这些对象。这些操作命令可以在“表格工具”—“布局”选项卡中找到。

(1) 选择表格对象

编辑表格前,必须先选择要编辑的表格对象,如整个表格、行(列)、单元格、单元格范围等。

选择整个表格、行(列)的方法:光标放在表格的任一单元格,在“表格工具”—“布局”选项卡“表”组中单击“选择”按钮,在出现的下拉列表中有“选择表格”、“选择列”和“选择行”命令,若单击“选择表格”命令,即可选择该表格。若单击“选择行”(“选择列”)命令,则光标所在行(列)被选中。

(2) 设置表格大小及行高、列宽

调整表格大小、行高列宽有两种方法:拖动鼠标设定和精确设定法。

① 拖动鼠标法

选择表格,表格四周出现 8 个由小黑点组成的控点,鼠标移至控点出现双向箭头时沿箭头方向拖动,即可改变表格大小。水平(垂直)方向拖动改变表格宽度(高度),在表格四角拖动控点,则等比例缩放表格的宽和高。

② 精确设定法

单击表格内任意单元格,在“表格工具”—“布局”选项卡“表格尺寸”组中可以输入表格的宽度和高度数值,若勾选“锁定纵横比”复选框,则保证按比例缩放表格。

在“表格工具”—“布局”选项卡“单元格大小”组中输入行高和列宽的数值,可以精确设定当前选定区域所在的行高和列宽。

(3) 插入表格行和列

若表格行或列不够用时,可以在指定位置插入空行或空列。首先将光标置于某行的任意单元格中,然后点击“表格工具”—“布局”选项卡“行和列”组的“在上方插入”(“在下方插入”)

按钮，即可在当前行的上方(下方)插入一空白行。

用同样的方法，在“表格工具”—“布局”选项卡“行和列”组中单击“在左侧插入”(“在右侧插入”)命令可以在当前列的左侧(右侧)插入一空白列。

(4) 删除表格行、列和整个表格

若某些表格行(列)已经无用时，可以将其删除。将光标置于被删行(列)的任意单元格中，单击“表格工具”—“布局”选项卡“行和列”组的“删除”按钮，在出现的下拉列表中选择“删除行”(“删除列”)命令，则该行(列)被删除。若选择“删除表格”，则光标所在的整个表格被删除。

(5) 合并和拆分单元格

合并单元格是指将若干相邻单元格合并为一个单元格，合并后的单元格宽度(高度)是被合并的单元格宽度(高度)之和。而拆分单元格是指将一个单元格拆分为多个单元格。

合并单元格的方法：选择相邻要合并的所有单元格(如：同一行相邻 2 个单元格)，单击“表格工具”—“布局”选项卡“合并”组的“合并单元格”按钮，则所选单元格合并为一个大单元格。

拆分单元格的方法：选择要拆分的单元格，单击“表格工具”—“布局”选项卡“合并”组的“拆分单元格”按钮，弹出“拆分单元格”对话框，在对话框中输入行数和列数，即可将单元格拆分为指定行列数的多个单元格。

课堂实训五

1. 打开 PowerPoint 2010 软件，把第 1 张幻灯片的版式修改为“仅标题”；
2. 应用主题“基本”；
3. 在标题处输入“地区销售统计表”；
4. 在第一列中分别输入：地区、第一季度、第二季度、第三季度、第四季度；
5. 在第二列中分别输入：江苏、4568、3895、6518、7156；
6. 将修改过的文件以文件名“地区销售统计表”保存在 C 盘下。

5.6　幻灯片放映设计

用户创建演示文稿，其目的是向观众放映和演示。要想获得满意的效果，除了精心策划、细致制作演示文稿外，更为重要的是设计出引人入胜的演示过程。为此，可以从以下几个方面入手：设置幻灯片中对象的动画效果和声音，变换幻灯片的切换效果和选择适当的放映方式等。

5.6.1　设置动画效果

动画技术可以使幻灯片的内容以丰富多彩的活动方式展示出来，赋予它们进入、退出、大小或颜色变化甚至移动等视觉效果，这是掌握 PowerPoint 幻灯片设计的重要技术。

实际上，在制作演示文稿过程中，对幻灯片中的各种对象适当地设置动画效果和声音效果，并根据需要设计各对象动画出现的顺序。这样，既能突出重点，吸引观众的注意力，又使放映过程十分有趣。不使用动画，会使观众感觉枯燥无味，然而过多使用动画也会分散观众的注意力，不利于传达信息。应尽量化繁为简，以突出表达信息为目的。另外，具有创意的动画也能提高观众的注意力。因此设置动画应遵从适当、简化和创新的原则。

1. 设置动画

动画有四类:“进入”动画、“强调”动画、“退出”动画和“动作路径”动画。

“进入”动画:使对象从外部进入幻灯片播放画面的动画效果。如:浮入、旋转、轮子等,如图 5 - 62 所示。

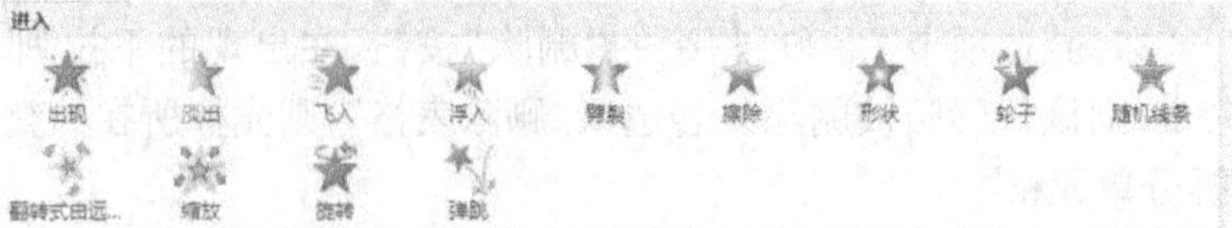

图 5 - 62 “进入”动画

“强调”动画:对播放画面中的对象进行突出显示,起强调作用的动画效果。如放大/缩小、更改颜色、加粗展示等,如图 5 - 63 所示。

图 5 - 63 “强调”动画

“退出”动画:离开播放画面的动画效果。如:飞出、弹跳、淡出等,如图 5 - 64 所示。

图 5 - 64 “退出”动画

“动作路径”动画:播放画面中的对象按指定路径移动的动画效果。如:直线、弧形、转弯、循环等,如图 5 - 65 所示。

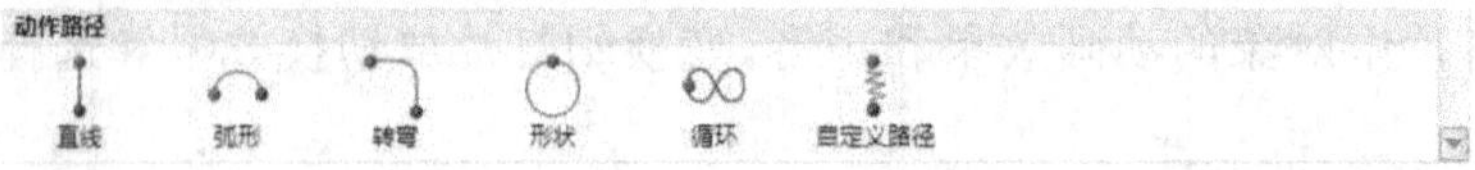

图 5 - 65 “动作路径”动画

(1) “进入”动画

对象的“进入”动画是指对象进入播放画面时的动画效果。例如,对象从左下角飞入播放画面等。选择“动画”选项卡,“动画”组显示了部分动画效果列表。

设置“进入”动画的方法为:

① 幻灯片中选择需要设置动画效果的对象,如图 5 - 66 所示;

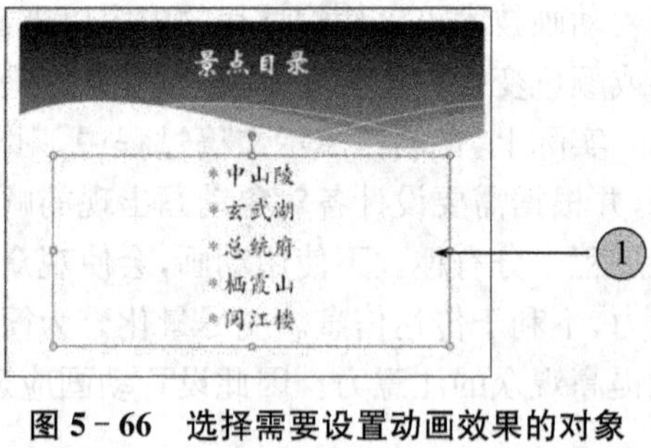

图 5 - 66 选择需要设置动画效果的对象

② 在“动画”选项卡的“动画”组中单击动画样式列表右下角的“其他”按钮，如图 5 - 67 所示；

图 5 - 67　“动画”组“其他”按钮

③ 出现各种动画效果的下拉列表，如图 5 - 68 所示。其中有“进入”、“强调”、“退出”和“动作路径”四类动画，每类又包含若干不同的动画效果。在“进入”类中选择一种动画效果，例如“飞入”，则所选对象被赋予该动画效果。

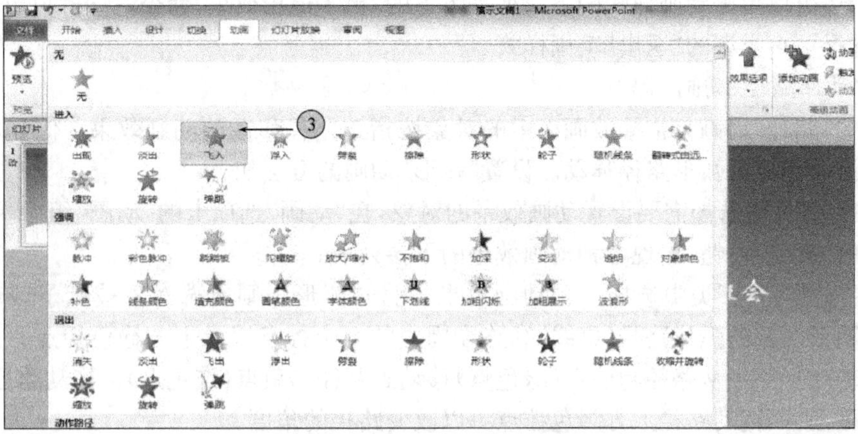

图 5 - 68　动画效果的下拉列表

④ 对象添加动画效果后，对象旁边出现数字编号，它表示该动画出现顺序的序号，如图 5 - 69所示。

图 5 - 69　动画序号

如果对所列动画效果仍不满意，还可以单击动画样式的下拉列表的下方“更多进入效果”命令，打开“更改进入效果”对话框，其中按“基本型”、“细微型”、“温和型”和“华丽型”列出更多动画效果供选择。

(2) “强调”动画

“强调”动画主要对播放画中的对象进行突出显示，起强调的作用。设置方法类似于设置“进入”动画。

① 选择需要设置动画效果的对象,在“动画”选项卡的“动画”组中单击动画效果列表右下角的“其他”按钮。出现各种动画效果的下拉列表。

② 在“强调”类中选择一种动画效果,例如“陀螺旋”,则所选对象被赋予该动画效果。

同样,还可以单击动画样式的下拉列表下方的“更多强调效果”命令,打开“更改强调效果”对话框,选择更多类型的“强调”动画效果。

(3)“退出”动画

对象的“退出”动画是指播放画面中的对象离开时播放的动画效果。例如,“飞出”动画对象以飞出的方式离开播放画面等。设置“退出”动画的方法如下:

① 选择需要设置动画效果的对象,在“动画”选项卡的“动画”组中单击动画样式列表右下的“其他”按钮,出现各种动画效果的下拉列表。

② 在“退出”类中选择一种动画效果,例如“飞出”,则所选对象被赋予该动画效果。

同样,还可以单击动画样式的下拉列表下方的“更多退出效果”命令,打廾“更改退出效果”对话框,选择更多类型的“退出”动画样式。

(4)“动作路径”动画

对象的“路径”动画是指播放画面中的对象按指定路径移动的动画效果。例如,“弧形”动画使对象沿着指定的弧形路径移动。设置“弧形”动画的方法如下:

① 在幻灯片中选择需要设置动画效果的对象,在“动画”选项卡的“动画”组中单击动画列表右下角的“其他”按钮,出现各种动画效果的下拉列表。

② 在“动作路径”类中选择一种动画效果,例如“弧形”,则所选对象被赋予该动画效果。可以看到图形对象的弧形路径(虚线)和路径周边的 8 个控点以及上方绿色控点。启动动画,图形将沿着弧形路径从路径起始点(绿色点)移动到路径结束点(红色点)。拖动路径的各控点可以改变路径,而拖动路径上方绿色控点可以改变路径的角度。

同样,还可以单击动画效果下拉列表下方的“其他动作路径”命令,打开“更改动作路径”对话框,选择更多类型的“路径”动画效果。

2. 设置动画属性

设置动画时,如不设置动画属性,系统将采用默认的动画属性,例如设置“陀螺旋”动画,则其效果选项“方向”默认为“顺时针”,开始动画方式为“单击时”等。若对默认的动画属性不满意,可以进一步对动画效果选项、动画开始方式、动画音效等重新设置。

(1) 设置动画效果选项

动画效果选项是指动画的方向和形式。选择设置动画的对象,单击“动画”选项卡“动画”组右侧的“效果选项”按钮,出现各种效果选项的列表。例如“陀螺旋”动画的效果选项为旋转方向、旋转数量等。

(2) 设置动画开始方式、持续时间和延迟时间

动画开始方式是指开始播放动画的方式,动画持续时间是指动画开始后整个播放时间,动画延迟时间是指播放操作开始后延迟播放的时间。

选择设置动画的对象,单击“动画”选项卡“计时”组左侧的“开始”下拉按钮,在出现的下拉列表中选择动画开始方式。

动画开始方式有三种:“单击时”、“与上一动画同时”和“上一动画之后”。

“单击时”是指单击鼠标时开始播放动画。“与上一动画同时”是指播放前一动画的同时播放该动画,可以在同一时间组合多个效果。“上一动画之后”是指前一动画播放之后开始播放

该动画。

另外，还可以在“动画”选项卡的“计时”组左侧“持续时间”栏中调整动画持续时间，在“延迟”栏中调整动画延迟时间，如图 5－70 所示。

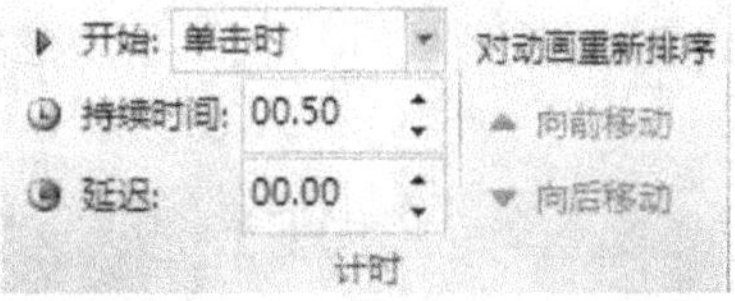

图 5－70　动画计时设置

(3) 设置动画音效

设置动画时，默认动画无音效，需要音效时可以自行设置。以“陀螺旋”动画对象设置音效为例，说明设置音效的方法：

选择设置动画音效的对象(该对象已设置“陀螺旋”动画)，单击“动画”选项卡“动画”组右下角的“显示其他效果选项”按钮，弹出“陀螺旋”动画效果选项对话框。在对话框的“效果”选项卡中单击“声音”栏的下拉按钮，在出现的下拉列表中选择一种音效，如：“打字”。可以看到，在对话框中，“效果”选项卡中可以设置动画方向、形式和音效效果，在“计时”选项卡中可以设置动画开始方式、动画持续时间(在“期间”栏设置)和动画延迟时间等。因此，需设置多种动画属性时，可以直接调出该动画效果选项对话框，分别设置各种动画效果。

3. 调整动画播放顺序

对象添加动画效果后，对象旁边出现该动画播放顺序的序号。一般情况下，该序号与设置动画的顺序一致，即按设置动画的顺序播放动画。对多个对象设置动画效果后，如果对原有播放顺序不满意，可以调整对象动画顺序，方法如下：

单击“动画”选项卡“高级动画”组的“动画窗格”按钮，调出动画窗格，如图 5－71 所示。

动画窗格显示所有动画对象，它左侧的数字表示该对象动画播放的顺序号，与幻灯片中的动画对象显示的序号一致。选择动画对象，并单击底部的“”或“”，即可改变该动画对象的播放顺序。

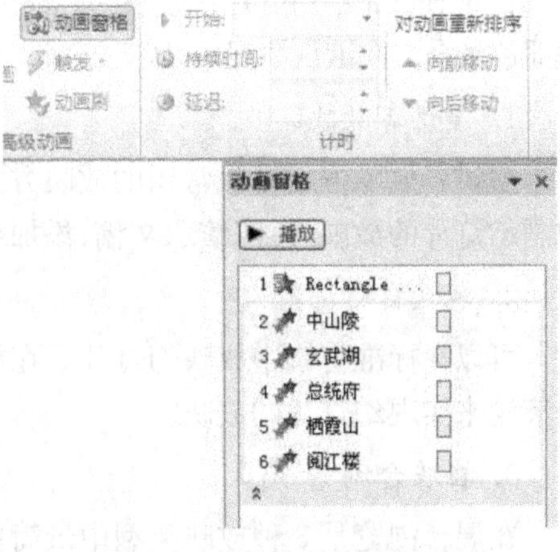

图 5－71　调整动画播放顺序

4. 预览动画效果

动画设置完成后，可以预览动画的播放效果。单击“动画”选项卡“预览”组的“预览”按钮。单击动画窗格上方的“播放”按钮，即可预览动画。

6.6.2　幻灯片切换效果设计

幻灯片切换效果指幻灯片之间衔接的特殊效果。在幻灯片放映过程中，由一张幻灯片转换到另一张幻灯片时，可以设置多种不同的切换方式，为了增强幻灯片的放映效果，我们可以为每张幻灯片设置切换方式，以丰富其过渡效果。设置幻灯片切换效果步骤如下：

① 打开演示文稿文件，选中需要设置切换方式的幻灯片；

② 点击“切换”选项卡，在“切换到此幻灯片”功能组下点选一种切换效果；

③ 默认是设置当前的幻灯片的切换效果；如果要对所有幻灯片应用此切换效果，可单击“全部应用”；

④ 选择一种换片方式：单击鼠标或自动换片。默认是单击鼠标时换片；

⑤ 如果要进一步设置切换的效果，可单击“效果选项”，选择一种效果；

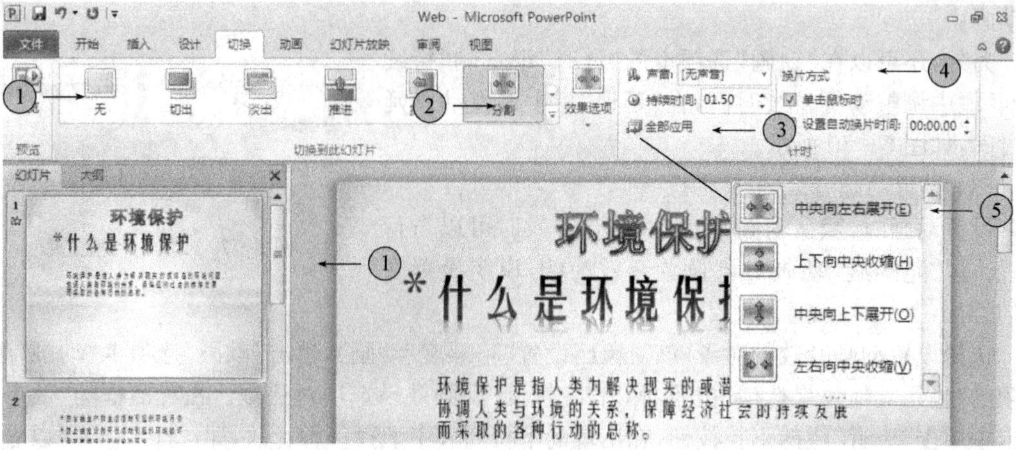

图 5-72 幻灯片切换效果设计

⑥ 单击可以预览幻灯片切换效果。

5.6.3 幻灯片放映方式设计

制作演示文稿，最终是要播放给观众看的。通过幻灯片放映方式设计，可以将精心创建的演示文稿展示给观众。为了使所做的演示文稿更精彩，以使观众更好地观看并接受、理解演示文稿，那么在放映前，还必须对演示文稿的放映方式进行一定的设置。

PowerPoint 中幻灯片在放映的时候可以选择 3 种放映类型，不同的播放类型分别适合不同的播放场合。在默认情况下，PowerPoint 2010 会按照预设的“演讲者放映”方式来放映幻灯片。

1. 演讲者放映

演讲者放映方式是最常用的放映方式，在放映过程中以全屏显示幻灯片。演讲者能手动控制幻灯片的放映，暂停演示文稿，添加会议细节，还可以录制旁白。

2. 观众自行浏览

可以在标准窗口中放映幻灯片。在放映幻灯片时，可以拖动右侧的滚动条，或滚动鼠标上的滚轮来实现幻灯片的放映。

3. 在展台浏览

在展台浏览是 3 种放映类型中最简单的方式，这种方式将自动全屏放映幻灯片，并且循环放映演示文稿，在放映过程中，除了通过超链接或动作按钮来进行切换以外，其他的功能都不能使用，如果要停止放映，只能按键盘上的 Esc 键来终止。

要设置幻灯片的放映方式，步骤如下：

① 打开演示文稿文件，切换至“幻灯片放映”选项卡，单击“设置”选项板中的“设置幻灯片放映”按钮，如图 5-73 所示。

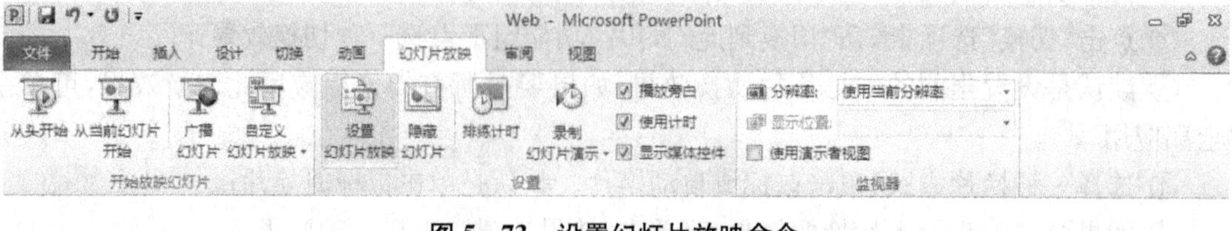

图 5-73 设置幻灯片放映命令

② 弹出“设置放映方式”对话框，即可在“放映类型”选项区中看到 3 种放映方式，如图 5-74 所示。放映的范围和激光笔的颜色都可以根据需要自己选择。

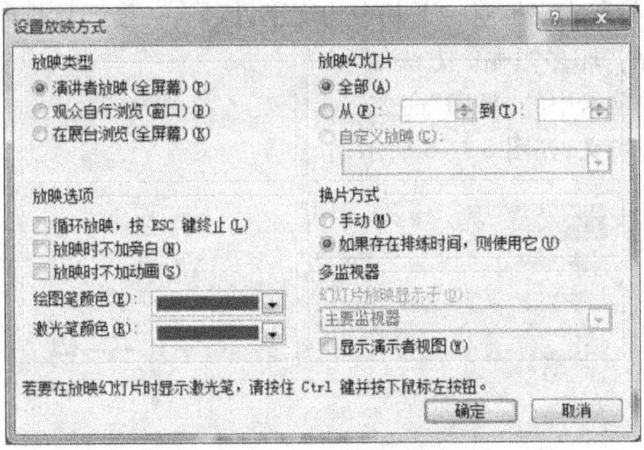

图 5-74　设置放映方式

5.6.4　幻灯片放映

1. PowerPoint 中放映幻灯片方法

方法一：打开演示文稿文件，单击演示文稿窗口任务栏上的“幻灯片放映”按钮 。

方法二：打开演示文稿文件，选择“幻灯片放映”选项卡中的“开始放映幻灯片”功能区中的相应命令(“从头开始”、“从当前幻灯片开始”等)，如图 5-75 所示。

图 5-75　开始放映幻灯片

方法三：按 F5 键从幻灯片第一页开始放映，或者按下 Shift+F5 从当前幻灯片开始放映。

说明：如果幻灯片的换片方式是手动的，则放映过程中可通过鼠标单击观看下一页和右击幻灯片后从弹出的快捷菜单中选择“上一页”和“下一页”来向上或向下观看幻灯片，还可以按 PageUp、PageDown 键向上或向下观看幻灯片。

2. 自动播放演示文稿(.pps)

如果演讲者是一位新手，本来就很紧张，再让他进行启动 PowerPoint、打开演示文稿、进行放映等一连串的操作，可能有点为难他。何不保存一个自动播放的 pps 演示文稿呢?

① 启动 PowerPoint，打开相应的演示文稿；

② 执行“文件”选项卡中的“另存为”命令，打开“另存为”对话框；

③ 将“保存类型”设置为“PowerPoint 放映(*.pps)”，然后单击“保存”按钮。这样放映者只要直接双击上述保存的文件，即可快速进入放映状态。

5.6.5 打印幻灯片讲义

我们想把幻灯片打印出来校对一下其中的文字，但是，一张纸只打印出一幅幻灯片，太浪费了，如何设置让一张打印多幅呢？方法如下：

① 单击“文件”选项卡中的“打印”命令；

② 单击设置打印讲义，如图 5-76 所示；

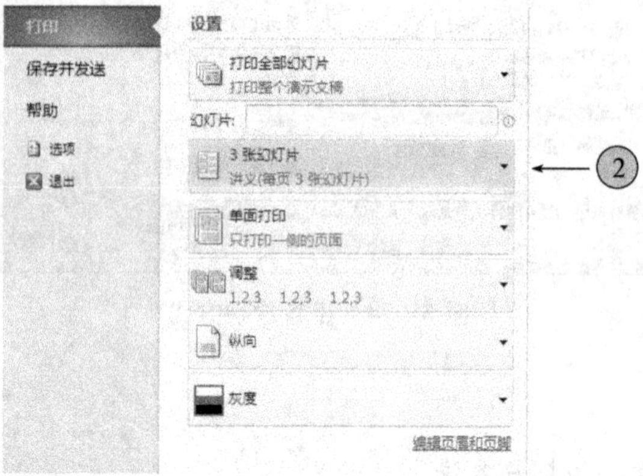

图 5-76 打印设置

③ 选择讲义的类型，在右侧可以预览效果，如图 5-77 所示；

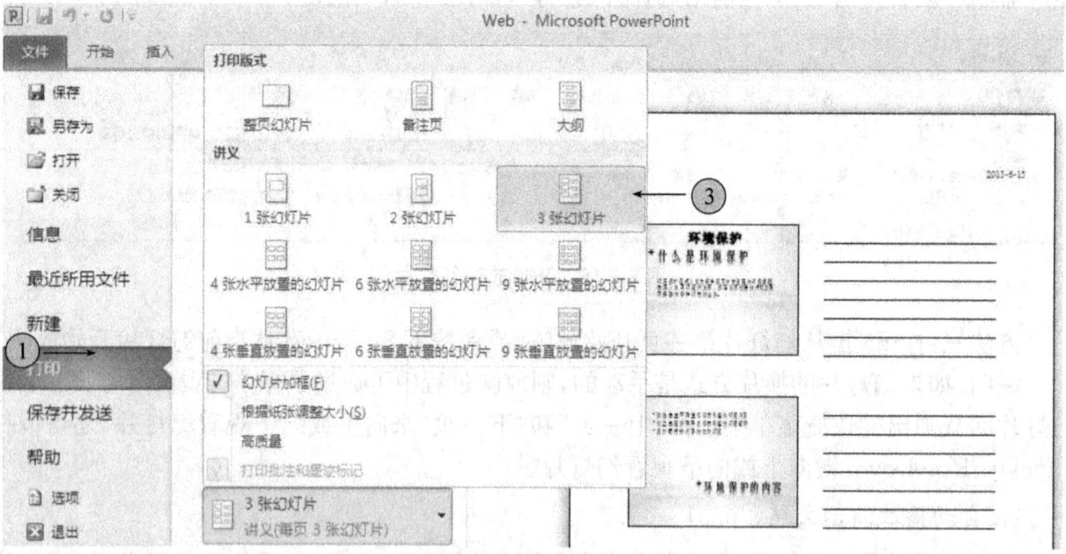

图 5-77 打印幻灯片

④ 单击“打印”图标 ，开始打印幻灯片。

课堂实训六

1. 打开“素材”文件夹下“PowerPoint 素材”中的演示文稿文件“德国名人录. pptx”；

2. 为幻灯片应用主题“中性”；

3. 为第 3 张幻灯片的标题设置“进入”动画效果“浮入”，并设置动画计时“开始”为“与上一动画同时”；

4. 为第 4 张幻灯片的标题设置“进入”动画效果“彩色脉冲”，并设置动画计时“开始”为“与上一动画同时”；

5. 设置幻灯片的放映方式为“循环放映，按 ESC 键终止”；

6. 将修改过的文件以原文件名保存在原目录下。

5.7　综合实训

综合实训(一)

(1) 打开“素材”文件夹下“PowerPoint 素材”中的演示文稿 yswg1. pptx，在演示文稿的最后插入一张“标题幻灯片”，主标题处键入“Star”；字体设置成“加粗”、“66 磅字”。将最后两张幻灯片的版式更换为“垂直排列标题与文本”，第 2 张幻灯片的文本部分动画设置为“进入”、“百叶窗”、“垂直”。

(2) 使用演示文稿设计模板“视点”修饰全文；全部幻灯片的切换效果设置为“覆盖”。

综合实训(二)

打开“素材”文件夹下“PowerPoint 素材”中的演示文稿 yswg2. pptx，按照下列要求完成文稿的修饰并保存。

1. 将第一张幻灯片添加标题“形势报告会”，字型设置为加粗；并改变这张幻灯片版式为“垂直排列标题与文本”，然后把这张幻灯片移为第二张幻灯片。

2. 使用“复合”演示文稿设计模板修饰全文；全部幻灯片切换效果设置为“翻转”。

综合实训(三)

打开“素材”文件夹下“PowerPoint 素材”中的演示文稿 yswg3. pptx，按照下列要求完成文稿的修饰并保存。

(1) 在演示文稿的开始处插入一张版式为“仅标题”的幻灯片，作为文稿的第 1 张幻灯片，标题处键入“计算机世界”；字体设置成“加粗”、“66 磅字”。第 3 张幻灯片中的对象设置动画效果为“进入”、“螺旋飞入”。

(2) 使用演示文稿设计模板“复合”修饰全文；全部幻灯片的切换效果设置为“随机线条”。

第 6 章　因特网基础及应用

6.1　计算机网络基本概念

6.1.1　计算机网络

计算机网络是计算机技术与通信技术高速发展、紧密结合的产物。计算机网络的诞生使计算机体系结构发生了巨大的变化。在计算机网络发展过程的不同阶段，人们对计算机网络提出了不同的定义。当前较为准确的定义为："以能够相互共享资源的方式互联起来的计算机系统的集合"，即分布在不同地理位置上的具有独立功能的多个计算机系统，通过通信设备和通信线路互相连接起来，实现数据传输和资源共享的系统。

1. 计算机网络的定义

计算机网络，是指将地理位置不同的具有独立功能的多台计算机及其外部设备，通过通信线路连接起来，并在网络操作系统、网络管理软件及网络通信协议的管理和协调下，实现资源共享和信息传递的计算机系统。

2. 计算机网络的组成

计算机网络的分类与一般的事物分类方法一样，可以按事物所具有的不同性质特点即事物的属性分类。总的来说计算机网络的组成基本上包括：计算机、网络操作系统、传输介质以及网络软件四部分。

计算机网络按逻辑功能可分为资源子网和通信子网两部分。资源子网是计算机网络中面向用户的部分，负责数据处理工作。它包括网络中独立工作的计算机及其外围设备、软件资源和整个网络共享数据；通信子网则是网络中的数据通信系统，它由用于信息交换的网络节点处理机和通信链路组成，主要负责通信处理工作，如网络中的数据传输、加工、转发和变换等。

为了使网络内各计算机之间的通信可靠、有效，通信各方必须共同遵守统一的通信规则，即通信协议。通过它可以使各计算机之间相互理解会话、协调工作，如 OSI 参考模型和 TCP/IP 协议等。

计算机网络按物理结构可分为网络硬件和网络软件两部分，其组成结构如图 6－1 所示。

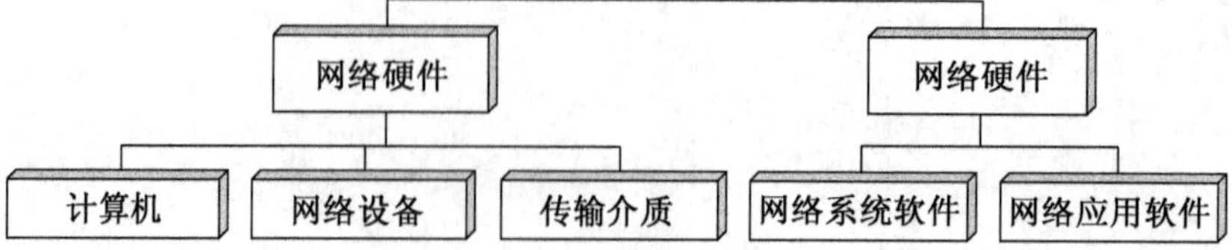

图 6－1　计算机网络的物理组成

在计算机网络中，网络硬件对网络的性能起着决定性作用，它是网络运行的实体；而网络软件则是支持网络运行、提高效益和开发网络资源的工具。

6.1.2　数据通信

数据通信是指在两个计算机或终端之间以二进制的形式进行信息交换、传输数据。计算机网络是计算机技术和数据通信技术相结合的产物，研究计算机网络就要先了解数据通信的相关概念及常用术语。

1. 信道

信道是信息传输的媒介或渠道，它把携带有信息的信号从它的输入端传递到输出端，就像车辆行驶的道路。根据传输媒介的不同，常用的信道可分为两类：一类是有线的，另一类是无线的。常见的有线信道包括双绞线、同轴电缆、光缆等；无线信道有地波传播、短波、超短波、人造卫星中继等。

2. 数字信号和模拟信号

通信的目的是为了传输数据，信号是数据的表现形式。对于数据通信技术来讲，它要研究的是如何将表示各类信息的二进制比特序列通过传输媒介在不同计算机之间传输。信号可以分为数字信号和模拟信号两类：数字信号是一种离散的脉冲序列，计算机产生的电信号用两种不同的电平表示 0 和 1。模拟信号是一种在时间和取值上都是连续变化的信号，如电话线上传输的按照声音强弱幅度连续变化所产生的电信号，就是一种典型的模拟信号，可以用连续的电波表示。数字信号与模拟信号的波形对比如图 6－2 所示。

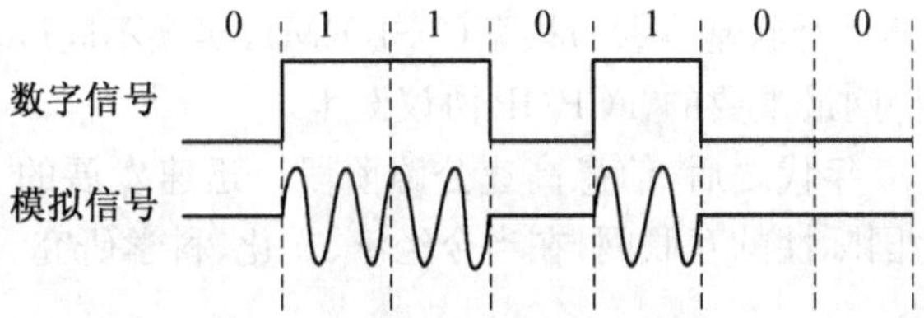

图 6－2　数字信号与模拟信号波型对比图

3. 调制与解调

普通电话线是针对语音通话而设计的模拟信道，适用于传输模拟信号。但是计算机产生的离散脉冲却是数字信号，因此要利用电话交换网实现计算机的数字脉冲信号的传输，就必须首先将数字脉冲信号转换成模拟信号，将发送端数字脉冲信号转换成模拟信号的过程称为调制；将接收端模拟信号还原成数字脉冲信号的过程称为解调。将调制和解调两种功能结合在一起的设备称为调制解调器(Modem)。

4. 带宽与传输速率

在模拟信道中，以带宽表示信道传输信息的能力。带宽是以信号的最高频率和最低频率之差表示，即频率的范围。信道的带宽越宽(带宽数值越大)，其可用的频率就越多，其传输的数据量就越大。

在数字信道中，用数据传输速率(比特率)表示信道的传输能力，即每秒传输的二进制位数(bps，比特/秒)。单位为：bps、kbps、Mbps、Gbps 与 Tbps 等，其中：

$1\ \text{kbps}=1\times10^3\ \text{bps}$　$1\ \text{Mbps}=1\times10^6\ \text{bps}$　$1\ \text{Gbps}=1\times10^9\ \text{bps}$　$1\ \text{Tbps}=1\times10^{12}\ \text{bps}$

研究证明,信道的最大传输速率与信道带宽之间存在着明确的关系,所以人们经常用“带宽”来表示信道的数据传输速率。“带宽”与“速率”几乎成了同义词。带宽与数据传输速率是通信系统的主要技术指标之一。

5. 误码率

误码率是指二进制数据在传输过程中被传错的概率,是通信系统的可靠性指标。数据在信道传输中一定会因某种原因出现错误。传输错误是不可避免的,但是一定要控制在某个允许的范围内。在计算机网络系统中,一般要求误码率低于 10^{-6}。

6.1.3 计算机网络的形成和分类

1. 计算机网络的发展历程

计算机网络是随着强烈的社会需求和前期通信技术的成熟而出现的,虽然仅有几十年的发展历史,但是它经历了从简单到复杂、从低级到高级、从地区到全球的发展过程。

第一代是 20 世纪 60 年代早期,远程终端连接,面向终端的计算机网络。主机是网络的中心和控制者,终端(键盘和显示器)分布在各处并与主机相连,用户通过本地的终端使用远程的主机。当时的网络只提供终端和主机之间的通信,子网之间无法通信。

第二代是 20 世纪 60 年代中期,局域网阶段。多个主机互联,实现计算机和计算机之间的通信。它包括:通信子网、用户资源子网。终端用户可以访问本地主机和通信子网上所有主机的软硬件资源。

第三代是 20 世纪 70 年代起,计算机网络互联阶段(广域网、Internet)。1981 年国际标准化组织(ISO)制订开放体系互联基本参考模型(OSI/RM),实现不同厂家生产的计算机之间实现互连。与此同时,因特网最重要的 TCP/IP 协议诞生。

第四代是 20 世纪 90 年代之后,信息高速公路阶段。迅速发展的 Internet 使得信息时代全面到来。因特网作为国际性的互联网,在当今经济、文化、科学研究、教育与社会生活等方面发挥越来越重要的作用。

2. 计算机网络的分类

计算机网络的分类标准有很多,主要的分类标准有根据网络所使用的传输技术分类、根据网络拓扑结构分类、根据网络协议分类等。各种分类标准只能认为是其某一方面反映的网络特征。根据网络覆盖的地理范围和规模分类是最普遍采用的分类方法,它能较好地反映网络的本质特征。依据这种分类标准,可以将计算机网络分为三种:局域网、城域网和广域网。

局域网(LAN)一般覆盖范围在几公里之内,适用于一个部门或一个单位组建的网络。典型的局域网有办公网、企业网、校园网等。局域网具有高数据传输速率、低误码率、成本低、组网容易、易管理、易维护、使用灵活方便等优点。

城域网(MAN)是介于广域网与局域网之间的一种高速网络,它的覆盖范围一般是几公里到几十公里之间,它的设计目标是满足几十公里范围内的大量企业、学校、公司的多个局域网的互联需求,以实现大量用户之间的信息传输。

广域网(WAN)所覆盖的地理范围要比局域网大得多,一般在几十公里以上,其传输速率比较低。广域网可以覆盖一个国家、地区,甚至横跨几个洲,其中国际互联网覆盖了除南极洲以外所有大陆,是范围最广的网络。

6.1.4　网络拓扑结构

计算机网络拓扑是将构成网络的结点和连接结点的线路抽象成点和线，用几何中的拓扑关系表示网络结构，从而反映网络中各实体的结构关系。常见的网络拓扑结构主要有星型、总线型、树型、环型及网状等几种，如图 6－3 所示。

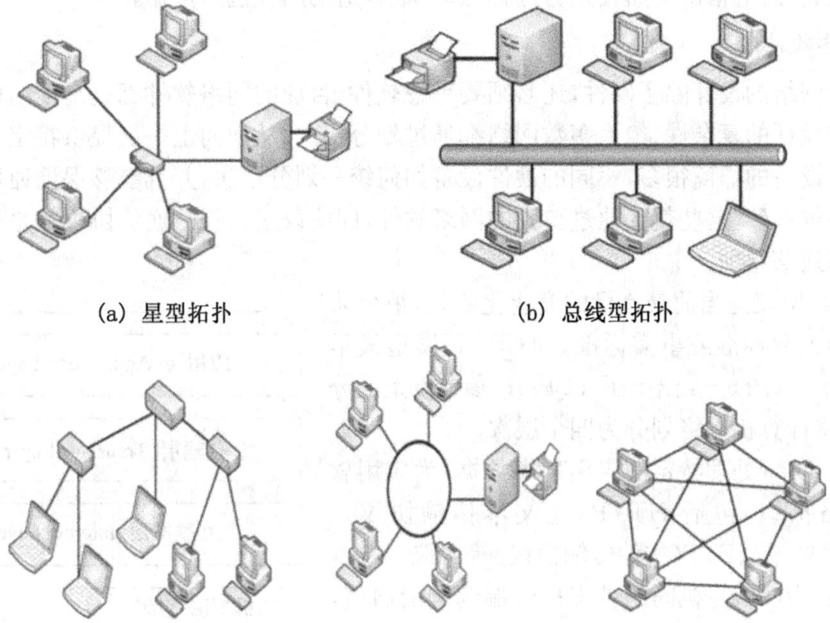

(a) 星型拓扑　(b) 总线型拓扑

(c) 树型拓扑　(d) 环型拓扑　(e) 网状拓扑

图 6－3　网络拓扑结构

6.1.5　网络硬件和网络软件

1. 常用网络硬件

(1) 调制解调器

调制解调器(MODEM)用来实现数字信号与模拟信号在通信过程中的互转换。它将数字设备送来的数字信号转换成能在模拟信道中传输的模拟信号，即调制；也能将来自模拟信道的模拟信号转换为数据信号，即解调。

(2) 中继器

中继器是最简单的局域网延伸设备，类似于移动通信中的信息中转塔，其主要作用是放大传输介质上传输信号，以便在网络上传输得更远。

(3) 交换机(Switch)

交换机是目前局域网使用最为广泛的网络互联设备，与集线器相比，交换机支持端口连接的结点之间的多个并发连接．从而可增大网络带宽，改善局域网的性能和服务质量。

(4) 无线 AP

无线 AP 也称为无线访问点或无线桥接器，是传统的有线局域网络与无线局域网络之间的桥梁。通过无线 AP，任何一台装有无线网卡的主机都可以去连接有线局域网络，从而实现不同程度、不同范围的网络覆盖。一般无线 AP 的最大覆盖距离可达 300 米,非常适合于在建筑物之间、楼层之间等不便于架设有线局域网的地方构建无线局域网。

(5) 路由器(Router)

路由器则是实现不同网络之间互联的主要设备,它负责检测数据包的目的地址,为数据选择途经的路径,使数据到达最终的目的网络。如果存在多条路径,路由器还可以根据不同路径的距离长短、状态等情况对路径进行选择,选择最合适的路径进行数据转发。

2. 网络软件

计算机网络的设计除了硬件,还必须要考虑软件,目前的网络软件都是高度结构化的。为了降低网络设计的复杂性,绝大多数网络都通过划分层次,从而向上一层提供特定的服务。提供网络硬件设备的厂商很多,不同的硬件设备如何统一划分层次,并且能够保证通信双方对数据的传输理解一致,这些就要通过单独的网络软件,即协议来实现。通信协议就是通信双方都必须遵守的通信规则。

TCP/IP 协议是当前最流行的商业化协议,被公认为是当前的工业标准或事实标准。TCP/IP 模型最早出现在 1974 年,图 6-4 给出了 TCP/IP 参考模型的分层结构,它将计算机网络划分为四个层次。

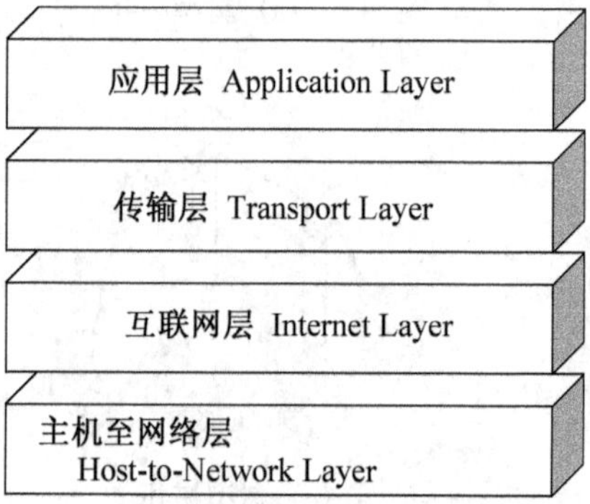

图 6-4　TCP/IP 参考模型

应用层:负责处理特定的应用程序数据,为应用软件提供网络接口,包括 HTTP(超文本传输协议)、Telnet(远程登录)、FTP(文件传输协议)等协议。

传输层:为两台主机间的进程提供端到端的通信,主要协议有 TCP(传输控制协议)和 UDP(用户数据报协议)。

互联网层:确定数据包从源端到目的端如何选择路由。互联网层主要的协议有 IPv4、ICMP(互联网控制报文协议)以及 IPv6(IP 版本 6)等。

主机至网络层:规定了数据包从一个设备传输到另一个设备的方法。

6.1.6　无线局域网

随着网络技术的快速发展,笔记本电脑、平板电脑、智能手机等各种移动便携设备迅速普及,直接促进了无线网络的快速发展。无线局域网(WLAN)连接如图 3-5所示。

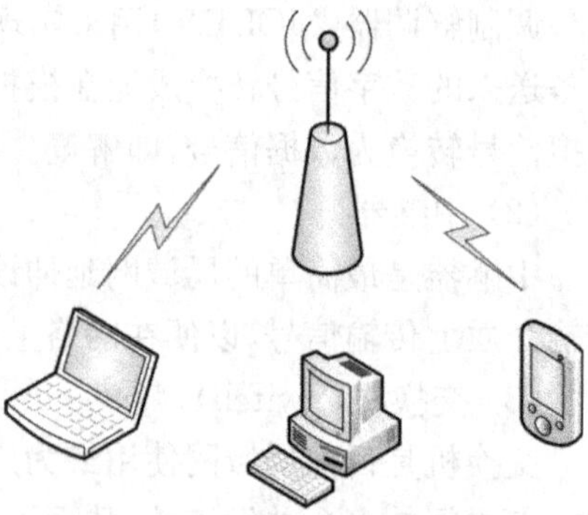

图 6-5　无线局域网示意图

在无线局域网的发展中,WiFi 由于其较高的传输速度、较大的覆盖范围等优点,发挥了重要的作用。WiFi 不是具体的协议或标准,它是无线局域网联盟为了保障使用 WiFi 标志的商品之间可以相互兼容而推出的。在如今许多的电子产品如笔记本电脑、手机、平板电脑等设备上面都可以看到 WiFi 的标志。针对无线局域网,IEEE 制定了一系列无线局域网标准,IEEE 802.11 家族,包括 802.11a、802.1lb、802.11g 等。随着协议标准的发展,无线局域网的覆盖范围广，传输速率更高，安全性、可靠性等也大幅提高。

6.1.7　课后习题

1. 将发送端数字脉冲信号转换成模拟信号的过程称为(　　)。
   (A) 链路传输　(B) 调制　(C)解调　(D) 数字信道传输
2. 不属于 TCP/IP 参考模型中的层次是(　　)。
   (A) 应用层　(B) 传输层　(C) 会话层　(D) 互联层
3. 实现局域网与广域网互联的主要设备是(　　)。
   (A) 交换机　(B) 集线器　(C) 网桥　(D) 路由器
4. 下列不属于网络拓扑结构形式的是(　　)。
   (A) 星型　(B) 环型　(C) 总线型　(D) 分支型
5. 调制解调器的功能是(　　)。
   (A) 将数字信号转换成模拟信号　(B) 将模拟信号转换成数字信号
   (C) 将数字信号转换成其他信号　(D) 在数字信号与模拟信号之间进行转换
6. 计算机网络分为局域网、城域网和广域网，下列属于局域网的是(　　)。
   (A) ChinaDDN 网(B) Novell 网　(C) Chinanet 网　(D) Internet 网
7. 下列的英文缩写和中文名字的对照中，正确的是(　　)。
   (A) WAN——广域网　(B) ISP——因特网服务程序
   (C) USB——不间断电源　(D) RAM——只读存储器

6.2　因特网基础

因特网(Internet)是国际计算机互联网的英文称谓。它以 TCP/IP 网络协议将各种不同类型、不同规模、位于不同地理位置的物理网络联接成一个整体。它把分布在世界各地、各部门的电子计算机存储在信息总库里的信息资源通过网络联接起来，从而进行通信和信息交换，实现资源共享。

6.2.1　因特网概述

Internet 始于 1968 年美国国防部高级研究计划局(ARPA)提出并资助的 ARPANET 网络计划，其目的是将各地不同的主机以一种对等的通信方式连接起来，最初只有四台主机。此后，大量的网络、主机与用户接入 ARPANET，很多地区性网络也接入进来，于是这个网络逐步扩展到其他国家与地区。

20 世纪 80 年代，世界先进工业国家纷纷接入 Internet，使之成为全球性的互联网络。20 世纪 90 年代是 Internet 历史上发展最为迅速的时期，互联网的用户数量以平均每年翻一番的速度增长，目前几乎所有的国家都加入到 Internet 中。

由此可以看出，因特网是通过路由器将世界不同地区、规模大小不一、类型不一的网络互相连接起来的网络，是一个全球性的计算机互联网络，因此也称为“国际互联网”。它是信息资源极其丰富的世界上最大的计算机网络。

我国于 1994 年 4 月正式接入因特网，关在 1996 年形成了中国科技网(CSTNET)、中国教育和科研计算机网(CERNET)、中国公用计算机互联网(CHINANET)和中国金桥信息网

(CHINAGBN)四大骨干网，后来随着中国电信、移动等公司的加入，我国的网络建设更是突飞猛进、日新月异。2013 年 1 月 15 日，中国互联网络信息中心(CNNIC)发布的第 31 次《中国互联网络发展状况统计报告》显示，截至 2012 年 12 月底，我国网民规模达到 5.64 亿，互联网普及率达到 42.1%。

6.2.2　客户机/服务器体系结构

计算机网络中的每台计算机都是“自治”的，既要为本地用户提供服务，也要为网络中其他主机的用户提供服务。因此每台联网计算机的本地资源都可以作为共享资源，并提供给其他主机用户使用。而网络上大多数服务是通过一个服务程序进程来提供的，这些进程要根据每个获准的网络用户请求执行相应的处理，提供相应的服务。实际上这是进程在网络环境中进行通信。

在因特网的 TCP/IP 环境中，联网计算机之间进程相互通信的模式主要采用客户机/服务器(Client/Server)模式，简称为 C/S 结构。在这种结构中，客户机和服务器分别表现相互通信的两个应用程序进程，所谓“Client”和“Server”并不是人们常说的硬件中的概念，特别要注意与通常称作服务器的高性能计算机区分开。C/S 结构如图 6-6 所示，其中客户机向服务器发出服务请求，服务器响应客户的请求，提供客户机所需要的网络服务。提出请求，发起本次通信的计算机进程叫做客户机进程。而响应、处理请求，提供服务的计算机进程叫做服务器进程。

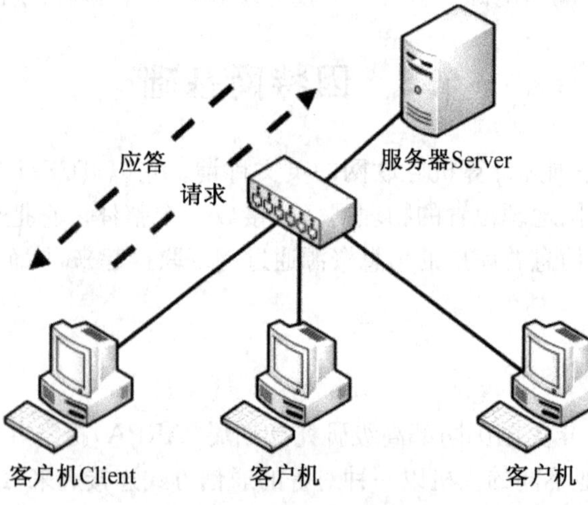

图 6-6　C/S 结构示意图

因特网中常见的 C/S 结构的应用有 Telnet 远程登录、FTP 文件传输服务、HTTP 超文本传输、电子邮件服务、DNS 域名解析服务等。

6.2.3　IP 地址和域名

因特网通过路由器将成千上万个不同类型的物理网络互联在一起，是一个超大规模的网络。为了使信息能够准确到达因特网上指定的目的结点，就必须给因特网上每个结点指定一个全局唯一的地址标识，就像每一部电话都具有一个全球唯一的电话号码一样。在因特网通信中，通过 IP 地址和域名实现明确的目的指向。

1. IP 地址

IP 地址是 TCP/IP 协议中所使用的互联层地址标识。IP 协议经过近 30 年的发展，主要有两个版本：IPv4 协议和 IPv6 协议，它们的最大区别就是地址表示方式不同。目前因特网广泛使用的是 IPv4，即 IP 地址第四版本。

IPv4 地址用 32 位二进制(4 个字节)表示，为了便于管理和配置，将每个 IP 地址分为四段，每一段用一个十进制数来表示，段和段之间用圆点隔开。每个段的十进制数范围是 0～255。例如，208. 20. 16. 23 和 100. 2. 8. 11 都是合法的 IP 地址。一台主机的 IP 地址由网络号和主机号两部分组成。

IP 地址由各级因特网管理组织进行分配，它们被分为不同的类别。根据地址的第一段分为 5 类：0～127 为 A 类，128～191 为 B 类，192～223 为 C 类，见表 6－1 所示。另外还有 D 类和 E 类留做特殊用途。

表 6－1　常用 IP 地址的分类

网络类别	最大网络数	网络号取值范围	每个网络最大主机数
A	$126(2^7-2)$	1～126	$2^{24}-2=16777214$
B	$16384(2^{14})$	128. 0～191. 255	$2^{16}-2=65534$
C	$2097152(2^{21})$	192. 0. 0～223. 255. 255	$2^8-2=254$

随着因特网的迅速发展，IP 地址逐渐匮乏，后来采用了划分子网、NAT(网络地址转换)等方法暂时的解决了问题，但根本的解决方法就是增加 IP 地址的位数。目前已经实施的 Ipv6 采用长达 128 位的地址长度，IPv6 地址空间是 IPv4 的 2^{96} 倍，能提供超过 $3.4*10^{38}$ 个地址。

2. 域名

IP 地址能方便的标识因特网上的计算机，但难于记忆。为此，TCP/IP 引进了一种字符型的主机命名制，这就是域名(Domain Name)。

域名的实质就是用一组由字符组成的名字代替 IP 地址。为了避免重名，域名采用层次结构，各层次的子域名之间用圆点隔开，从右至左分别是第一级域名(或称顶级域名)，第二级域名，……，直至主机名。其结构如下：

主机名.…….第二级域名.第一级域名

国际上，第一级域名采用的标准代码，它分为组织机构和地理模式两类。由于因特网诞生在美国，所以其第一级域名采用组织机构域名，美国以外的其他国家和地区都采用主机所在地的名称为第一级域名，例如 CN(中国)、JP(日本)、KR(韩国)、UK(英国)等。

根据《中国互联网络域名注册暂行管理办法》规定，我国的第一级域名是 CN，次级域名也分类别域名和地区域名，共计 40 个。类别域名有：COM(表示工商和金融等企业)、EDU(表示教育单位)、GOV(表示国家政府部门)、ORG(表示各社会团体及民间非营利组织)、NET(表示互联网络、接入网络的信息和运行中心)等。地区域名有 34 个，如 BJ(北京市)、SH(上海市)、JS(江苏省)、ZJ(浙江省)等等。

例如，www. pku. edu. cn 是北京大学的一个域名。其中 www 是主机名，pku 是北京大学的英文缩写，edu 表示教育机构，cn 表示中国。

IP 地址用于因特网中的计算机，域名则用于现实生活中，用它来表示难以记忆的 IP 地址,二者之间是一一对应的关系。通常通过 DNS 服务器实现二者之间的转换,其中将域名转换为 IP 地址称之为域名解析,将 IP 地址转换为域名称之为反向域名解析。

6.2.4 因特网的接入

因特网接入方式通常有专线连接、局域网连接、无线连接和 ADSL 连接等。其中企业用户常用专线连接,而个人用户主要使用 ADSL 及无线接入等。

1. ADSL

目前用电话线接入因特网的主流技术是 ADSL(非对称数字用户线路),这种接入技术的非对称性体现在上、下行速率的不同,高速下行信道向用户传送视频、音频信息,速率一般在 1.5~8 Mbps,低速上行速率一般在 16~640 kbps。使用 ADSL 技术接入因特网对使用宽带业务的用户是一种经济、快速的方法。

采用 ADSL 接入因特网,除了一台带有网卡的计算机和电话外,还需向电信部门申请 ADSL 业务并由相关服务部门负责安装话音分离器和 ADSL 调制解调器。完成安装后,就可以通过拨号软件根据电信提供的用户名和口令拨号上网了。

2. 专线接入

要通过专线接入因特网,寻找一个合适的 ISP(因特网服务提供商)是非常重要的。一般 ISP 提供的功能主要有:分配 IP 地址和网关及 DNS、提供联网软件、提供各种因特网服务、接入服务。

除了前面提到的 CHINANET、CERNET、CSTNET、CHINAGBN 这四家政府资助的 ISP 外;还有大批 ISP 提供因特网接入服务,如 163、169、联通、网通、铁通等。专线接入速度快,成本较高,主要用于企业用户。

3. 无线连接

无线局域网的构建不需要布线,因此提供了极大的便捷,省时省力,并且在网络环境发生变化、需要更改的时候便于更改、维护。接入无线网需要一台无线 AP。AP 很像有线网络中的集线器或交换机,是无线局域网络中的桥梁。有了无线 AP,装有无线网卡的计算机或支持 WiFi 功能的手机等设备就可以与网络相连。通过无线 AP,这些计算机或无线设备就可以接入因特网。

几乎所有的无线网络都在某一个点上连接到有线网络中,以便访问 Internet 上的文件。要接入因特网,AP 还需要与 ADSL 或有线局域网连接,AP 就像一个简单的有线交换机一样将计算机和 ADSL 或有线网连接起来,从而达到接入因特网的目的。无线 AP 价格较低,目前在家庭用户中广泛使用。

6.2.5 课后习题

1. 下列各项,不能作为 IP 地址的是(   )。

   (A) 10.2.8.112　　(B) 202.205.17.33

   (C) 222.234.256.240　　(D) 159.225.0.1

2. 在 Internet 中完成从域名到 IP 地址或者从 IP 地址到域名转换的(   )。

   (A) DNS　　(B) FTP　　(C) WWW　　(D) ADSL

3. 无线网络相对于有线网络来说,它的优点是(   )。

(A) 传输速度更快,误码率更低　(B) 设备费用低廉
(C) 网络安全性好,可靠性高　(D) 组网安装简单,维护方便

4. 有一域名为 bit. edu. cn,根据域名代码的规定,此域名表示(　　)。
(A) 政府机关　(B) 商业组织　(C) 军事部门　(D) 教育机构

5. 下列 IP 地址中,正确的是(　　)。
(A) 202.112.111.1　(B) 202.2.2.2.2
(C) 202.202.1　(D) 202.257.14.13

6.3　因特网的简单应用

因特网已经成为人们获取信息的主要渠道,人们已经习惯每天上网看新闻、看电影、收发电子邮件、下载资料、聊天等。本节将介绍常见的因特网应用。

6.3.1　网上漫游

在因特网上浏览信息是因特网常用的应用之一,用户可以随心所欲地在信息的海洋中冲浪,获取各种有用的信息。在开始使用浏览器上网浏览之前,先简单介绍几个与因特网相关的概念。

1. 因特网相关概念

(1) 万维网 WWW

WWW 是 World Wide Web 的缩写,中文称为"万维网"、"环球网"等,常简称为 Web。WWW 可以让 Web 客户端通过浏览器访问浏览 Web 服务器上的页面。WWW 提供丰富的文本和图形,音频,视频等多媒体信息,并将这些内容集合在一起,并提供导航功能,使得用户可以方便地在各个页面之间进行浏览。由于 WWW 内容丰富,浏览方便,所以它是因特网提供的最重要的服务之一。

(2) 超文本和超链接

超文本(Hypertext)中不仅包含有文本信息,而且还可以包含图形、声音、图像和视频等多媒体信息,因此称之为"超"文本,更重要的是超文本中还可以包含指向其他网页的链接,这种链接叫做超链接(Hyper Link)。在一个超文本文件里可以包含多个超链接,它们把分布在本地或远程服务器中的各种形式的超文本文件链接在一起,形成一个纵横交错的链接网。绝大多数网站都采用超文本的方式方便用户浏览。

(3) 统一资源定位器

WWW 用统一资源定位符(URL)描述 Web 网页的地址和访问它时所用的协议。因特网上几乎所有功能都可以通过在 WWW 浏览器里输入 URL 地址实现,通过 URL 标识因特网中网页的位置。URL 的格式如下:协议://IP 地址或域名/路径/文件名,其中,协议就是服务方式或获取数据的方法,常见的有 HTTP 协议、FTP 协议等;协议后的冒号加双斜杠表示接下来是存放资源的主机的 IP 地址或域名;路径和文件名是用路径的形式表示 Web 页在主机中的具体位置。

举例来说,http://www. china. com. cn/news/tech/09/news_5. htm 就是一个 Web 页的 URL,浏览器可以通过这个 URL 得知:使用协议是 HTTP,资源所在主机的域名为 www. china. com. cn,要访问的文件具体位置在文件夹 news/tech/09 下,文件名为 news_

5. htm。

(4) 浏览器

浏览器是用于浏览 WWW 的工具,安装在用户的机器上,是一种客户机软件。它能够把用超文本标记语言描述的信息转换成便于理解的形式。此外,它还是用户与 WWW 之间的桥梁,把用户对信息的请求转换成网络上计算机能够识别的命令。浏览器有很多种,目前最常用的 Web 浏览器有 Internet Explorer(IE)、Firefox、Chrome 等。

(5) FTP 文件传输协议

FTP 即文件传输协议,是因特网提供的基本服务:FTP 在 TCP/IP 协议体系结构中位于应用层。使用 FTP 协议可以在因特网上将文件从一台计算机传送到另一台计算机,不管这两台计算机位置相距多远,使用的是什么操作系统,也不管它们通过什么方式接入因特网。

在 FTP 服务器程序允许用户进入 FTP 站点并下载文件之前,必须使用一个 FTP 账号和密码进行登录。一般专有的 FTP 站点只允许使用特许的账号和密码登录;但也有一些 FTP 站点允许任何人通过匿名方式浏览。

2. 浏览网页

浏览 WWW 必须使用浏览器。下面以 Windows 7 系统上的 Internet Explorer 9(IE9)为例,介绍浏览器的常用功能及操作方法。

(1) IE 的启动和关闭

单击 Windows 7 桌面或任务栏上设置 IE 的快捷方式,或单击"开始"菜单|"所有程序"|

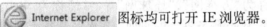

图标均可打开 IE 浏览器。

(2) IE 的关闭

IE9 是一个选项卡式的浏览器,可以在一个窗口中打开多个网页。单击 IE 窗口右上角的关闭按钮""可能会出现选择"关闭所有选项卡"或"关闭当前的选项卡"的提示,如图 6-7 所示。

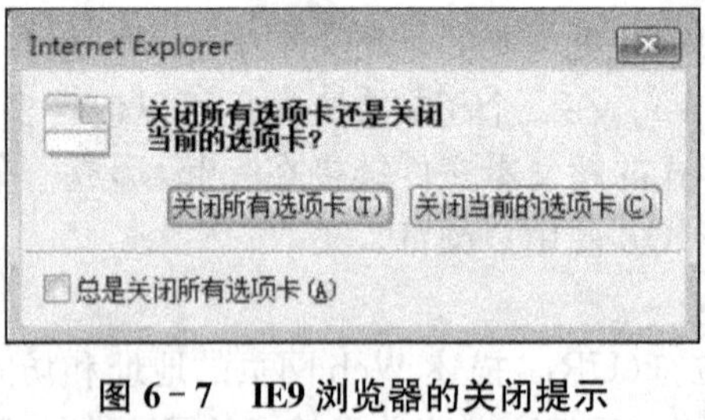

图 6-7 IE9 浏览器的关闭提示

如果选中"总是关闭所有选项卡"前的复选框,则以后单击关闭按钮时都会直接关闭所有选项卡。

(3) IE9 的窗口介绍

IE9 浏览器界面主要由地址栏、菜单栏、工具栏、内容区域等部分组成,如图 6-8 所示。

图 6－8　IE9 窗口

IE9 窗口上方罗列了最常用的功能：前进、后退按钮可以方便地返回先后访问过的页面。IE9 中的地址栏可用来输入想要访问的网址，也可输入搜索的内容，是地址栏和搜索栏功能的合并。点击其中的按钮打开下拉菜单时能看到收藏夹、历史记录，方便快捷。按钮进行页面刷新，则是停止访问。是用来新建一个选项卡。

IE 窗口最右侧有三个功能按钮，分别是"主页"、"收藏夹"、"工具"按钮。主页：每次打开 IE 会打开一个选项卡，选项卡中默认显示主页。主页的地址可以在 Internet 项中设置，并且可以设置多个主页，这样打开 IE 就会打开多个选项卡显示多主页的内容。收藏夹：IE9 将收藏夹、源和历史记录集成在一起了，单击收藏夹就可以展开小窗口。工具：单击工具，可以看到"打印"、"文件"、"Internet 选项"等功能按钮。

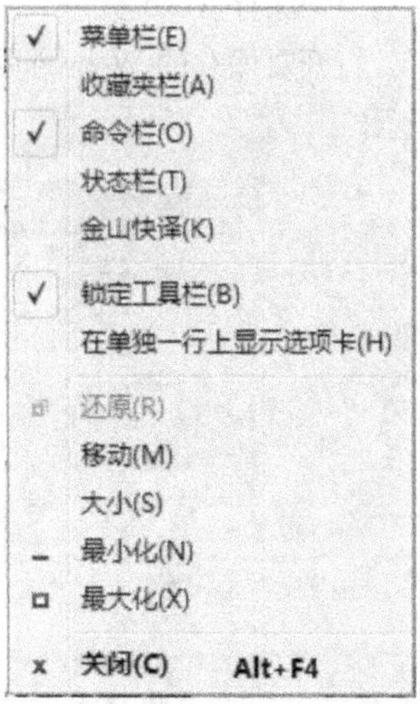

图 6－9　IE9 显示工具栏菜单

若要在 IE9 界面上显示状态栏、菜单栏等，只需在浏览器窗口上方空白区域单击鼠标右键，或在窗口左上角单击鼠标键，即可弹出一个快捷菜单，如图 6－9 所示，可在上面勾选需要在 IE 上显示的工具栏。

（4）网页的浏览

将光标点移到地址栏内就可以输入 Web 地址。IE 为地址输入提供了很多方便，如：用户不用输入像"http://"、"ftp://"这样的协议开始部分，IE 会自动补上；用户第一次输入某个地址时，IE 会记忆这个地址，再次输入这个地址时，只需输入开始的几个字符，IE 就会检查保存过的地址并把其开始几个字符与用户输入的字符符合的地址罗列出来供用户选择。用户可以用鼠标上下移动选择其一，然后单击即可转到相应地址。

此外，单击地址列表右端的下拉按钮，会出现曾经浏览过的 Web 地址记录，用鼠标单击其中的一个地址,相当于输入了这个地址并回车。

输入 Web 地址后,按回车键或单击“转到”按钮,浏览器就会按照地址栏中的地址转到相应的网站或页面。

打开 IE 浏览器自动进入的页面称为主页或首页,浏览时,可能需要返回前面曾经浏览过的页面。此时,可以使用前面提到的“后退”、“前进”按钮来浏览最近访问过的页面。

➢单击“主页”按钮可以返回启动 IE 时默认显示的 Web 页。

➢单击“后退”按钮可以返回到上次访问过的 Web 页。

➢单击“前进”按钮可以返回单击“后退”按钮前看过的 Web 页。

➢单击“停止”按钮,可以终止当前继续下载的页面文件。

➢单击“刷新”按钮,可以重新传送该页面的内容。

注意:在单击“后退”和“前进”按钮时,可以按住不松手,会打开一个下拉列表,列出最近浏览过的几个页面,单击选定的页面,就可以直接转到该页面。

IE 浏览器还提供了许多其他的浏览方法,以方便用户的使用,如:利用“历史”、“收藏夹”等实现有目的的浏览,提高浏览效率。

此外,很多网站(如 Yahoo、Sohu 等)都提供到其他站点的导航,还有一些专门的导航网站(如百度网址大全、hao123 网址之家等),可以在上面通过分类目录导航的方式浏览网页。

3. Web 页面的保存和阅读

有时我们想将精彩的、有价值的网页内容保存到本地硬盘上,这样即使断开网络连接,也可以通过硬盘脱机阅读。如果因特网接入方式是按上网时间计费,那么此时将 Web 页保存到硬盘上也是一种经济的上网方式,这样可以方便我们在无网络连接时阅读页面。

(1) 保存 Web 页

打开要保存的 Web 网页,单击“文件”|“另存为”命令,打开“保存网页”对话框,如图 6 - 10 所示。

图 6 - 10 “保存网页”对话框

在该对话框中,用户可设置要保存的位置、名称、类型及编码方式。在"保存类型"下拉框中,根据需要可以从"网页,全部"、"Web 档案,单个文件"、"网页,仅 HTML"、"文本文件"四类中选择一种。文本文件节省存储空间,但是只能保存文字信息,不能保存图片等多媒体信息。设置完毕后,单击"保存"按钮即可将该 Web 网页保存到指定位置。

(2) 打开已保存的网页

对已经保存的 Web 页,可以不用连接到因特网进行阅读,具体操作如下:在 IE 窗口上单击"文件"|"打开"命令,显示"打开"对话框,选择所保存的 Web 页的盘符和文件夹名;或者鼠标左键直接双击已保存的网页,便可以在浏览器中打开网页。

(3) 保存部分网页内容

有时需要的是页面上的部分信息,这时可以选中目标内容,运用 Ctrl+C(复制)和 Ctrl+V(粘贴)两个快捷键将 Web 页面上部分感兴趣的内容复制、粘贴到某一个空白文件上,具体步骤如下:① 用鼠标选定想要保存的页面文字;② 按下 Ctrl+C 快捷键(或通过右击快捷菜单中的"复制"命令),将选定的内容复制到剪贴板;③ 打开一个空白的 Word 文档、记事本或其他文字编辑软件,按 Ctrl+V 将剪贴板中的内容粘贴到文档中。

(4) 保存图片、音频等文件

如果要单独保存网页中的图片,可按以下步骤进行:①鼠标右键单击要保存的图片,选择"图片另存为",弹出"保存图片"对话框,如图 6-11 所示;②在"保存图片"对话框中设置图片的保存位置、名称及保存类型等,设置完毕后,单击"保存"按钮即可。

图 6-11　"保存图片"对话框

网页上常遇到指向声音文件、视频文件、压缩文件等的超链接,要下载保存这些资源,具体操作步骤如下:① 在超链接上单击鼠标右键,选择"目标另存为",弹出"另存为"对话框;② 在"另存为"对话框内选择要保存的路径,键入要保存的文件的名称,单击"保存"按钮。此时在 IE9 底部会出现一个下载传输状态窗口,如图 6-12(a)所示,包括下载完成百分比,估计剩余时间,暂停、取消等控制功能。单击"查看下载"可以打开 IE 的"查看下载"窗口,如图 6-12(b)所示,列出通过 IE 下载的文件列表,以及它们的状态和保存位置等信息,方便用户查看和跟踪下载的文件。

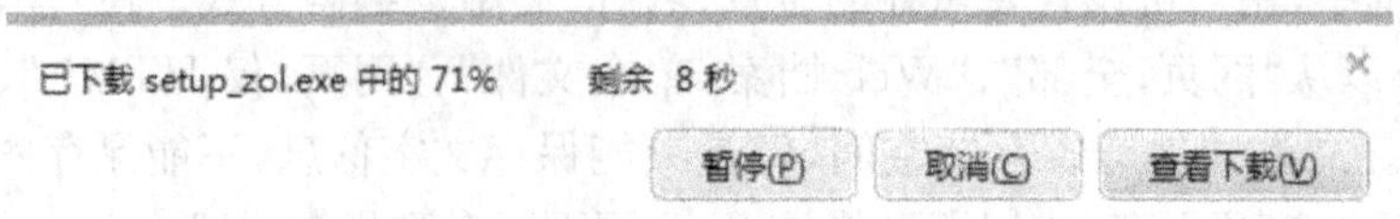

图 6-12(a)　下载提示框

图 6-12(b)　“查看下载”对话框

4. 更改主页

“主页”是指每次启动 IE 后默认打开的页面,我们通常把频繁使用的网站设为主页,步骤如下:① 打开 IE 窗口,单击“工具”按钮“”,打开“Internet 选项”对话框,或选择“工具”菜单中“Internet 选项”;② 单击“常规”标签,打开“常规”选项卡,如图 6-13 所示;③ 在“主页”组中,在地址框中输入百度网址,单击“确定”即可将“百度”设为主页。

如果准备先打开“百度”页面,那么可以直接单击“使用当前页”按钮,将“百度”设置为主页;如果不想显示任何页面,可单击“使用空白页”按钮;如果想设置多个主页,可在地址框中输入地址后按“回车键”继续输入其他地址。

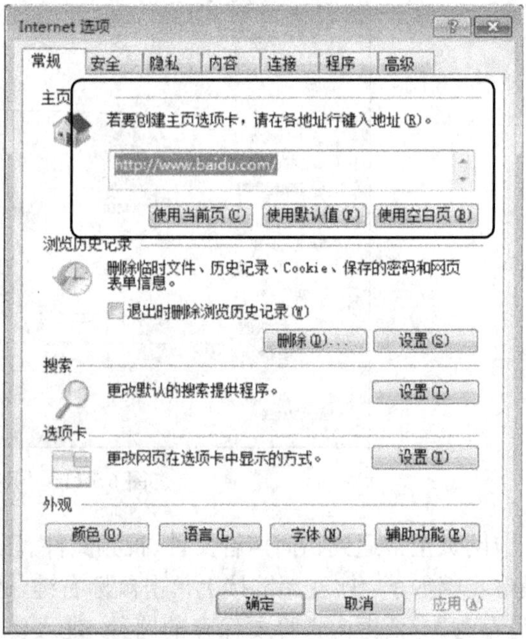

图 6-13　“Internet”选项对话框

5. “历史记录”的使用

IE 会自动将浏览过的网页地址按日期先后保留在历史记录中,以备查用。灵活利用历史记录可以提高浏览效率。历史记录保留期限(天数)的长短可以设置,如果磁盘空间充裕,保留天数可以多些,否则可以少一些。用户也可以随时删除历史记录。下面简单介绍历史记录的利用和设置。

(1)"历史记录"的浏览:① 单击窗口左上方"收藏夹"按钮,IE 窗口左侧会打开一个"查看收藏夹、源和历史记录"的窗口;② 选择"历史记录"选项卡,历史记录的排列方式包括:按日期查看、按站点查看、按访问次数查看、按今天的访问顺序查看,以及搜索历史记录;③ 在默认的"按日期查看"方式下,选择日期,进入下一级文件夹;④ 单击希望选择的网页文件夹图标;⑤ 单击访问过的网页地址图标,就可以打开此网页进行浏览。

(2)"历史记录"的设置和删除:① 单击"工具"按钮,打开"Internet 选项"对话框;② 在"常规"标签下单击"浏览历史记录"组中的"设置"窗口,在窗口下方输入天数,系统默认为 20 天;③ 如果要删除所有的历史记录,单击"删除"按钮,在弹出的确认窗口(如图6-14所示)中选择要删除的内容。如果勾选了"历史记录",就可以清除所有的历史记录。

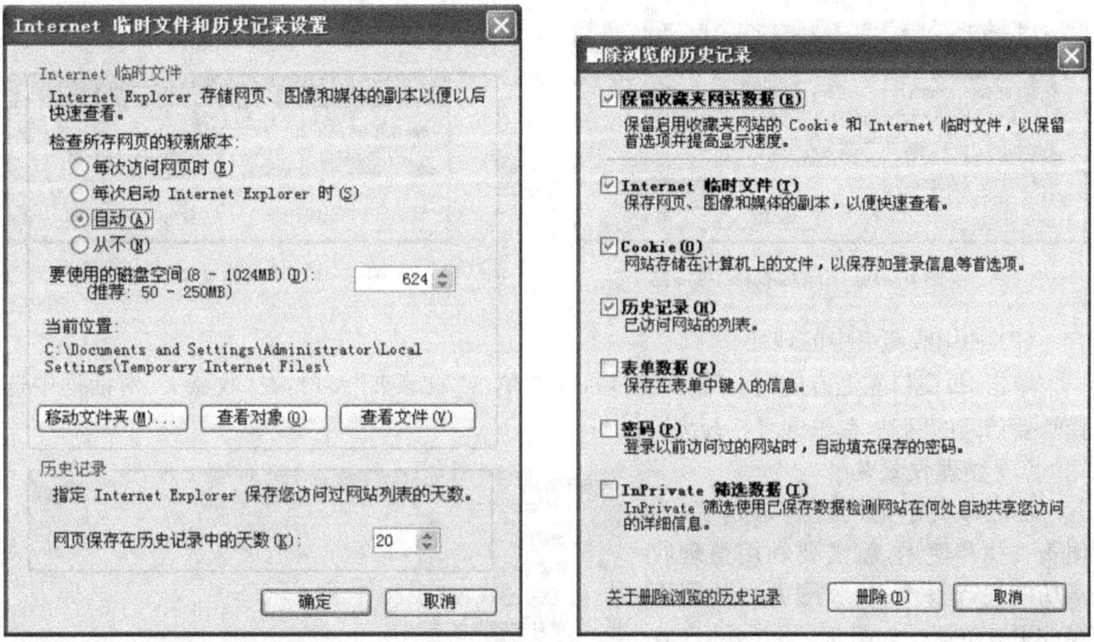

图 6-14　历史记录设置

6. 收藏夹的使用

在浏览网页时,人们总希望将喜爱的网页地址保存起来以备使用。IE 的收藏夹提供保存网址的功能。

(1) 将 Web 页地址添加到收藏夹中

打开要收藏的网页,如新浪网首页,单击"收藏夹"菜单,如图 6-15 所示,选择"添加到收藏夹"按钮。在弹出的"添加收藏"对话框中,可以输入名称,也可以选择存放位置,如图 6-16 所示。如果想新建一个收藏文件夹,则可单击"新建文件夹"按钮,弹出"创建文件夹"对话框,如图 6-17 所示,输入文件夹即可。

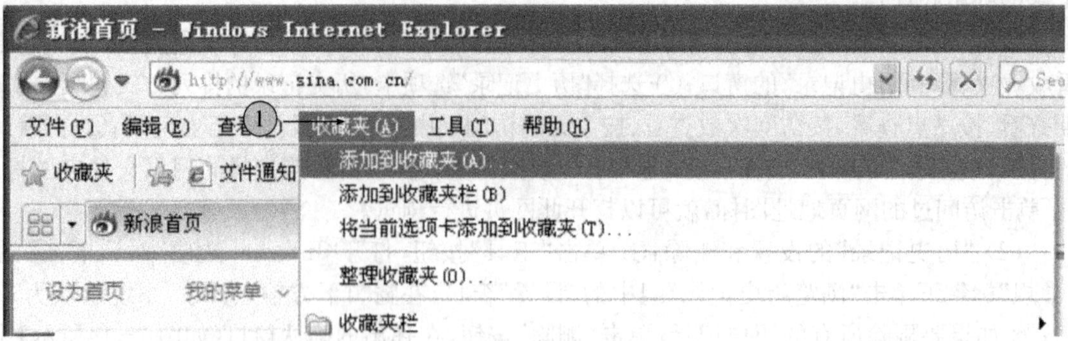

图 6－15 添加到收藏夹

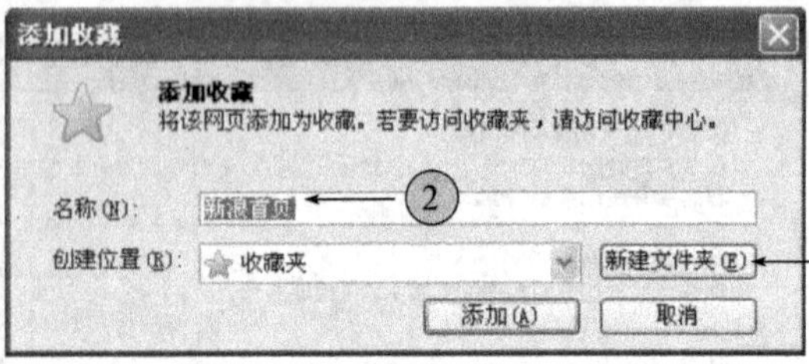

图 6－16 “添加收藏”对话框

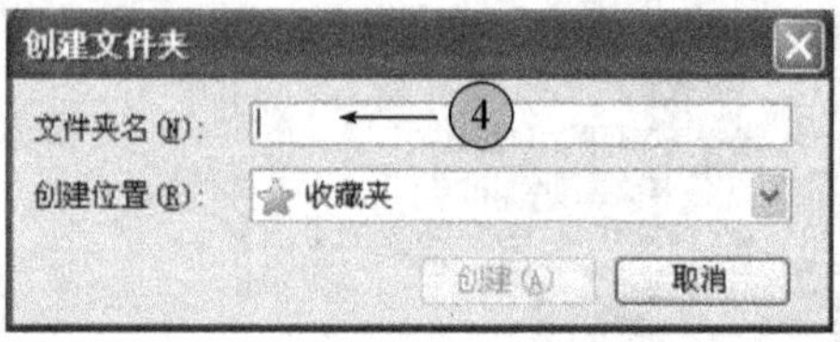

图 6－17 “创建文件夹”对话框

(2) 使用收藏夹中的地址

单击 IE 窗口左上方的“收藏夹”按钮，或者单击“收藏夹”菜单，在“收藏夹”对话框中选择需要访问的网站，单击即可打开浏览。

(3) 整理收藏夹

当收藏夹中的网址越来越多，为便于查找和使用，就需要利用整理收藏功能进行整理，使收藏夹中的网页存放更有条理。如图 6－18 所示，在收藏夹选项卡中，在文件夹或网址上单击右键就可以选择复制、剪切、重命名、删除、新建文件夹等操作，还可以使用拖曳的方式移动文件夹和网址的位置，从而改变收藏夹的组织结构。

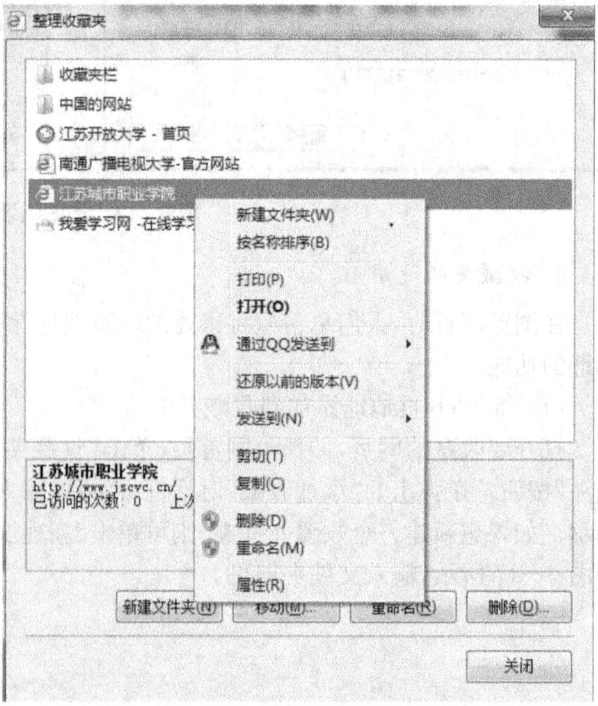

图 6－18 “整理收藏夹”对话框

6.3.2 信息的搜索

因特网就像一个浩瀚的信息海洋，如何在其中搜索到自己需要的有用信息，是每个因特网用户要遇到的问题。利用像 yahoo、新浪等网站提供的分类站点导航可以找到相关信息，但其搜索的范围大、步骤繁。搜索信息最常用的方法是利用搜索引擎，根据关键词来搜索需要的信息。

实际上，因特网上有不少好的搜索引擎，如：百度（www. baidu. com）、谷歌（www. google. com. hk）、搜狗（www. sogou. com）等都是很好的搜索工具。这里，以百度搜索为例，介绍一些最简单的信息检索方法。

具体操作步骤如下：① 在 IE 的地址栏中输入“www. baidu. com”，打开百度搜索引擎的页面。在文本栏中键入关键词，如“青奥会”，如图 6－19 所示。

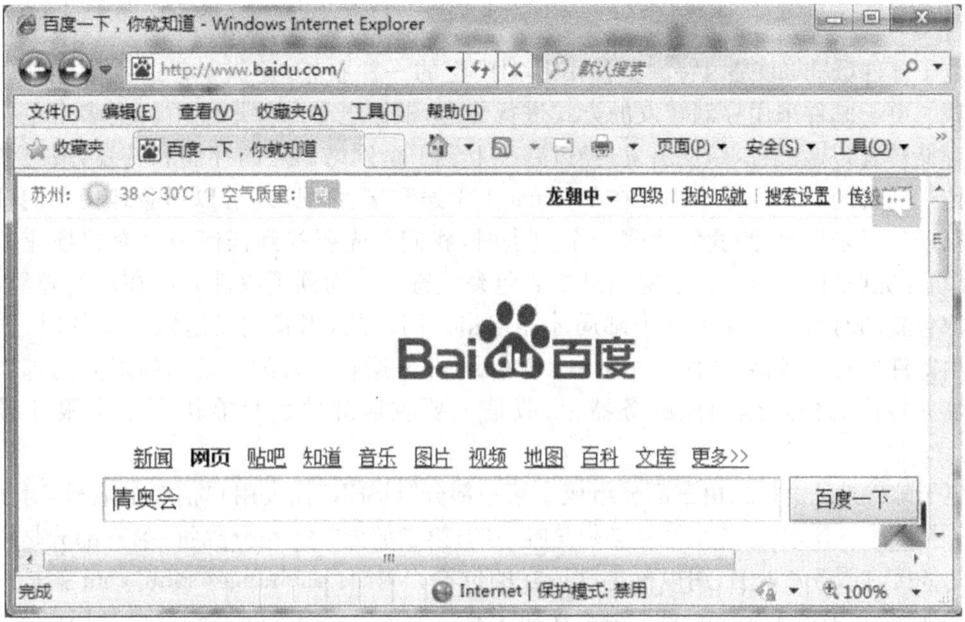

图 6－19　百度搜索主页

② 单击文本框后面的“百度一下”按钮，开始搜索。最后，得到搜索结果页面如图 6－20 所示。

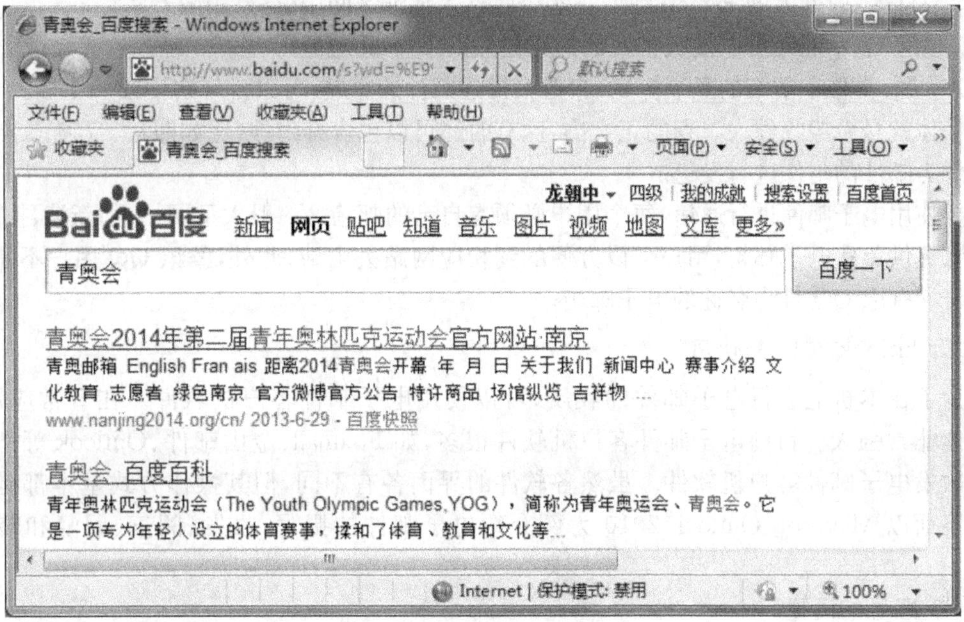

图 6－20　搜索结果页面

搜索结果页面中列出了所有包含关键词"青奥会"的网页地址,单击某一项就可以转到相应网页查看内容了。另外,从图 6-16 上可以看到,关键词文本框上方除了默认选中的"网页"外,还有"新闻"、"知道"、"图片"、"视频"等标签。在搜索的时候,选择不同标签就可以针对不同的目标进行搜索,从而提高搜索的效率。

6.3.3 电子邮件

1. 电子邮件概述

电子邮件(E-mail)是因特网上使用非常广泛的一种服务,类似于普通生活中邮件的传递方式。电子邮件采用存储转发的方式进行传递,根据电子邮件地址由网上多个主机合作实现存储转发,从发信源结点出发,经过路径上若干个网络结点的存储和转发,最终使电子邮件传送到目的邮箱。电子邮件在 Internet 上发送和接收的原理可以形象地用我们日常生活中邮寄包裹来形容:当我们要寄一个包裹时,我们首先要找到任何一个有这项业务的邮局,在填写完收件人姓名、地址等信息之后包裹就寄出。而到了收件人所在地的邮局,那么对方取包裹的时候就必须去这个邮局才能取出。同样的,当我们发送电子邮件时,这封邮件是由邮件发送服务器(任何一个都可以)发出,并根据收信人的地址判断对方的邮件接收服务器并将这封信发送到该服务器上,收信人要收取邮件也只能访问这个服务器才能完成。

电子邮件地址的格式由三部分组成。第一部分"USER"代表用户信箱的帐号,对于同一个邮件接收服务器来说,这个帐号必须是唯一的;第二部分"@"是分隔符;第三部分是用户信箱的邮件接收服务器域名,用以标志其所在的位置。例如:xiaoming@sohu. com 就是一个电子邮件地址,它表示在"sohu. com"邮件主机上有一个名为 xiaoming 的电子邮件用户。

电子邮件都有两个基本的组成部分:信头和信体。信头相当于信封,信体相当于信件内容。信头中通常包括如下几项:

➢收件人:收件人的 E-mail 地址。多个收件人地址之间用分号(;)隔开;

➢抄送:表示同时可以接收到此信的其他人的 E-mail 地址;

➢主题:类似一本书的章节标题,它概括描述邮件的主题,可以是一句话或一个词。

信体就是希望收件人看到的正文内容,有时还可以包含有附件,比如照片、音频、文档等都可以作为邮件的附件进行发送。

要使用电子邮件进行通信,每个用户必须有自己的邮箱。一般大型网站,如新浪、搜狐、网易等都提供免费电子邮箱,用户可以方便的到相应网站去申请;此外,腾讯 QQ 用户不需要申请即可拥有以 QQ 号为名称的电子邮箱。

2. Outlook 2010 的使用

为了在本机上进行电子邮件的收发,可以使用电子邮件客户机软件。在日常应用中,此功能非常强大。目前电子邮件客户机软件很多,如 Foxmail、金山邮件、Outlook 等都是常用的收发电子邮件客户机软件。虽然各软件的界面各有不同,但其操作方式基本都是类似的。下面以 Microsoft Outlook 2010 为例介绍电子邮件的撰写、收发、阅读、回复和转发等操作。

(1) 账号的设置

使用 Outlook 收发电子邮件之前,必须先对 Outlook 进行账号设置。打开 Outlook 2010,

单击“文件”选项卡|“信息”按钮，进入“帐户信息”窗口，单击“添加帐户”按钮，打开如图 6 - 21 所示“添加新帐户”对话框，选中“电子邮件帐户”，单击“下一步”。在图 6 - 22 中正确填写 E-mail地址和密码等信息，单击“下一步”，Outlook 会自动联系邮箱服务器进行帐户配置，稍后就会显示图 6 - 23，这就说明账户配置成功。

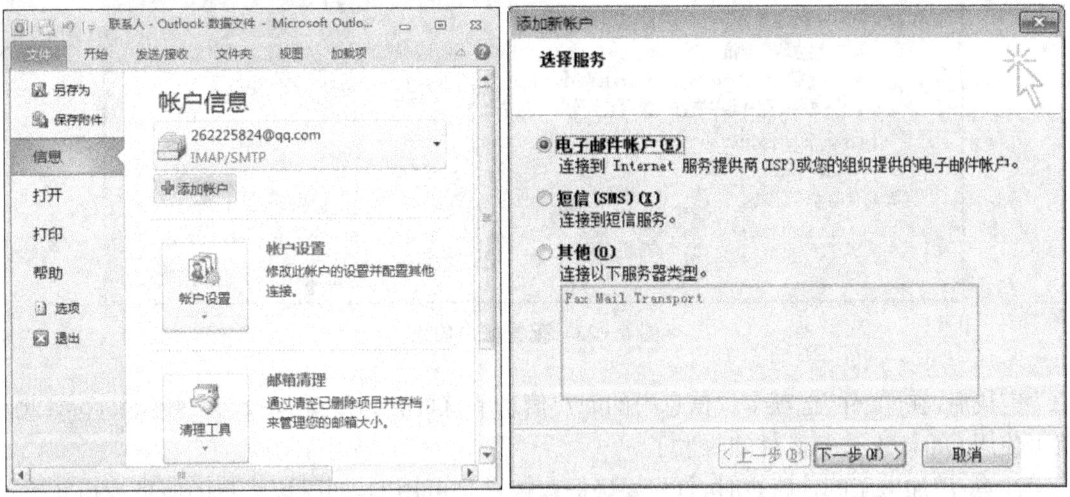

图 6 - 21　添加新帐户

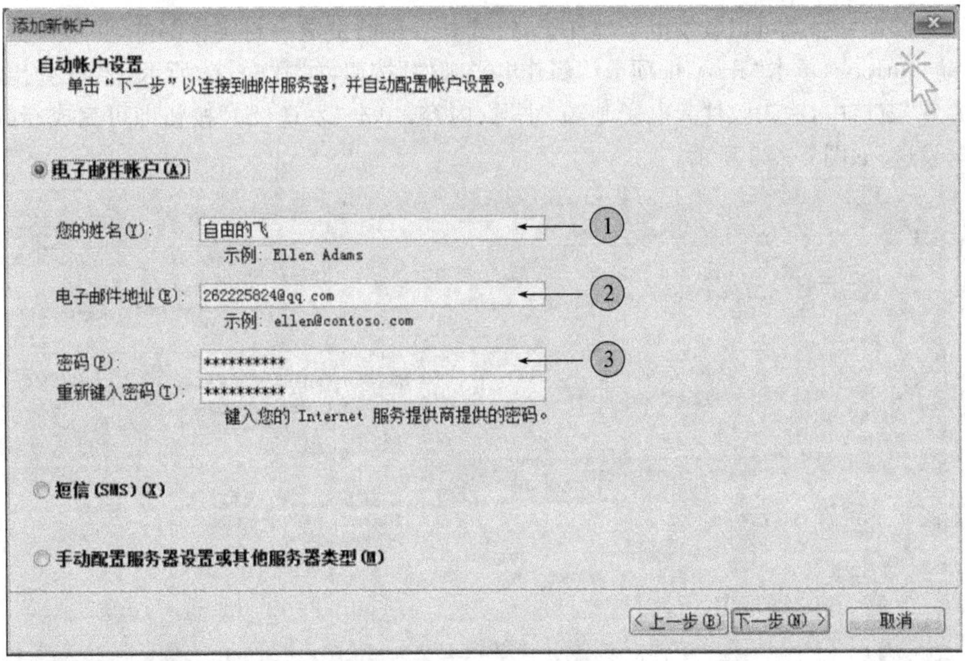

图 6 - 22　自动设置帐户信息

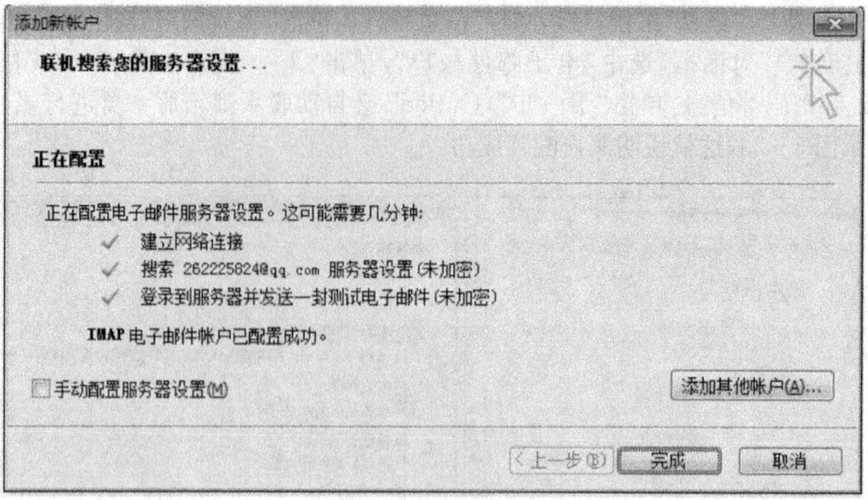

图 6-23　配置帐户信息

完成后,在"文件"选项卡|"信息中的账户信息下就可看到账户 262225824@qq. com,此时就可使用 Outlook 进行邮件的收发了。

注意:添加电子邮件帐户时,首先要确保该帐户是可用的,同时该帐户的服务商应该允许用户使用电子邮件客户端软件进行操作。

(2) 撰写与发送邮件

账号设置好后就可以收发电子邮件了,先试着给自己发送一封实验邮件,具体操作如下:① 启动 Outlook,单击"开始"选项卡|"新建电子邮件"按钮,如图 6-24 所示;② 在弹出的"创建新邮件"窗口中,输入收件人电子邮箱、主题、内容,单击"发送(S)"按钮即可完成新邮件的撰写与发送,如图 6-25 所示。

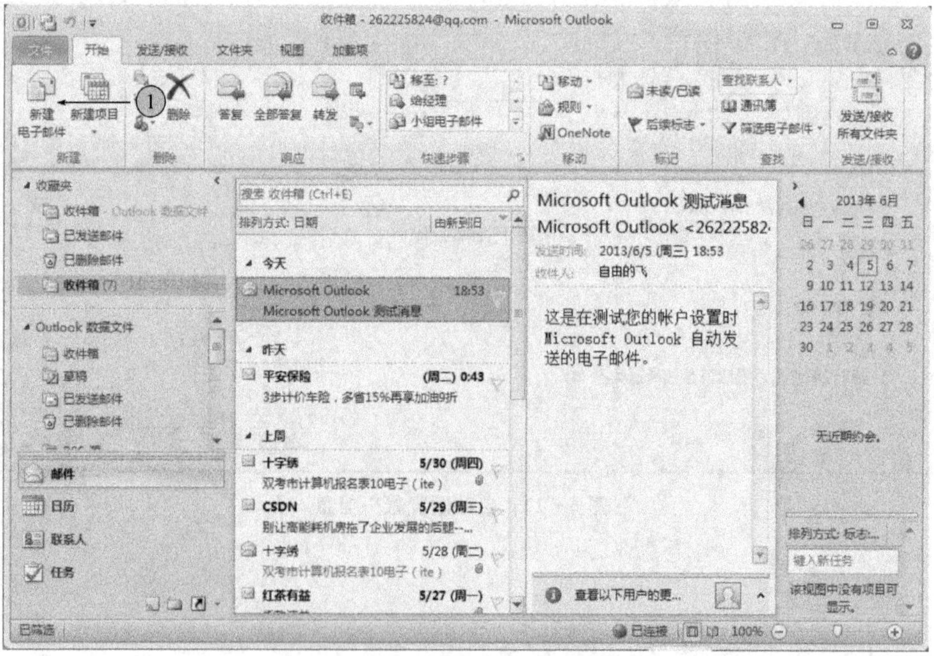

图 6-24　新建电子邮件

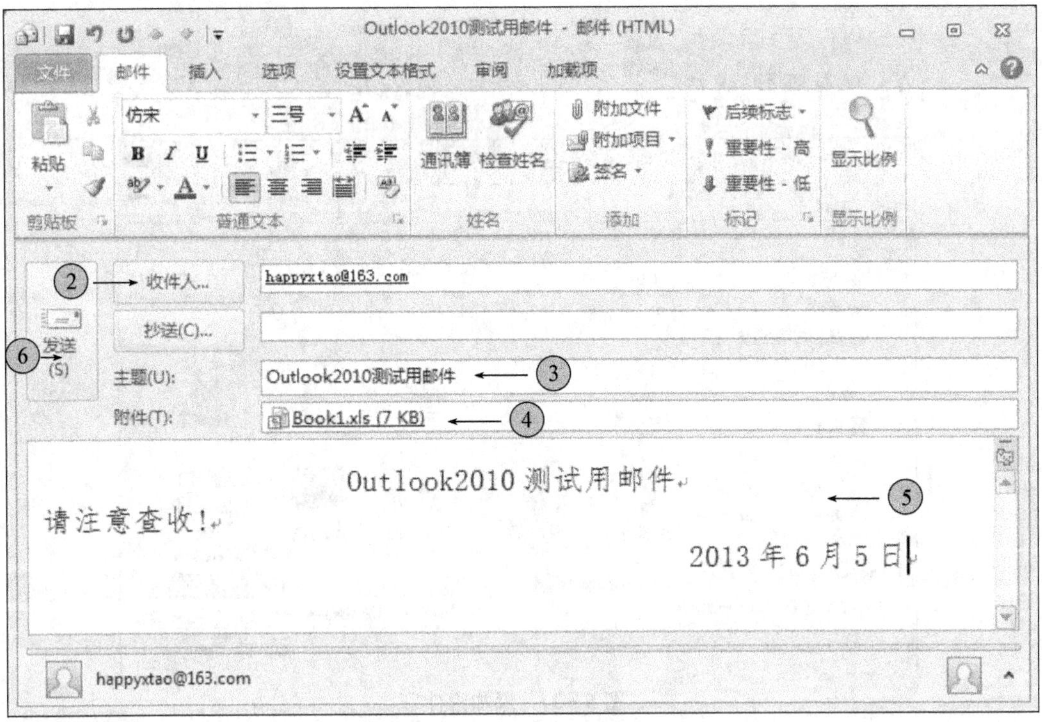

图 6-25　"新建电子邮件"窗口

注意:1. 如果已经将收件人邮箱添加到"通讯录",则可以单击"收件人…"按钮,在弹出的"联系"对话框中选择收件人,如图 6-26 所示;2. 在邮件的正文部分,可以像编辑 Word 文档一样,设置字体、字号、颜色等。

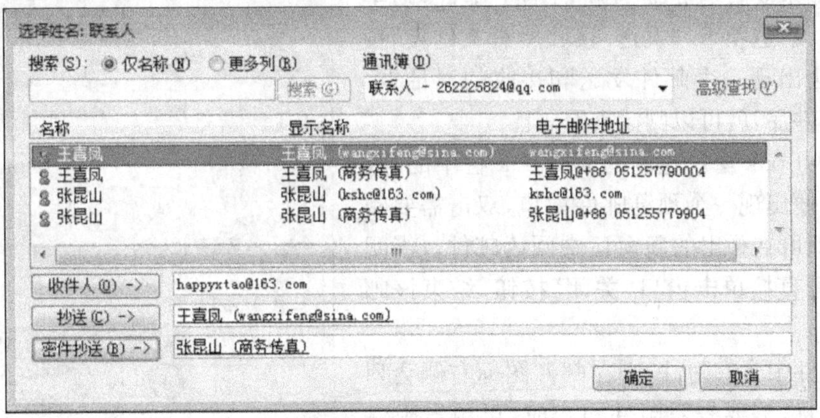

图 6-26　选择收件人

(3) 在电子邮件中插入附件

单击工具栏中"附加文件"按钮可在电子邮件中添加附件,Word 文档、数码照片、压缩包等均可作为附件,如图 6-27 所示。附件将和电子邮件一起发送到目的邮箱。

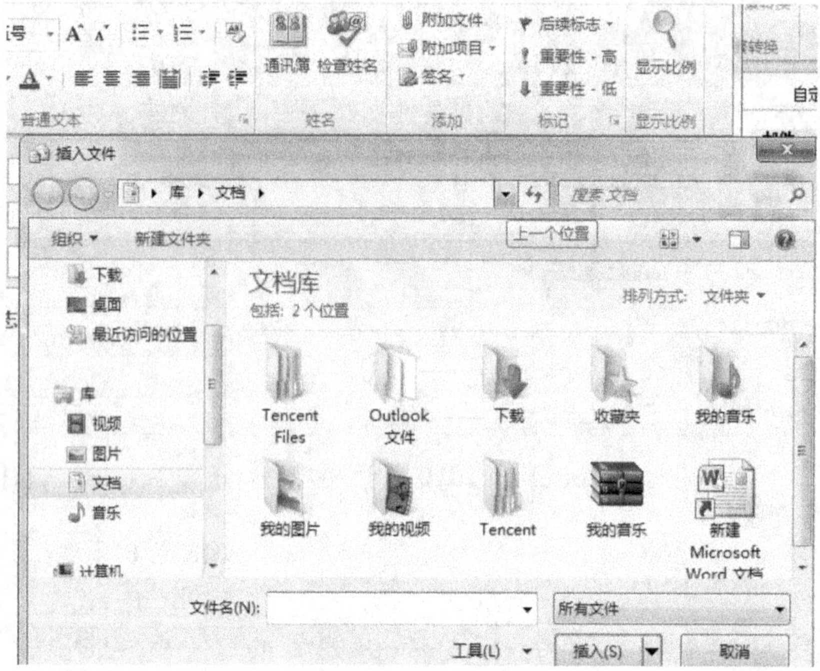

图 6-27 添加附件

另一种插入附件的简单方法:直接把文件拖曳到发送邮件的窗口上,就会自动插入为邮件的附件。

(4) 接收和阅读邮件

一般情况下,先连接到 Internet,然后启动 Outlook。如果要查看是否有新的电子邮件,则单击"发送/接收"选项卡|"发送/接收所有文件夹"按钮。此时,会出现一个邮件发送和接收的对话框,当下载完邮件后,就可以阅读查看了。

单击 Outlook 窗口左侧的 Outlook 栏中的"收件箱"按钮,便出现一个预览邮件窗口,双击需要阅读的邮件,即可在弹出的新窗口中阅读邮件。当阅读邮件后,可直接单击窗口"关闭"按钮,结束该邮件的阅读。

如果邮件中含有附件,则在邮件图标右侧会列出附件的名称,需要查看附件内容时,可单击附件名称,在 Outlook 中预览,如本例中的"个人信息.doc"。某些不是文档的文件无法在 Outlook 中预览,则可以双击打开。

如果要保存附件到另外的文件夹中,可鼠标右键单击文件名,在弹出菜单中选择"另存为"按钮,如图 6-28 所示;在打开的"保存附件"窗口中指定

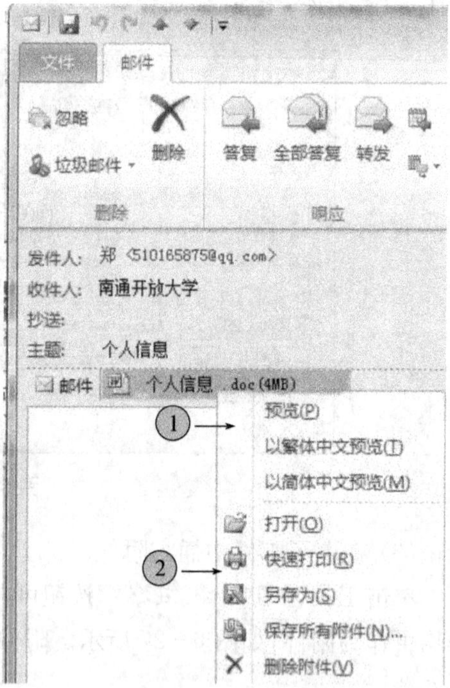

图 6-28 保存附件

保存路径，单击“保存”按钮即可。

（5）回复与转发邮件

阅读完一封邮件需要回复时，在如图 6－29 所示的邮件阅读窗口中单击“答复”或“全部答复”图标，弹出回信窗口，此时发件人和收件人的地址已由系统自动填好，原信件的内容也都显示出来作为引用内容。回信内容填好后，单击“发送”按钮，就可以完成邮件的回复。

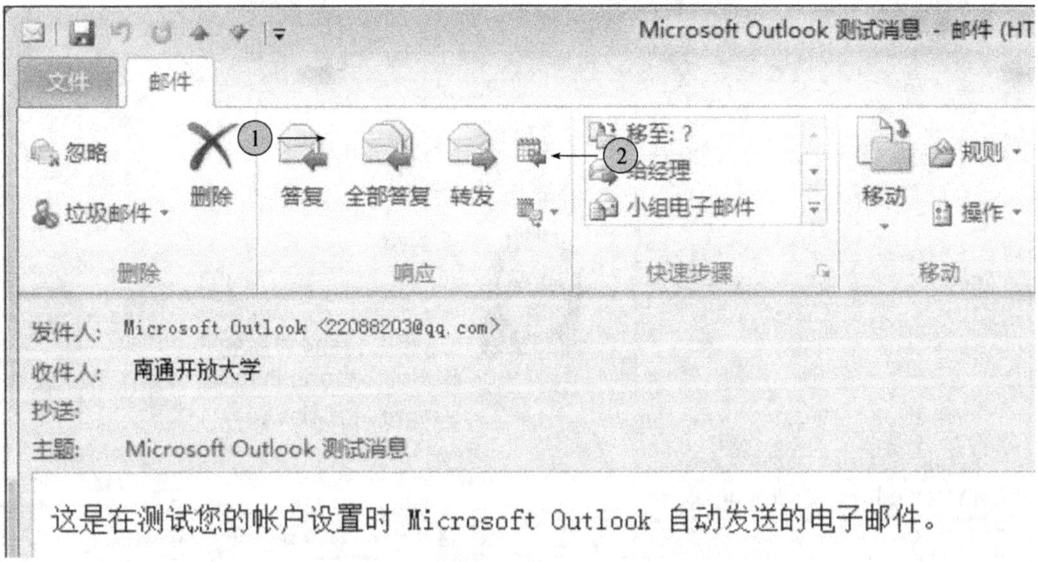

图 6－29　“答复”、“转发”邮件

如果觉得有必要让更多的人也阅读自己收到的这封信，例如用邮件发布的通知、文件等，就可以转发该邮件。在邮件阅读窗口上单击“转发”按钮，输入收件人地址，多个地址之间用逗号或分号隔开；必要时，可在待转发的邮件之下撰写附加信息；最后，单击“发送”按钮，即可完成邮件的转发。

（6）管理联系人

利用 Outlook 2010 的“联系人”列表，可以建立一些同事和亲朋好友的通讯簿，不仅能记录他们的电子邮件地址，还可以包括电话号码、联系地址和生日等各类资料，而且还可以自动填写电子邮件地址、电话拨号等功能。添加联系人信息的具体步骤如下：

单击“开始”选项卡|“联系人”按钮，打开联系人管理视图，如图 6－30 所示。可以在这个视图中看到已有的联系人名片，它显示了联系人的姓名、E-mail 等摘要信息。双击某个联系人的名片，即可打开详细信息查看或编辑。选中某个联系人名片，在功能区上单击“电子邮件”按钮，就可以给该联系人编写并发送邮件。

在功能区单击“新建联系人”，打开联系人资料填写窗口，如图 6－31 所示，联系人资料包括：姓氏、名字、单位、电子邮件、电话号码、地址以及头像等；将联系人的各项信息输入到相关选项卡的相应文本框中，并单击“保存并关闭”按钮，即可完成联系人信息的添加。

图 6-30　“联系人”信息

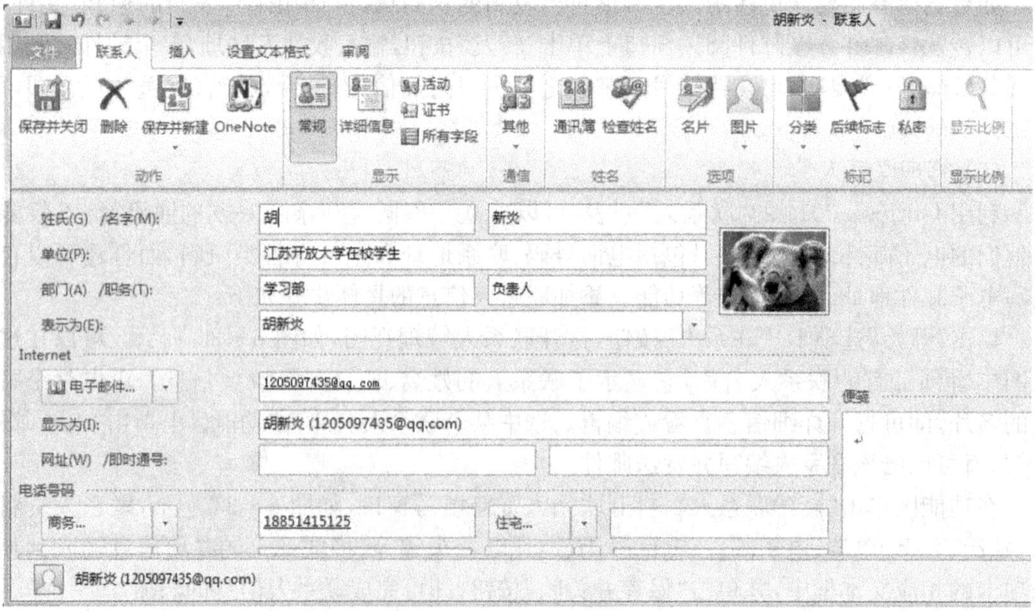

图 6-31　添加新联系人

6.3.4 课后习题

1. IE 浏览器收藏夹的作用是(　　)。
(A) 收集感兴趣的页面地址　(B) 记忆感兴趣的页面内容
(C) 收集感兴趣的文件内容　(D) 收集感兴趣的文件名
2. 关于电子邮件,下列说法中错误的是(　　)。
(A) 发件人必须有自己的 E-mail 账户　(B) 必须知道收件人的地址
(C) 收件人必须有自己的邮政编码　(D) 可以使用 Outlook 管理联系人信息
3. 关于使用 FTP 下载文件,下列说法中错误的是(　　)。
(A) FTP 即文件传输协议
(B) 登录 FTP 不需要账户和密码
(C) 可以使用专用的 FTP 客户端下载文件
(D) FTP 使用客户机/服务器模式工作
4. 关于流媒体技术,下列说法中错误的是(　　)。
(A) 流媒体技术可以实现边下载边播放
(B) 媒体文件全部下载完成才可以播放
(C) 流媒体可用于远程教育、在线直播等方面
(D) 流媒体格式包括.asf、.rm、.ra 等
5. 下列关于使用 FTP 下载文件的说法中错误的是(　　)。
(A) FTP 即文件传输协议
(B) 使用 FTP 协议在因特网上传输文件,这两台计算必须使用同样的操作系统
(C) 可以使用专用的 FTP 客户端下载文件
(D) FTP 使用客户/服务器模式工作
6. 下列关于电子邮件的叙述中,正确的是(　　)。
(A) 如果收件人的计算机没有打开时,发件人发来的电子邮件将丢失
(B) 如果收件人的计算机没有打开时,发件人发来的电子邮件将退回
(C) 如果收件人的计算机没有打开时,当收件人的计算机打开时再重发
(D) 发件人发来的电子邮件保存在收件人的电子邮箱中,收件人可随时接收

6.3.5 课堂实训

1. 某企业网站的主页地址是:http://www.allchinacom.com,打开主页,打开“企业管理”页面,并将它以 html 的格式保存到指定的目录下,命名为“ie9.htm”。

2. 使用“百度搜索”查找篮球运动员姚明的个人资料,将网页保存成文本文件“姚明个人资料.txt”

3. 使用 Outlook 2010 设置 E_mail 帐户,将 QQ 邮箱设置到 Outlook 中,设置完成后给同学的 QQ 邮箱发一封主题为“成功设置 QQ 邮箱”的电子邮件。

4. 向指导老师王老师发一个 E-mail,并将指定文件夹下的文本文件 sy.txt 作为附件一发出。

具体内容如下:

收件人:lwang@163.com

主题:实验报告

邮件内容:“王老师,实验报告初稿已完成,请审阅。”

【插入附件】在邮件中插入附件,附件地址为:素材文件夹\Excel 素材\附件.zip。

5. 使用 Outlook 2003 给张明(zhangming@sogou.com)发送邮件,插入附件“关于节日安排的通知.doc”,并使用密件抄送将此邮件发送给 benlinus@sohu.com,最后将其 E-mail 地址添加到 Outlook 联系人中。

6.4 计算机病毒及其防治

计算机病毒是一种特殊的程序,它能自我复制到其他程序体内,影响和破坏程序的正常执行和数据的正确性,或可非法入侵并隐藏在媒体中的引导部分、可执行程序或数据文件中,在一定条件下被激活,从而破坏计算机系统。《中华人民共和国计算机信息系统安全保护条例》将其定义为:“计算机病毒,是指编制或者在计算机程序中插入的破坏计算机功能或者破坏数据,影响计算机使用并且能够自我复制的一组计算机指令或者程序代码”。

6.4.1 计算机病毒的特征及分类

1. 计算机病毒的特征

寄生性。计算机病毒是一种特殊的寄生程序,不是一个通常意义下的完整的计算机程序。它是寄生在其他可执行的程序中的程序。因此,它能享有被寄生的程序所能得到的一切权利。

破坏性。病毒一旦被激活,可能破坏系统、删除或修改数据甚至格式化整个磁盘,它们或是破坏系统,或是破坏数据并使之无法恢复。

隐蔽性。大多数计算机病毒隐蔽在正常的可执行程序或数据文件里,不易被发现。

传染性。计算机病毒一旦进入计算机系统,随即寻找和修改别的程序,把自身的拷贝传染到其他未染毒的程序上。一传十,十传百,很快就能在单机系统或网络系统中扩散开来,传染性是病毒的基本特性。

潜伏性。计算机病毒可能会长时间潜伏在合法的程序中不发作,这期间,它可悄悄地感染流行而不被察觉,遇到一定条件,它就激活其攻击机制开始进行破坏,这称为病毒发作。

2. 计算机病毒的分类

计算机病毒的分类方法很多,按计算机病毒的感染方式,可以分为如下五类:

引导区型病毒。通过读取 U 盘、光盘及各种移动存储介质感染引导区型病毒,感染硬盘的主引导记录,当硬盘主引导记录感染病毒后,病毒就企图感染每个插入计算机进行读写的移动盘的引导区。这类病毒常常将其病毒程序替代成主引导区中的系统程序。引导区病毒总是先于系统文件装入内存储器,获得控制权并进行传染和破坏。

文件型病毒。这类病毒主要感染扩展名为.COM、.EXE、.DRV、.BIN、.SYS 等可执行文件。通常寄生在文件的首部或尾部,并修改程序的第一条指令。当染毒程序执行时就先跳转去执行病毒程序,进行传染和破坏。这类病毒只有当带毒程序执行时才能进入内存,一旦符合激发条件就发作。

混合型病毒。这类病毒既传染磁盘的引导区,也传染可执行文件,兼有上述两类病毒的特点。混合型病毒综合系统型和文件型病毒的特性,它的“性情”也就比系统型和文件型病毒更为"凶残"。这种病毒通过这两种方式来传染,更增加了病毒的传染性以及存活率。不管以哪种方式传染,只要是中毒,就会经开机或执行程序而感染其他的磁盘或文件,此种病毒也是最难杀灭的。

宏病毒。开发宏可以让工作变得简单、高效。然而,黑客利用了宏具有的良好扩展性编制寄存在 Microsoft Office 文档或模板的宏中的病毒。它只感染 Microsoft Word 文档(DOC),和模板文件(DOT),与操作系统没有特别的关联。它们大多以 Visual Basic 或 Word 提供的宏程序语言编写,比较容易制造。它能通过 E-mail 下载 Word 文档附件等途径蔓延。

Internet 病毒(网络病毒)。Internet 病毒大多是通过 E-Mail 传播的。黑客是危害计算机系统的源头之一,"黑客"利用通信软件,通过网络非法进入他人的计算机系统,截取或篡改数据,危害信息安全。

如果网络用户收到来历不明的 E-mail,不小心执行了附带的"黑客程序",该用户的计算机系统就会被偷偷修改注册表信息,"黑客程序"也会悄悄地隐藏在系统中。当用户运行 Windows 时,"黑客程序"会驻留在内存中,一旦该计算机连入网络,外界的"黑客"就可以监控该计算机。

6.4.2　计算机病毒的预防

计算机感染病毒后,用反病毒软件检测和消除病毒是被迫的处理措施。况且已经发现相当多的病毒在感染之后会永久性地破坏被感染程序,如果没有备份将不易恢复。所以,我们要有针对性的防范。所谓防范,是指通过合理、有效的防范体系及时发现计算机病毒的侵入,并能采取有效的手段阻止病毒的破坏和传播,保护系统和数据安全。

计算机病毒主要通过移动存储介质(如 U 盘、移动硬盘)和计算机网络两大途径进行传播。人们从工作实践中总结出一些预防计算机病毒的简易可行的措施,这些措施实际上是要求用户养成良好的使用计算机的习惯,具体归纳如下。

1. 安装有效的杀毒软件并根据实际需求进行安全设置。同时,定期升级杀毒软件并经全盘查毒、杀毒。使用新的计算机系统或软件时,要先杀毒后使用;

2. 扫描系统漏洞,及时更新系统补丁。

3. 注意对系统文件、重要可执行文件和数据进行写保护,各类数据、文档和程序应分类备份保存。

4. 遇到来历不明的程序或数据,尽量使用具有查毒功能的电子邮箱,不轻易打开来历不明的电子邮件,浏览网页、下载文件时要选择正规的网站。

5. 有效管理系统内建的 Administrator 账户、Guest 账户以及用户创建的账户,包括密码理、权限管理等。

6. 禁用远程功能,关闭不需要的服务。

7. 修改 IE 浏览器中与安全相关的设置。

8. 备份系统和参数,建立系统的应急计划等。

6.4.3　课后习题

1. 计算机病毒实际上是(　　)。

(A) 一个完整的小程序

(B) 一个有逻辑错误的小程序

(C) 一段寄生在其他程序上的通过自我复制进行传染的，破坏计算机功能和数据的特殊程序

(D) 微生物病毒

2. 下列关于计算机病毒的叙述中，正确的是(　　)。

(A) 所有计算机病毒只在可执行文件中传染

(B) 计算机病毒可通过读写移动硬盘或 Internet 网络进行传播

(C) 只要把带病毒的 U 盘设置成只读状态，那么此盘上的病毒就不会因读盘而传染给另一台计算机

(D) 清除病毒的最简单的方法是删除已感染病毒的文件

3. 下列关于计算机病毒的叙述中，正确的是(　　)。

(A) 反病毒软件可以查、杀任何种类的病毒

(B) 计算机病毒是一种被破坏了的程序

(C) 反病毒软件必须随着新病毒的出现而升级，提高查、杀病毒的功能

(D) 感染过计算机病毒的计算机具有对该病毒的免疫性

4. 下列选项中，不属于计算机病毒特征的是(　　)。

(A) 破坏性　　(B) 潜伏性　　(C)传染性　　(D) 免疫性

5. 计算机病毒是指“能够侵入计算机系统并在计算机系统中潜伏、传播，破坏系统正常工作的一种具有繁殖能力的(　　)”。

(A) 流行性感冒病毒　(B) 特殊小程序　(C) 特殊微生物　(D) 源程序

第 7 章　考试环境及考试指导

全国计算机等级考试系统在中文版 Windows 7 系统环境下运行，用来测试考生在 Windows 的环境下进行系统操作、文字处理、电子表格、演示文稿、汉字录入、选择题（计算机基础知识、微型计算机系统组成、计算机网络的基础）以及上网操作的技能和水平。

1. 考试环境

(1) 硬件环境

CPU：3 G 或以上。

内存：2 GB 或以上。

显示卡：支持 DirectX9。

硬盘剩余空间：10 GB 或以上。

(2) 软件环境

教育部考试中心提供上机考试系统软件。

操作系统：中文版 Windows 7。

浏览器软件：中文版 Microsoft IE 8.0。

办公软件：中文版 Microsoft Office 2010（包括 Outlook 2010）并选择典型安装。

汉字输入软件：考点应具备全拼、双拼、五笔字型汉字输入法。其他输入法如表形码、郑码、钱码也可挂接。如考生有其他特殊要求，考点可挂接测试，如无异常应允许使用。

2. 考试时间

全国计算机等级考试一级计算机基础 MS Office 应用上机考试时间定为 90 分钟。考试时间由上机考试系统自动进行计时，提前 5 分钟自动报警来提醒考生应及时存盘，考试时间用完，上机考试系统将自动锁定计算机，考生将不能再继续考试。

一级计算机基础及 MS Office 应用中只有汉字录入考试具有时间限制，必须在 10 分钟内完成，汉字录入系统自动计时，到时后自动存盘退出，此时考生不能再继续进行汉字录入考试。

3. 考试题型和分值

全国计算机等级考试一级计算机基础及 MS Office 应用上机考试试卷满分为 100 分，共有七种类型考题。

(1) 选择题（20 分）

(2) Windows 基本操作题（10 分）

(3) 字处理题（25 分）

(4) 电子表格题（20 分）

(5) 演示文稿题（15 分）

(6) 上网题（10 分）

4. 考试登录

在系统启动后，出现登录过程。在登录界面中，考生需要输入自己的准考证号，并需要核对身份证号和姓名的一致性。登录信息确认无误后,系统会自动随机地为考生抽取试题。

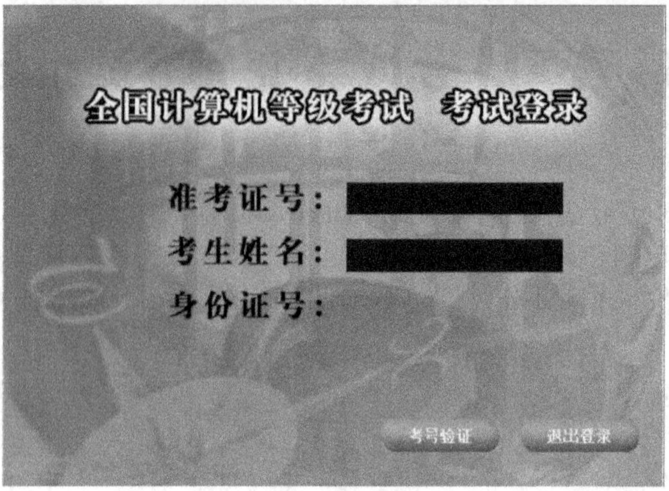

图 7-1 登录首页

当上机考试系统抽取试题成功后,在屏幕上会显示上机考试考生须知信息。考生按"开始答题并计时"按钮开始考试并进行计时。

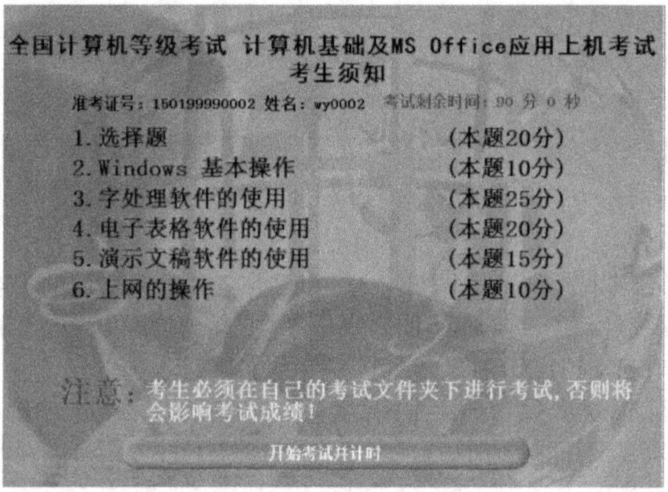

图 7-2 考试须知

如果出现需要密码登录信息,则根据具体情况由监考老师来输入密码。

5. 试题内容查阅工具

(1) 试题内容查阅

在系统登录完成以后,系统为考生抽取一套完整的试题。系统环境也有了一定的变化,上机考试系统将自动在屏幕中间生成装载试题内容查阅工具的考试窗口,并在屏幕顶部始终显示着考生的准考证号、姓名、考试剩余时间以及可以随时显示或隐藏试题内容查阅工具和退出考试系统进行交卷的按钮的窗口,对于最左面的"显示窗口"字符表示屏幕中间的考试窗口正被隐藏着,当用鼠标点击"显示窗口"字符时,屏幕中间就会显示考试窗口,且"显示窗口"字符变成"隐藏窗口"。

在考试窗口中单击“基本操作”、“汉字录入”、“字处理”、“电子表格”、“演示文稿”、“上网”和“选择题”按钮，可以分别查看各个题型的题目要求。

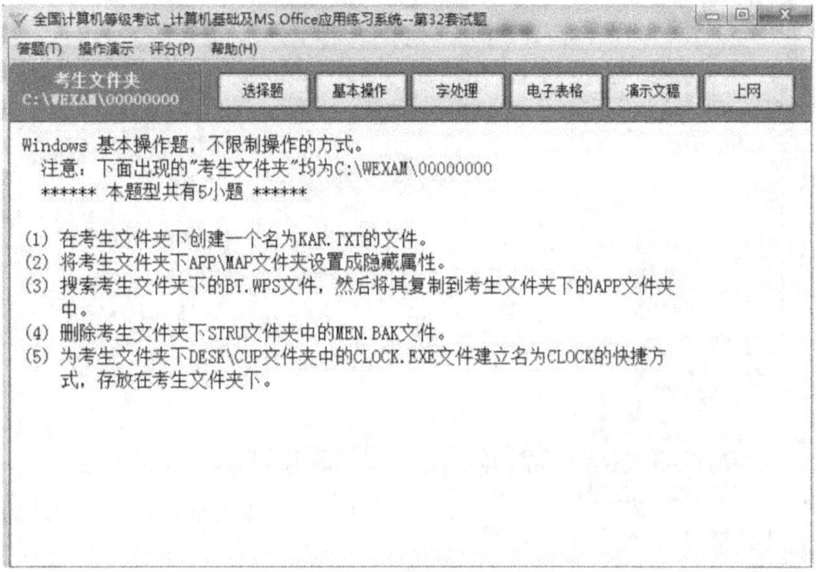

图 7-3　试题主窗口

当试题内容查阅窗口中显示上下或左右滚动条时，表明该试题查阅窗口中试题内容不能完全显示，因此考生可用鼠标的箭头光标键并按鼠标的左键进行移动显示余下的试题内容，防止漏做试题从而影响考生考试成绩。

系统登录后，它还启动了另一个后台执行程序 Fzxt.exe，并且以“等级考试服务器”为名称显示在任务栏上，当考试系统正常退出时它也会正常退出，在考试过程中，不能关闭这个后台执行程序 Fzxt.exe，否则会影响考生的上网试题的分数。

(2) 各种题型的测试方法

全国计算机等级考试一级计算机基础及 MS Office 应用上机考试系统提供了开放式的考试环境，考生可以在中文版 Windows XP 操作系统环境下自由地使用各种应用软件系统或工具，它的主要功能是答题的执行、控制上机考试时间以及试题内容查阅。

针对于不同的测试题型，需要在不同的软件环境中的完成。考试界面也提供了不同的测试入口。

① 选择题

当考生系统登录成功后，请在试题内容查阅窗口的“答题”菜单上选择“选择题”命令，考试系统将自动进入选择题考试界面，再根据试题内容的要求进行操作。选择题都是四选一的单项选择题，如要选 A)、B)、C)或 D)中的某一项，可以对该选项进行点击，使选项前的小圆点中有一个黑点即为选中。如要修改已选的选项，可以重新点击正确的选项，即改变了原有的选项。在屏幕的下方有一排数字是提示考生哪些题没做，哪些题已做，其红色数字表示没有答题，蓝色数字表示已经答题。在答题过程中，当考生由一题切换到另一题时该系统具有自动存盘功能(选择题只能进去操作一次，不可以重复进入)。

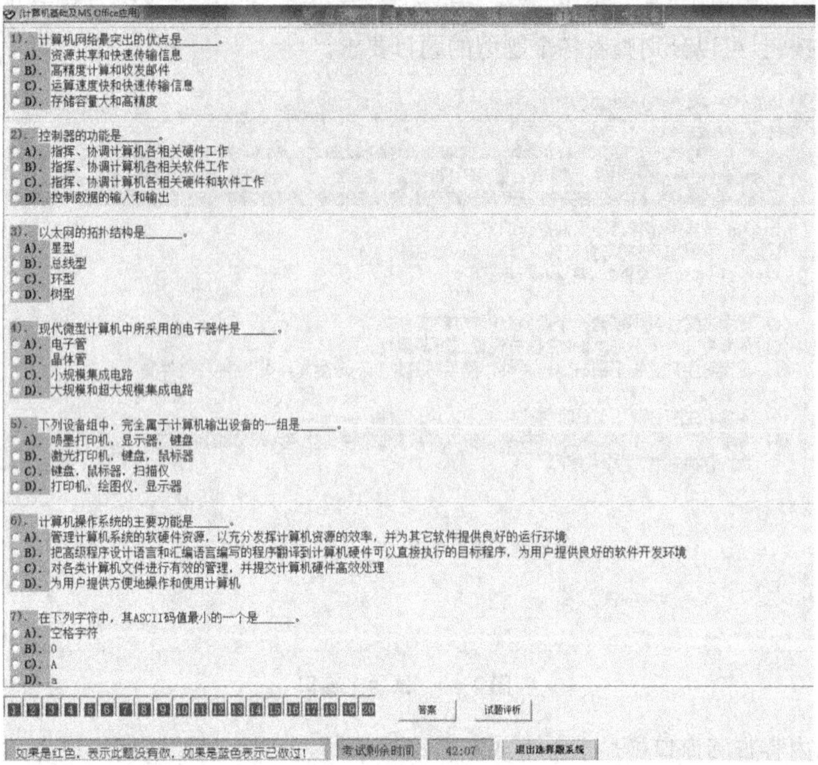

图 7-4 选择题

② 基本操作题

基本操作题包括以下内容：

a. 文件夹的创建

b. 文件(文件夹)的拷贝

c. 文件(文件夹)的移动

d. 文件(文件夹)的更名

e. 文件(文件夹)属性设置

f. 文件(文件夹)的删除

要完成上机考试的基本操作题，可以使用 Windows 提供的各种可以操作文件和文件夹的工具，如资源管理器、文件夹窗口等。但是在完成要求的题目时，要特别注意一个基本概念：考生文件夹，上机考试的大部分数据存储在这个文件夹中。考生不得随意更改其中的内容，而且，有些题目要使用这个概念来完成。

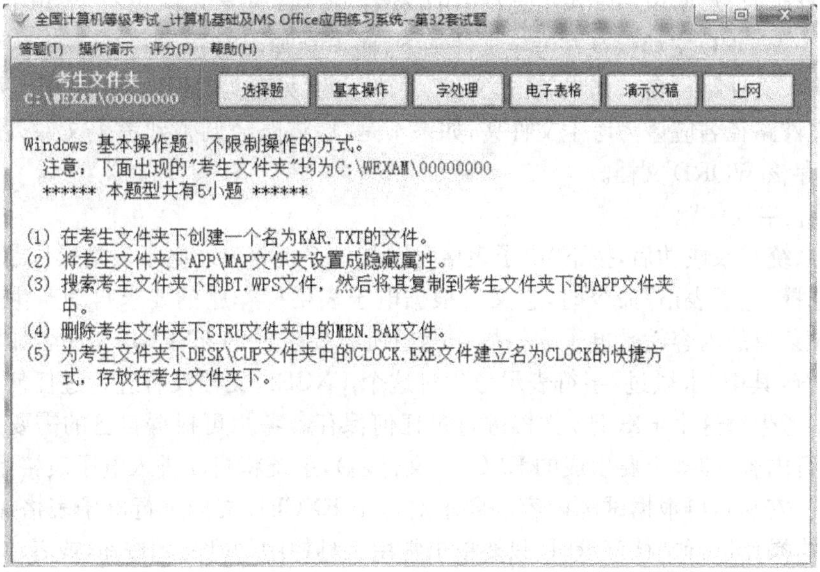

图 7－5　基本操作题

③ 字处理操作题

当考生系统登录成功后，按下“字处理”按钮时，系统将显示字处理操作题，此时在“答题”菜单上选择“字处理”命令时，它又会根据字处理操作题的要求自动产生一个下拉菜单，这个下拉菜单的内容就是字处理操作题中所有要生成的 WORD 文件名加“未做过”或“已做过”字符，其中“未做过”字符表示考生对这个 WORD 文档没有进行过任何保存；“已做过”字符表示考生对这个 WORD 文档进行过任何保存。考生可根据自己的需要点击这个下拉菜单的某行内容(即某个要生成的 WORD 文件名)，系统将自动进入字处理系统(字处理系统事先已安装)，再根据试题内容的要求对这个 WORD 文档进行文字处理操作，并且当完成文字处理操

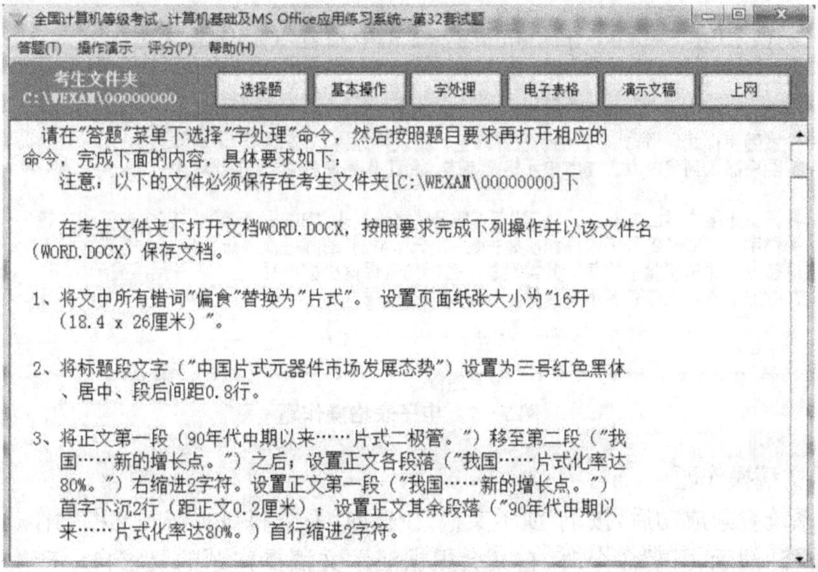

图 7－6　字处理操作题

作进行文档存盘时，只要单击常用工具栏中的[保存]按钮，或者单击“文件”菜单下的“保存”按钮即可将这个 WORD 文档保存在考生文件夹下，而不会弹出“另存为”对话框，因为是同名保存，无需再输入文件路径名。如果单击“文件”菜单下的“另存为”按钮，则会弹出“另存为”对话框，这时的文件路径名应该为考生文件夹，如果不是，请将路径调整到考生文件夹后按[保存]按钮即可保存该 WORD 文档。

④ 电子表格操作题

当考生系统登录成功后，按下“电子表格”按钮时，系统将显示电子表格操作题，此时在“答题”菜单上选择“电子表格”命令时，它又会根据电子表格操作题的要求自动产生一个下拉菜单，这个下拉菜单的内容就是电子表格操作题中所有要生成的 EXCEL 文件名加“未做过”或“已做过”字符，其中“未做过”字符表示考生对这个 EXCEL 文档没有进行过任何保存；“已做过”字符表示考生对这个 EXCEL 文档进行过任何保存。考生可根据自己的需要点击这个下拉菜单的某行内容(即某个要生成的 EXCEL 文件名)，系统将自动进入电子表格系统(电子表格系统事先已安装)，再根据试题内容的要求对这个 EXCEL 文档进行电子表格操作，并且当完成电子表格操作进行文档存盘时，只要单击常用工具栏中的[保存]按钮，或者单击“文件”菜单下的“保存”按钮即可将这个 EXCEL 文档保存在考生文件夹下，而不会弹出“另存为”对话框，因为是同名保存，无需再输入文件路径名。如果单击“文件”菜单下的“另存为”按钮，则会弹出“另存为”对话框，这时的文件路径名应该为考生文件夹，如果不是，请将路径调整到考生文件夹后按[保存]按钮即可保存该 EXCEL 文档。

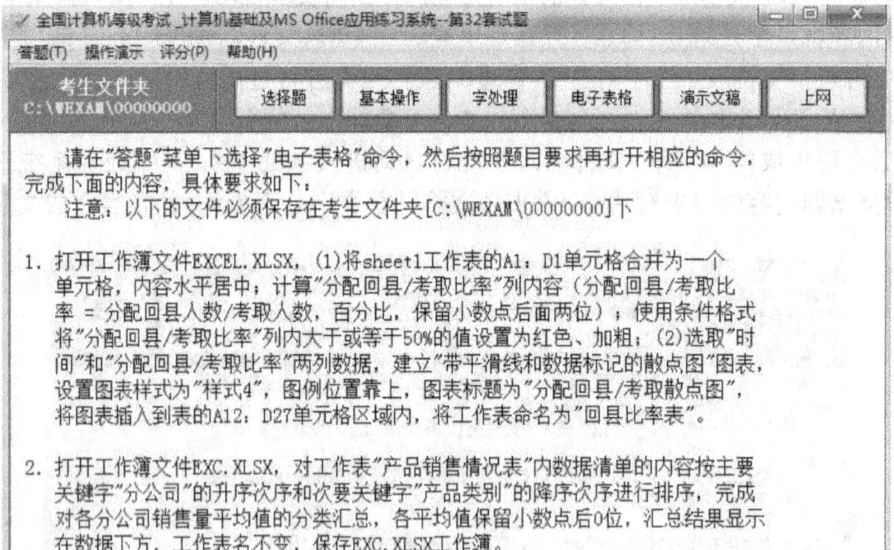

图 7-7　电子表格操作题

⑤ 演示文稿操作题

当考生系统登录成功后，按下“演示文稿”按钮时，系统将显示演示文稿操作题，此时在“答题”菜单上选择“演示文稿”命令时，它又会根据演示文稿操作题的要求自动产生一个下拉菜单，这个下拉菜单的内容就是演示文稿操作题中所有要生成的 PPT 文件名加“未做过”或“已做过”字符，其中“未做过”字符表示考生对这个 PPT 文档没有进行过任何保存；“已做过”字符表示考生对这个 PPT 文档进行过任何保存。考生可根据自己的需要点击这个下拉菜单的某行内容(即某个要生成的 PPT 文件名),系统将自动进入演示文稿系统(演示文稿系统事先已安装),再根据试题内容的要求对这个 PPT 文档进行演示文稿操作,并且当完成演示文稿操作进行文档存盘时,只要单击常用工具栏中的[保存]按钮,或者单击“文件”菜单下的“保存”按钮即可将这个 PPT 文档保存在考生文件夹下,而不会弹出“另存为”对话框,因为是同名保存,无需再输入文件路径名。如果单击“文件”菜单下的“另存为”按钮,则会弹出“另存为”对话框,这时的文件路径名应该为考生文件夹,如果不是,请将路径调整到考生文件夹后按[保存]按钮即可保存该 PPT 文档。

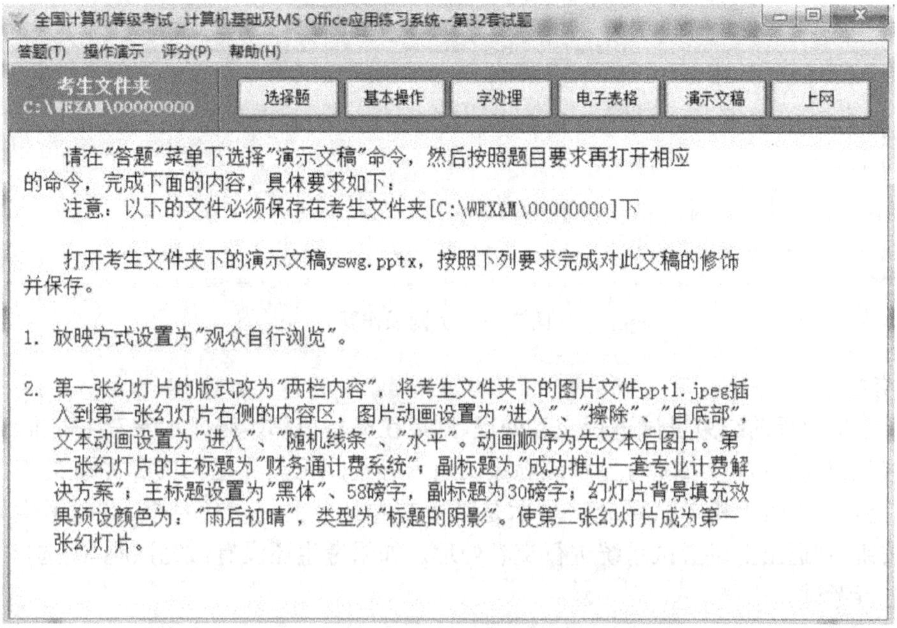

图 7-8　演示文稿操作题

⑥ 上网操作题

当考生系统登录成功后,如果上网操作题中有浏览页面的题目,请在试题内容查阅窗口的“答题”菜单上选择“上网”→“Internet Explorer”命令,打开 IE 浏览器后就可以根据题目要求完成浏览页面的操作。

如果上网操作题中有收发电子信箱的题目,请在试题内容查阅窗口的“答题”菜单上选择“上网”→“Outlook”命令,打开 Outlook 2010 后就可以根据题目要求完成收发电子信箱的操作。

注意:考试过程中必须将计算机的杀病毒软件的邮件监控,网页监控关掉。IIS 和邮件服务器关掉。

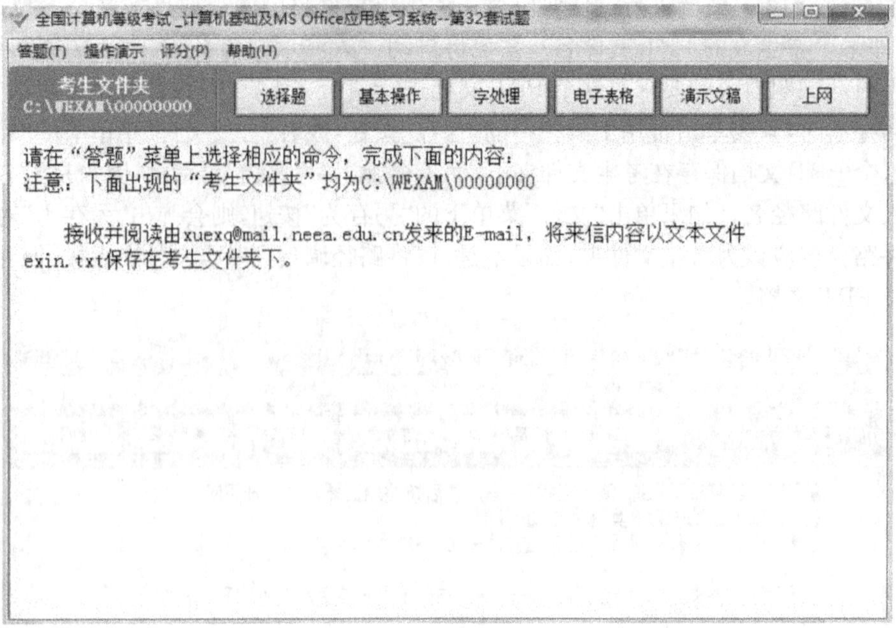

图 7－9 上网操作题

⑦ 交卷

如果考生要提前结束考试进行交卷处理，则请在屏幕顶部始终显示着考生的准考证号、姓名、考试剩余时间以及可以随时显示或隐藏试题内容查阅工具和退出考试系统的按钮的窗口中选择“交卷”按钮，上机考试系统将显示是否要交卷处理的提示信息框，此时考生如果选择“确定”按钮，则退出上机考试系统进行交卷处理。如果考生还没有做完试题，则选择“取消”按钮继续进行考试。

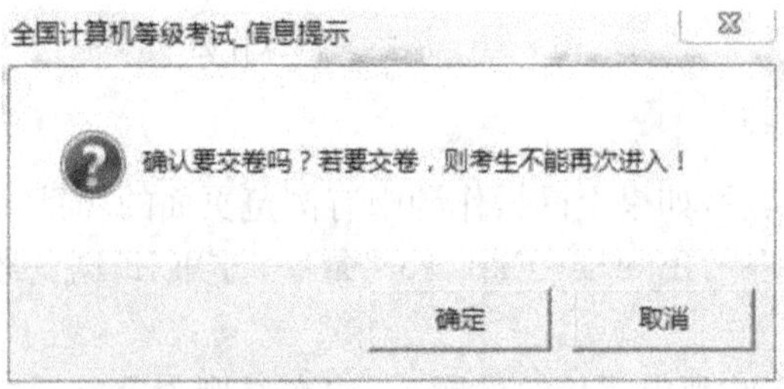

图 7－10 交卷

如果进行交卷处理，系统首先锁住屏幕，并显示“系统正在进行交卷处理，请稍候!”，当系统完成了交卷处理，会在屏幕上显示“交卷正常，请输入结束密码:”或“交卷异常，请输入结束密码”。

6. 考生文件夹

当考生登录成功后，上机考试系统将会自动产生一个考生考试文件夹，该文件夹将存放该考生所有上机考试的考试内容以及答题过程，因此考生不能随意删除该文件夹以及该文件夹下与考试内容有关的文件及文件夹，避免在考试和评分时产生错误，从而导致影响考生的考试成绩。

假设考生登录的准考证号为 1501999999880001，则上机考试系统生成的考生文件夹将存放到 K 盘根目录下的用户目录文件夹下，即考生文件夹为 K:\用户目录文件夹\15880001。考生在考试过程中所有操作都不能脱离上机系统生成的考生文件夹，否则将会直接影响考生的考试成绩。

在考试界面的菜单栏下，左边的区域可显示出考生文件夹路径。

全国计算机等级考试一级
(计算机基础及 MS OFFICE)
考试大纲(2013 年版)

基本要求

1. 具有使用微型计算机的基础知识(包括计算机病毒的防治常识)。
2. 了解微型计算机系统的组成和各组成部分的功能。
3. 了解操作系统的基本功能和作用,掌握 Windows 的基本操作和应用。
4. 了解文字处理的基本知识,熟练掌握文字处理软件 MS Word 的基本操作和应用,熟练掌握一种汉字(键盘)输入方法。
5. 了解电子表格软件的基本知识,掌握电子表格软件 Excel 的基本操作和应用。
6. 了解多媒体演示软件的基本知识,掌握演示文稿制作软件 PowerPoint 的基本操作和应用。
7. 了解计算机网络的基本概念和因特网(Internet)的初步知识,掌握 IE 浏览器软件和 Outlook Express 软件的基本操作和使用。

考试内容

一、计算机基础知识

1. 计算机的发展、类型及其应用领域。
2. 计算机中数据的表示、存储和处理。
3. 多媒体技术的概念与应用。
4. 计算机病毒的概念、特征、分类与防治。
5. 计算机网络的概念、组成和分类;计算机与网络信息安全的概念和防控。
6. 因特网网络服务的概念、原理和应用。

二、操作系统的功能和使用

1. 计算机软、硬件系统的组成及主要技术指标。
2. 操作系统的基本概念、功能、组成和分类。
3. Windows 操作系统的基本概念和常用术语,文件、文件夹、库等。
4. Windows 操作系统的基本操作和应用:

(1) 桌面外观的设置,基本的网络配置。

(2) 熟练掌握资源管理器的操作与应用。

(3) 掌握文件、磁盘、显示属性的查看、设置等操作。

(4) 中文输入法的安装、删除和选用。

(5) 掌握检索文件、查询程序的方法。

(6) 了解软、硬件的基本系统工具。

三、文字处理软件的功能和使用

1. Word 的基本概念,Word 的基本功能和运行环境,Word 的启动和退出。

2. 文档的创建、打开、输入、保存等基本操作。

3. 文本的选定、插入与删除、复制与移动、查找与替换等基本编辑技术;多窗口和多文档的编辑。

4. 字体格式设置、段落格式设置、文档页面设置、文档背景设置和文档分栏等基本排版技术。

5. 表格的创建、修改;表格的修饰;表格中数据的输入与编辑;数据的排序和计算。

6. 图形和图片的插入;图形的建立和编辑;文本框、艺术字的使用和编辑。

7. 文档的保护和打印。

四、电子表格软件的功能和使用

1. 电子表格的基本概念和基本功能,Excel 的基本功能、运行环境、启动和退出。

2. 工作簿和工作表的基本概念和基本操作,工和簿和工作表的建立、保存和退出;数据输入和编辑;工作表和单元格的选定、插入、删除、复制、移动;工作表的重命名和工作表窗口的拆分和冻结。

3. 工作表的格式化,包括设置单元格格式、设置列宽和行高、设置条件格式、使用样式、自动套用模式和使用模板等。

4. 单元格绝对地址和相对地址的概念,工作表中公式的输入和复制,常用函数的使用。

5. 图表的建立、编辑和修改以及修饰。

6. 数据清单的概念,数据清单的建立,数据清单内容的排序、筛选、分类汇总,数据合并,数据透视表的建立。

7. 工作表的页面设置、打印预览和打印,工作表中链接的建立。

8. 保护和隐藏工作簿和工作表。

五、电子演示文稿制作软件的功能和使用

1. 中文 PowerPoint 的功能、运行环境、启动和退出。

2. 演示文稿的创建、打开、关闭和保存。

3. 演示文稿视图的使用,幻灯片基本操作(版式、插入、移动、复制和删除)。

4. 幻灯片基本制作(文本、图片、艺术字、形状、表格等插入及其格式化)。

5. 演示文稿主题选用与幻灯片背景设置。

6. 演示文稿放映设计(动画设计、放映方式、切换效果)。

7. 演示文稿的打包和打印。

六、因特网(Internet)的初步知识和应用

1. 了解计算机网络的基本概念和因特网基础知识,主要包括网络硬件和软件,TCP/IP 协议的工作原理,以及网络应用中常见的概念,如域名、IP 地址、DNS 服务等。

2. 能够熟练掌握浏览器、电子邮件的使用和操作。

考试方式

1. 采用无纸化考试,上机操作。考试时间为 90 分钟。

2. 软件环境:Windows 7 操作系统,Microsoft Office 2010 办公软件。

3. 在指定时间内,完成下列各项操作:

(1) 选择题(计算机基础知识和计算机网络的基本知识)(20 分)。

(2) Windows 操作系统的使用(10 分)。

(3) 字处理操作(25 分)。

(4) Excel 操作(20 分)。

(5) PowerPoint 操作(15 分)。

(6) 浏览器(IE)的简单使用和电子邮件收发(10 分)。

全国计算机等级考试一级
（计算机基础及 MS OFFICE）
试题样例

一、选择题（20 分）

1. 计算机网络最突出的优点是________。
   A. 资源共享和快速传输信息　　B. 高精度计算和收发邮件
   C. 运算速度快和快速传输信息　　D. 存储容量大和高精度
2. 控制器的功能是________。
   A. 指挥、协调计算机各相关硬件工作
   B. 指挥、协调计算机各相关软件工作
   C. 指挥、协调计算机各相关硬件和软件工作
   D. 控制数据的输入和输出
3. 以太网的拓扑结构是________。
   A. 星型　　B. 总线型　　C. 环型　　D. 树型
4. 现代微型计算机中所采用的电子器件是________。
   A. 电子管　　B. 晶体管
   C. 小规模集成电路　　D. 大规模和超大规模集成电路
5. 下列设备组中，完全属于计算机输出设备的一组是________。
   A. 喷墨打印机，显示器，键盘　　B. 激光打印机，键盘，鼠标器
   C. 键盘，鼠标器，扫描仪　　D. 打印机，绘图仪，显示器
6. 计算机操作系统的主要功能是________。
   A. 管理计算机系统的软硬件资源，以充分发挥计算机资源的效率，并为其它软件提供良好的运行环境
   B. 把高级程序设计语言和汇编语言编写的程序翻译到计算机硬件可以直接执行的目标程序，为用户提供良好的软件开发环境
   C. 对各类计算机文件进行有效的管理，并提交计算机硬件高效处理
   D. 为用户提供方便地操作和使用计算机
7. 在下列字符中，其 ASCII 码值最小的一个是________。
   A. 空格字符　　B. 0　　C. A　　D. a
8. 计算机软件的确切含义是________。
   A. 计算机程序、数据与相应文档的总称
   B. 系统软件与应用软件的总和
   C. 操作系统、数据库管理软件与应用软件的总和
   D. 各类应用软件的总称

9. 下列叙述中,错误的是________。
   A. 计算机系统由硬件系统和软件系统组成
   B. 计算机软件由各类应用软件组成
   C. CPU 主要由运算器和控制器组成
   D. 计算机主机由 CPU 和内存储器组成
10. 造成计算机中存储数据丢失的原因主要是________。
   A. 病毒侵蚀、人为窃取　　B. 计算机电磁辐射
   C. 计算机存储器硬件损坏　　D. 以上全部
11. 在计算机指令中,规定其所执行操作功能的部分称为________。
   A. 地址码　　B. 源操作数　　C. 操作数　　D. 操作码
12. 下列关于计算机病毒的说法中,正确的是________。
   A. 计算机病毒是对计算机操作人员身体有害的生物病毒
   B. 计算机病毒发作后,将造成计算机硬件永久性的物理损坏
   C. 计算机病毒是一种通过自我复制进行传染的、破坏计算机程序和数据的小程序
   D. 计算机病毒是一种有逻辑错误的程序
13. 度量计算机运算速度常用的单位是________。
   A. MIPS　　B. MHz　　C. MB/s　　D. Mbps
14. 上网需要在计算机上安装________。
   A. 数据库管理软件　　B. 视频播放软件
   C. 浏览器软件　　D. 网络游戏软件
15. 下列关于计算机病毒的叙述中,正确的是________。
   A. 反病毒软件可以查、杀任何种类的病毒
   B. 计算机病毒发作后,将对计算机硬件造成永久性的物理损坏
   C. 反病毒软件必须随着新病毒的出现而升级,增强查、杀病毒的功能
   D. 感染过计算机病毒的计算机
16. 用高级程序设计语言编写的程序________。
   A. 计算机能直接执行　　B. 具有良好的可读性和可移植性
   C. 执行效率高　　D. 依赖于具体机器
17. 蠕虫病毒属于________。
   A. 宏病毒　　B. 网络病毒　　C. 混合型病毒　　D. 文件型病毒
18. ROM 中的信息是________。
   A. 由计算机制造厂预先写入的
   B. 在系统安装时写入的
   C. 根据用户的需求,由用户随时写入的
   D. 由程序临时存入的
19. 五笔字型汉字输入法的编码属于________。
   A. 音码　　B. 形声码　　C. 区位码　　D. 形码
20. 如果在一个非零无符号二进制整数之后添加一个 0,则此数的值为原数的________。
   A. 10 倍　　B. 2 倍　　C. 1/2　　D. 1/10

二、Windows 操作系统的使用(10 分)

(1) 在考生文件夹下创建一个名为 KAR.TXT 的文件。

(2) 将考生文件夹下 APP\\MAP 文件夹设置成隐藏属性。

(3) 搜索考生文件夹下的 BT.WPS 文件,然后将其复制到考生文件夹下的 APP 文件夹中。

(4) 删除考生文件夹下 STRU 文件夹中的 MEN.BAK 文件。

(5) 为考生文件夹下 DESK\\CUP 文件夹中的 CLOCK.EXE 文件建立名为 CLOCK 的快捷方式,存放在考生文件夹下。

三、字处理操作(25 分)

1. 将文中所有错词"偏食"替换为"片式"。设置页面纸张大小为"16 开(18.4×26 厘米)"。

2. 将标题段文字("中国片式元器件市场发展态势")设置为三号红色黑体、居中、段后间距 0.8 行。

3. 将正文第一段("90 年代中期以来……片式二极管。")移至第二段("我国……新的增长点。")之后;设置正文各段落("我国……片式化率达 80%。")右缩进 2 字符。设置正文第一段("我国……新的增长点。")首字下沉 2 行(距正文 0.2 厘米);设置正文其余段落("90 年代中期以来……片式化率达 80%。")首行缩进 2 字符。

4. 将文中最后 9 行文字转换成一个 9 行 4 列的表格,设置表格居中,并按"2000 年"列升序排序表格内容。

5. 设置表格第一列列宽为 4 厘米、其余列列宽为 1.6 厘米、表格行高为 0.5 厘米;设置表格外框线为 1.5 磅蓝色(标准色)双窄线、内框线为 1 磅蓝色(标准色)单实线。

四、Excel 操作(20 分)

1. 打开工作簿文件 EXCEL.XLSX,(1) 将 sheet1 工作表的 A1:D1 单元格合并为一个单元格,内容水平居中;计算"分配回县/考取比率"列内容(分配回县/考取比率=分配回县人数/考取人数,百分比,保留小数点后面两位);使用条件格式将"分配回县/考取比率"列内大于或等于 50%的值设置为红色、加粗;(2) 选取"时间"和"分配回县/考取比率"两列数据,建立"带平滑线和数据标记的散点图"图表,设置图表样式为"样式 4",图例位置靠上,图表标题为"分配回县/考取散点图",将图表插入到表的 A12:D27 单元格区域内,将工作表命名为"回县比率表"。

2. 打开工作簿文件 EXC.XLSX,对工作表"产品销售情况表"内数据清单的内容按主要关键字"分公司"的升序次序和次要关键字"产品类别"的降序次序进行排序,完成对各分公司销售量平均值的分类汇总,各平均值保留小数点后 0 位,汇总结果显示在数据下方,工作表名不变,保存 EXC.XLSX 工作簿。

五、PowerPoint 操作(15 分)

1. 放映方式设置为"观众自行浏览"。

2. 第一张幻灯片的版式改为"两栏内容",将考生文件夹下的图片文件 ppt1.jpeg 插入到第一张幻灯片右侧的内容区,图片动画设置为“进入”、“擦除”、“自底部”,文本动画设置为“进入”、“随机线条”、“水平”。动画顺序为先文本后图片。第二张幻灯片的主标题为“财务通计费系统”;副标题为“成功推出一套专业计费解决方案”;主标题设置为“黑体”、58 磅字,副标题为 30 磅字;幻灯片背景填充效果预设颜色为:“雨后初晴”,类型为“标题的阴影”。使第二张幻灯片成为第一张幻灯片。

六、浏览器(IE)的简单使用和电子邮件收发(10 分)

接收并阅读由 xuexq@mail. neea. edu. cn 发来的 E-mail,将来信内容以文本文件 exin. txt 保存在考生文件夹下。

参考文献

[1] 陈国良，董荣胜. 计算思维与大学计算机基础教育[J]. 中国大学教学，2011，No. 1：7－12

[2] 洪东忍. 借助 Power Point 2010 快速提升课件制作水平[J]. 中小学信息技术教育，2013，02：71－73.

[3] 程向前等，《计算机应用技术基础》[M]电子工业出版社 2010 年 6 月

[4] 风雨彩虹. 效率为王 Office 2010 全程体验[J]. 电脑知识与技术(经验技巧)，2010，05：6－14.

[5] 顾刚 程向前等，《大学计算机基础》(第 2 版)[M]高等教育出版社 2011 年 8 月

[6] 吴宁等，《大学计算机基础》[M] 电子工业出版社 2011 年 8 月

[7] 飞雪散花. Office 2010 新功能适用性评测[J]. 电脑迷，2009，24：58－59.

[8] 申飞编译. Office 2010 十大新特性[N]. 计算机世界，2010－08－16043.

[9] 全评 Office 2010：优化新体验，尝试新应用[J]. 微电脑世界，2010，07：68－74.

[10] 施晓晗. 职中"计算机基础及 MS Office2010 应用"教学方法探析[J]. 苏州市职业大学学报，2015，01：81－83.

[11] Windows 7＋Office 2010，助力高效办公[J]. 个人电脑，2011，03：36－37.

[12] Windows 7＋Office 2010 助你成为高效达人[J]. 电脑爱好者，2011，06：63.

[13] Office 2010：5 大简化但更实用功能[J]. 计算机与网络，2010，23：18.

[14] 曾波霞. 高职《计算机应用基础》课程教学改革与实践[J]. 电子制作，2014，09：134－135.

[15] 王静. Word2010 查找和替换功能教学设计[A]. 河北省教师教育学会. 河北省教师教育学会第四届中小学教师教学设计论坛论文集[C]. 河北省教师教育学会：，2014：3.

[16] 殷伟庆，戴舒雅，郭蕾. 巧用 Power Point 2010 制作环境质量声像报告[J]. 环境研究与监测，2013，03：16－18.

[17] 陈文宇，胡迎春，侯军燕. Word 2010 插件的开发与实现[J]. 广西工学院学报(自然科学版)，2010，02：47－50＋59.

[18] 苗爱东，王彦宗，阚秀燕，杨静. Excel 2010 在药物溶出曲线相似性比较中的应用[J]. 中国医药科学，2011，10：11－12.

[19] 赵晓琴. 为 PPT 2010 加速[J]. 电脑爱好者，2012，09：26.

参考文献